# MANUEL COMPLET
# DE BOTANIQUE,
## DEUXIÈME PARTIE.

---

# FLORE FRANÇAISE,

OU

## DESCRIPTION SYNOPTIQUE

DE TOUTES LES PLANTES PHANÉROGAMES ET CRYPTOGAMES QUI CROISSENT NATURELLEMENT SUR LE SOL FRANÇAIS, AVEC LES CARACTÈRES DES GENRES DES AGAMES, ET L'INDICATION DES PRINCIPALES ESPÈCES;

PAR M. J. A. BOISDUVAL,
Membre de plusieurs Sociétés savantes.

TOME TROISIÈME.

PARIS,
RORET, LIBRAIRE, RUE HAUTEFEUILLE,
AU COIN DE CELLE DU BATTOIR.
1828.

*Le même Libraire vient de faire paraître :*

Atlas de Botanique, nécessaire pour l'intelligence du texte, composé de 120 planches représentant un grand nombre de sujets ; prix : *Figures noires*. 18 fr.
— *Figures coloriées*. 36 fr.

DE L'IMPRIMERIE DE CRAPELET,
rue de Vaugirard, n° 9.

# FLORE FRANÇAISE,

FAISANT SUITE AU

# MANUEL DE BOTANIQUE.

## FAMILLE 83. EUPHORBIACÉES (*Euphorbiaceæ*, Juss.).

Fleurs unisexuées, monoïques ou dioïques; calice monosépale, à 3-4-5 divisions, simple ou double; divisions intérieures souvent pétaloïdes; corolle nulle; *fleurs mâles* à étamines en nombre défini ou indéfini, à filamens distincts ou réunis, insérées au centre du calice ou sur le réceptacle; *fleurs femelles* à ovaire supère surmonté d'un style triple ou simple; fruit formé d'autant de coques qu'il y a de styles ou de stigmates, placées autour d'un axe central, et contenant chacune une ou deux graines; embryon mince et plane; fleurs en épi, en ombelle, ou réunies dans un involucre commun. Plantes succulentes, lactescentes, herbacées ou ligneuses, à feuilles alternes ou opposées. Est-ce bien ici la place de cette famille?

### Genre EUPHORBE (*Euphorbia*, Linné).

Fleurs monoïques, entourées d'un involucre monophylle, campanulé, à 8-10 lobes, dont à 4-5 pétaloïdes et 4-5 intérieurs, droits, membraneux, nectaroïdes; *fleurs mâles* assez nombreuses, à périgone multiparti à découpures un peu plumeuses; 1 étamine; *fleurs femelles* solitaires, sans périgone; ovaire stipulé; 3 styles, à stigmate bifurqué; fruit capsulaire, à 3 coques, à 3 graines; fleurs jaunes ou herbacées.

* *Capsule glabre.*

*Espèce* 1. EUPHORBE CHAMÉSYCÉ (*Euphorbia chamæsyce*, L. sp. 652).

Tiges grêles, étalées sur la terre, rameuses, rougeâtres; feuilles petites, opposées, glabres, arrondies, légèrement crénelées; fleurs axillaires, presque sessiles. ⊙. Lieux sablonneux du Midi; naturalisée dans le Jardin du Roi.

2. EUPHORBE DE MARSEILLE (*E. Massiliensis*, DC. *E. thymifolia*, Lois. fl. gall.).

Tiges grêles, étalées sur la terre, très rameuses, velues; feuilles opposées, denticulées, subovales, très petites, pubescentes en dessous; fleurs solitaires, axillaires, à pédicelles courts; capsules hérissées sur les angles. ⊙. Provence. Peut-être une variété du précédent. La *thymifolia*, L., en est voisine.

3. EUPHORBE PEPLIS (*E. peplis*, L. sp. 652).

Tiges glabres, couchées, rameuses; feuilles très entières, ovales-oblongues, ayant une seule oreillette à leur base; fleurs solitaires, axillaires; fruits ovales, lisses. ⊙. Bords de la Méditerranée et de l'Océan, en Bretagne.

4. EUPHORBE PEPLUS (*E. peplus*, L. sp. 653).

Tiges dressées, glabres, dichotomes; feuilles lancéolées, un peu mucronées; bractées cordiformes, mucronées; fleurs en ombelle. ⊙. Commun dans les jardins et les champs cultivés.

5. Euphorbe péploïde (*E. peploides*, Gouan. *E. rotundifolia*, Lois: ).

Tiges grêles, ascendantes, glabres, hautes de 3-5 pouces; feuilles arrondies, très légèrement échancrées; fleurs ayant les lobes extérieurs de l'involucre rougeâtres. ⊙. Provinces méridionales. Je lui trouve de grands rapports avec le précédent.

6. Euphorbe en faulx (*E. falcata*, L. sp. 654).

Tige peu rameuse, haute de 5-8 pouces; feuilles linéaires, allongées, quelquefois spatulées, terminées par une pointe; bractées cordiformes, mucronées; fleurs en ombelle, à 2-5 rayons; fruits tétragones, striés en travers. ⊙. France méridionale.

7. Euphorbe obscur (*E. obscura*, Lois. not. 76).

Tige dressée, peu rameuse, glabre; feuilles sessiles, linéaires, mucronées, celles de la base émarginées au sommet, les supérieures mucronées; fleurs en ombellules lobes extérieurs de l'involucre rougeâtres. ⊙. Département du Var. Variété de l'espèce précédente?

8. Euphorbe exigu (*E. exigua*, L. sp. 654).

Tige grêle, dressée, rameuse, haute de 3-6 pouces; feuilles pointues, linéaires, éparses; bractées lancéolées; fleurs petites, en ombelle, à 3 rayons. ⊙. Très commun dans les champs.

9. Euphorbe rétuse (*E. retusa*, Cav. ic. 1. t. 34).

Tige grêle, haute de 1-3 pouces; feuilles inférieures obtuses, quelquefois légèrement échancrées; petites fleurs en ombellule; divisions extérieures du périgone brunâtres. (Lois.) ⊙. Languedoc. Ne me paraît qu'une simple variété de l'*exigua*.

10. Euphorbe rouge (*E. rubra*, Cav. ic. t. 34).

Tige grêle, haute de 1-4 pouces; feuilles linéaires, échancrées-cunéiformes, rapprochées; fleurs en ombellule; lobes extérieurs de l'involucre rougeâtres. ⊙. France méridionale. (Rare.)

11. EUPHORBE A FEUILLES MENUES (*E. tenuifolia*, LAM. *E. gracilis*, LOIS.).

Tiges dressées, grêles, hautes de 10-18 pouces; feuilles étroites, petites, linéaires, glabres; fleurs en ombellule, à 3-5 rayons; bractées rhomboïdales. ♃. Dauphiné. Provence.

12. EUPHORBE LATHYRIS (*E. lathyris*, L. sp. 655).

Tige grosse, glauque, simple, haute de 2-3 pieds; feuilles grandes, lancéolées, sessiles, très entières, disposées sur 4 rangs; fleurs en ombelle, à 3-4 rayons; bractées ovales. ♂. Cette plante, appelée vulgairement *epurge*, croît dans les lieux cultivés.

13. EUPHORBE PITHYUSE (*E. pithyusa*, L. sp. 656).

Tiges étalées, fermes, un peu ligneuses, glabres, longues de 10-15 pouces; feuilles nombreuses, pointues, linéaires-lancéolées, glauques; bractées larges, ovales; fleurs en ombelle, à 4-5 rayons. ♃. Provence, Corse, Italie.

14. EUPHORBE PARALIAS (*E. paralias*, L. sp. 657).

Tiges presque ligneuses, rameuses; feuilles inférieures éparses, les supérieures imbriquées, toutes linéaires-lancéolées; fleurs en ombelle, de 4-5 rayons; bractées cunéiformes; capsules verruqueuses. ♃. Commun au bord de l'Océan et de la Méditerranée.

15. EUPHORBE DES MOISSONS (*E. segetalis*, L. sp. 657).

Tige droite, haute de 6-10 pouces; feuilles glabres, linéaires-lancéolées; les supérieures lancéolées; bractées cordiformes, pointues; fruits ovales, réticulés. ☉. Commun dans le Midi, parmi les moissons. L'*euphorbia biumbellata*, POIR., est une variété à ombelle prolifère. L'*euphorbia seticornis*, DESF., *Atl.*, paraît être aussi une variété à feuilles denticulées et à bractées terminées en pointe grêle, de même que l'*euph. longibracteata*, DC.

16. Euphorbe de Portland (*E. Portlandica*, L. sp. 656?).

Tiges dures, un peu ligneuses à la base, rameuses; feuilles linéaires-oblongues, lancéolées, étalées; bractées subcordiformes, concaves, mucronées; fleurs en ombelle, à 5 rayons; lobes de l'involucre externe entiers. ♃. Bord de la mer, en Bretagne. L'*euphorbia artaudiana*, DC., me paraît être une variété plus glauque, plus rameuse et plus petite. Elle croît au bord de la Méditerranée.

17. Euphorbe a fruits ailés (*E. ptericocca*, Brot. fl. lus. 2. p. 312).

Tige dressée, rameuse; feuilles peu rapprochées, lancéolées-spatulées, obtuses, denticulées en scie; fleurs jaunes, en une petite ombelle à 5 rayons; ovaires glabres, lisses, munis de deux ailes sur leur dos; graines rétrécies. ⊙. Cette espèce rare croît en Corse, en Espagne et en Portugal.

18. Euphorbe réveille-matin (*E. helioscopia*, L. sp. 658).

Tige simple, un peu velue, haute de 8-15 pouces; feuilles éparses, cunéiformes, dentées du haut; bractées grandes, obovales; fleurs en ombelle, de 5 rayons; capsules glabres, lisses. ⊙. Commun dans les lieux cultivés.

19. Euphorbe denté (*E. serrata*, L. sp. 658).

Tiges glabres, hautes de 1-2 pieds; feuilles embrassantes, lancéolées, pointues, dentées en scie; bractées grandes, réniformes; fleurs en ombelle, à 5 rayons; fruits lisses, ovales. ♃. Au bord des chemins, dans le Midi.

20. Euphorbe a feuilles de saule (*E. salicifolia*, Lois. fl. gall. 728).

Tige simple, dressée; feuilles entières, oblongues-obtuses, velues en dessous; bractées grandes, un peu cordiformes; fleurs en ombelle, à 7-10 rayons. ♃. Environs de Montpellier. Je l'ai recueilli au bord de la Saône et du Rhône. L'*euph. lucida*, Waldst, ne peut en être séparé.

21. Euphorbe a feuilles de pin (*E. pinifolia*, Lam. D. 2, p. 357).

Tige rameuse, un peu ligneuse inférieurement, haute de 10-15 pouces; feuilles linéaires, étroites; bractées ovales-obtuses, mucronées; fleurs en ombelle, à 5-7 rayons. ♃. Provinces méridionales. (Lam.) Ne me paraît pas devoir être séparé de l'*esula*, L.

22. Euphorbe-cyprès (*E. cyparissias*, L. sp. 660).

Tige presque simple, rameuse du haut, ayant des rameaux stériles; feuilles nombreuses, linéaires-étroites, entières; fleurs en ombelle, à plusieurs rayons; bractées presque en cœur; fruits lisses, ovales. ♃. Commun dans les lieux stériles, au bord des chemins.

23. Euphorbe ésule (*E. esula*, L. sp. 660).

Tiges ligneuses inférieurement, haute de 1-2 pieds, fistuleuses, à rameaux axillaires, stériles; feuilles oblongues, un peu roulées sur les bords, plus larges que dans le précédent; fleurs en ombelle, à 6-12 rayons; bractées un peu cordiformes, pointues. ♃. Croît çà et là dans le centre et l'ouest.

24. Euphorbe des rochers (*E. saxatilis*, Jacq. t. 355).

Tiges rameuses à la base, ascendantes, longues de 2-4 pouces; feuilles obovées, oblongues, glauques, pointues; fleurs en ombelle, à 6-8 rayons; bractées grandes, arrondies. ♃. Croît sur le mont Ventoux. (Lois.) Peu distinct du suivant.

25. Euphorbe de Gérard (*E. Gerardiana*, Jacq. aust. s. t. 436. *E. linariæfolia*, Lam.).

Tiges rameuses à leur base, les unes fertiles, les

autres stériles; feuilles éparses, nombreuses, linéaires-lancéolées, pointues; fleurs en ombelle, à plusieurs divisions; bractées arrondies, un peu cunéiformes. ♃. Assez commun dans les lieux stériles. L'*euphorbia affinis*, DC., est une variété dont les lobes externes de l'involucre sont échancrés en croissant.

26. Euphorbe de Nice (*E. Nicæensis*, All. *E. amygdaloides*, Lam.).

Tiges un peu couchées à la base, hautes de 12-18 pouces; feuilles glauques, linéaires-lancéolées, mucronées; fleurs en ombelle, de plusieurs rayons; bractées cordiformes, arrondies; fruits lisses, un peu tétragones. ♃. Croît dans les lieux stériles, particulièrement dans le Midi.

27. Euphorbe des bois (*E. sylvatica*, L. sp. 663).

Tige simple, velue, rougeâtre, ligneuse à la base; feuilles ovales-lancéolées, atténuées à la base, rougeâtres et velues en dessous; fleurs en ombelle, à plusieurs rayons; bractées connées, perfoliées, presque cordiformes. ♃. Commun dans tous les bois. L'*euphorbia amygdaloides*, L., est une variété.

28. Euphorbe dendroïde (*E. dendroides*, L. sp. 662).

Tiges ligneuses, à écorce grisâtre, à rameaux rougeâtres, nombreux, réunis en forme de petit arbre; feuilles étroites-lancéolées, ramassées au sommet des rameaux; bractées presque cordiformes; fleurs en ombelle, à plusieurs rayons; fruits lisses, ovales. ♃. Italie, Corse.

29. Euphorbe myrte (*E. myrsinites*, L. sp. 661).

Tiges couchées, ascendantes, longues de 8-12 pouces; feuilles éparses, nombreuses, charnues, glauques, spatulées, mucronées; fleurs en ombelle, à 8 rayons; bractées ovales, mucronées; capsules tétragones, striées en travers. ♃. Environs de Montpellier? Italie, Provence?

** *Capsules velues ou verruqueuses.*

30. Euphorbe poilu (*E. pilosa*, L. sp. 659).

Tige pubescente, simple, haute de 10-18 pouces; feuilles lancéolées-oblongues, un peu velues, dentées au sommet; bractées ovales; fleurs en ombelle, à 5 rayons; fruits hérisssés de poils épars. ♃. Languedoc, Provence.

31. Euphorbe characias (*E. characias*, L. sp. 662).

Tiges rameuses, coriaces, ligneuses, hautes de 8-4 pieds; feuilles nombreuses, éparses, lancéolées; bractées perfoliées, échancrées; fleurs rougeâtres, en ombelle arrondie, à plusieurs rayons; capsules cotonneuses. ♄. Lieux montueux du Midi.

32. Euphorbe doux (*E. dulcis*, L. sp. 656).

Tige pubescente; feuilles oblongues, lancéolées-obtuses, dentées au sommet; bractées presque ovales, denticulées; fleurs jaunâtres, en ombelle, à 5 rayons; capsules tuberbuleuses, velues. ♃. Croît çà et là dans les bois. (Rare.).

33. Euphorbe pourpre (*E. pupurata*, Thuil. fl. p. DC.).

N'est probablement qu'une variété du précédent : il s'en distingue par la teinte rouge de ses feuilles au moment de la floraison, par les divisions internes de l'involucre, qui sont rouges, et enfin par ses capsules verruqueuses, glabres. ♃. Croît dans les bois humides.

34. Euphorbe de Carniole (*E. Carniolica*, Jacq. fl. aust. app. t. 14).

Tiges grêles, un peu pubescentes à la base, longues de 8-12 pouces; feuilles petites, alternes, pointues, velues sur les deux pages; bractées ovales, glabres en dessus; fleurs en ombelle, à 5 rayons; capsules verruqueuses. ♃. Provence, Italie, Hongrie. Peut-être une variété de l'*euphorbia dulcis*.

35. Euphorbe épineux (*E. spinosa*; L. sp. 655).

Tiges ligneuses, très branchues, à rameaux devenant épineux avec l'âge; feuilles petites, alternes, oblongues, très entières; bractées ovales; fleurs en ombelle, à 5 rayons; capsules verruqueuses.

36. Euphorbe verruqueuse (*E. verrucosa*, L. sp. 658).

Tiges nombreuses, couchées à la base; feuilles lancéolées, denticulées, un peu velues; bractées ovales; fleurs en ombelle, à 5 rayons trifides, puis bifides; capsules très verruqueuses. ♃. Croît au bord des chemins et des bois humides. L'*euph. flavicoma*, DC., en est une variété.

37. Euphorbe a larges feuilles (*E. platyphyllos*, L. sp. 660).

Tige droite, simple à la base; feuilles lancéolées, pubescentes, denticulées; fleurs en ombelle, de 5 rayons trifides; capsules verruqueuses. ⊙? ♃. DC. Commun dans les champs arides, argileux. L'*euph. coderiana*, DC., est une variété.

38. Euphorbe paniculé (*E. paniculata*, Desf. atl. 1. p. 586).

Tige peu rameuse; feuilles oblongues embrassantes, sessiles, dentées en scie; fleurs en ombelle, à 5 rayons; bractées arrondies-cordiformes; capsules peu verruqueuses. ♃. Environs de Bayonne. (Lois.) Espagne.

39. Euphorbe pubescent (*E. pubescens*, Desf. atl. 1. p. 386).

Probablement une variété du précédent; il en diffère parce que toute sa surface est couverte de poils nombreux. ♃. DC. Environs de Narbonne.

40. Euphorbe d'Irlande (*E. hyberna*; L. sp. 662).

Tiges simples, hautes de 10-15 pouces; feuilles très entières, quelquefois velues en dessous, oblongues, obtuses; fleurs en ombelle, à 5-6 rayons; bractées ovales; capsules verruqueuses, hérissées de pointes. ♃. Alpes, Pyrénées, Auvergne. (Rare.)

41. EUPHORBE DES MARAIS (*E. palustris*, L. sp. 662).

Tige glabre, cylindrique, un peu épaisse, haute de 2-4 pieds; feuilles glabres, lancéolées; fleurs en ombelle, à plusieurs rayons; bractées ovales; capsules verruqueuses. ♃. Croît dans les marais, au bord des rivières.

Genre MERCURIALE (*Mercurialis*, LIN.).

Fleurs dioïques ou monoïques; périgone à 3 divisions; *fleurs mâles* à 9-12 étamines; *fleurs femelles* à ovaire à 2 bosses, à 2 sillons, entouré par 1-2 filaments stériles et surmonté de 2 styles bifurqués; pour fruit une capsule bacciforme à 2 coques monospermes.

*Espèce* 1. MERCURIALE ANNUELLE (*Mercurialis annua*, L. sp. 1465).

Tige glabre, dressée, rameuse, haute de 10-18 pouces; feuilles pétiolées, opposées, ovales-lancéolées, dentées en scie, glabres; fleurs verdâtres, axillaires; les fleurs mâles en grappe, les femelles sessiles. ☉. Très commune dans les champs, les jardins. Cette plante, appelée vulgairement *foirolle*, est émolliente, laxative. La *mercurialis ambigua*, L., F., est une variété qui porte des fleurs mâles et des fleurs femelles : elle se trouve en Provence.

2. MERCURIALE ELLIPTIQUE (*M. elliptica*, LAM. D. 4. p. 119).

Tiges frutescentes, rameuses; feuilles glabres, lancéolées-elliptiques, dentées en scie; fleurs herbacées, les mâles agglomérées, verticillées, à pédoncules longs; les femelles axillaires, verticillées, à pédicelles courts; fruits entièrement glabres. ♄. Croît dans les montagnes de la Corse, etc.

3. Mercuriale vivace (*M. perennis*, L. sp. 1465).

Racine rampanté ; tige dressée, velue, très simple ; feuilles opposées, pétiolées, ovales-lancéolées, crénelées, scabriuscules ; fleurs verdâtres, les mâles en grappe, toutes pédicellées. ♃. Commune au printemps, dans les bois.

4. Mercuriale cotonneuse (*M. tomentosa*, L. sp. 1455).

Tiges un peu ligneuses, tomenteuses, rameuses ; feuilles cotonneuses, blanchâtres, ovales, pétiolées ; fleurs herbacées ; fruits cotonneux. ♃. Languedoc, Roussillon.

## Genre BUIS (*Buxus*, Linné).

Fleurs monoïques ; périgone à 3-4 divisions ; *fleurs mâles* formées de 2 écailles bilobées renfermant 4 étamines ; *fleurs femelles* de 3 petites écailles entourant un ovaire surmonté de 3 styles ; capsule à 3 coques monospermes. (Voyez *Atl.*, pl. 114, f. 2.)

*Espèce.* Buis commun (*Buxus sempervirens*, L. sp. 1394).

Arbrisseau toujours vert, à bois très dur ; feuilles petites, ovales ; fleurs petites, jaunâtres. ♄. Bois montueux : on en cultive une variété pour bordure dans les jardins.

## Genre TOURNESOL (*Croton*, Linné).

Fleurs monoïques ; périgone à 5-10 divisions, dont 5 alternes plus petites, pétaloïdes ; les *mâles* à 8-15 étamines à filamens réunis ; les *femelles* à 3 styles, à plusieurs stigmates ; capsule à 3 coques monospermes.

*Espèce.* Tournesol des teinturiers (*Croton tinctorium*, L. sp. 1425).

Tige simple, cotonneuse ; feuilles blanches, alternes, grandes, molles, rhomboïdales, sinuées ; fleurs mâles en petites grappes terminales, les femelles axillaires, pédicellées; fruits noirâtres, pendans. ⊙. Languedoc, Corse. Cultivé pour en extraire une couleur bleue.

## FAMILLE 84. URTICÉES (*Urticeæ*, Juss.).

Fleurs monoïques ou dioïques, rarement hermaphrodites; *fleurs mâles* à étamines en nombre défini, insérées au fond du calice, souvent infléchies avant la floraison; *fleurs femelles*, à ovaire supère, à style nul, simple ou bifurqué, souvent latérales, portant toujours 2 stigmates, une graine renfermée dans une enveloppe testacée, nue ou recouverte par le calice accru et devenu charnu; périsperme nul; fleurs solitaires ou en épi. Plantes herbacées ou ligneuses, à feuilles opposées ou alternes.

### PREMIÈRE TRIBU. URTICÉES proprement dites.

Fleurs solitaires, amentacées ou en épi; fruit sec, jamais charnu.

### Genre ORTIE (*Urtica*, Linné.)

Feurs monoïques, rarement dioïques; les *mâles* en grappe, leur périgone à 4 divisions, 4 étamines; les *femelles* en grappe ou en tête, leur périgone à 2 divisions; 1 ovaire surmonté d'un style à stigmate simple; graine entourée par le périgone; plantes hérissées de poils, dont la piqûre est très cuisante. (Voyez *Atl.*, pl. 116.)

*Espèce* 1. Ortie dioïque (*Urtica dioica*, L. sp. 1396).

Tige peu rameuse, carrée, haute de 4 pieds; feuilles opposées, cordiformes-lancéolées, dentées en scie; fleurs herbacées, en grappes axillaires, pendantes, plus longues que les pétioles. ♃. Commune le long des haies. L'ortie est employée pour l'urtication; ses graines passent pour aphrodisiaques.

2. Ortie membraneuse (*U. membranacea*, Desf. atl. p. 340).

Très distincte de la précédente par ses fleurs monoïques, disposées en épis grêles, à rachis membraneux, et par ses feuilles à pétioles longs. ♃. Croît en Bretagne, aux environs de Perpignan, d'Arles, etc.

3. Ortie hérissée (*U. hispida*, DC. suppl. 2132b.)

Tige dressée, haute de 2-3 pieds, très hérissée; feuilles cordiformes-lancéolées, dentées en scie, à pétioles très hérissés, ainsi que les nervures des feuilles, en dessous seulement, tandis qu'en dessus elles sont hérissées et les nervures glabres; fleurs dioïques, herbacées, en épi. ♃. Départemens méridionaux.

4. Ortie brulante (*U. urens*, L. sp. 1396).

Tige rameuse, haute de 10-18 pouces; feuilles opposées, elliptiques, à dents de scie aiguës; fleurs herbacées, en grappes axillaires, plus courtes que le pétiole; semences un peu cordiformes. ⊙. Commune dans les lieux cultivés.

5. Ortie pilulifère (*U. pilulifera*, L. sp. 1394).

Tige dressée, haute de 1-2 pieds, cylindrique, hérissée; feuilles pétiolées, ovales-lancéolées, dentées en scie; fleurs herbacées, en chatons globuleux, géminés. ⊙. Croît çà et là au bord des chemins.

Genre HOUBLON (*Humulus*, Linné).

Fleurs dioïques; *fleurs mâles* à périgone, à 5 divisions, 5 étamines; *fleurs femelles* en cônes imbriqués de larges écailles persistantes, portant chacune une fleur axillaire, à ovaire surmonté de 2 styles.

*Espèce.* Houblon commun (*Humulus lupulus*, L. sp. 1457).

Tiges grêles, anguleuses, hispides, très longues, grimpantes; feuilles rudes, pétiolées, échancrées en cœur, entières ou trilobées, opposées dans le bas;

*fleurs mâles* en grappes axillaires; *fleurs femelles* en cônes jaunâtres. ♃. Croît dans les haies humides. Le houblon est employé comme anti-scrophuleux; on le cultive en Belgique pour la fabrication de la bière.

Genre PARIÉTAIRE (*Parietaria*, Lin.).

Fleurs polygames, réunies dans un involucre polyphylle, dont une femelle et les autres hermaphrodites; périgone des hermaphrodites à 4 divisions, 4 étamines à filamens courbés, élastiques; graine recouverte par le périgone.

*Espèce* 1. Pariétaire officinale (*Parietaria officinalis*, L. sp. 1492).

Tige étalée, rameuse, redressée; feuilles pubescentes, pétiolées, ovales-lancéolées, atténuées aux deux extrémités; fleurs verdâtres, axillaires. ♃. Croît communément sur les vieux murs et les décombres. La pariétaire contient du nitrate de potasse, ce qui lui donne une propriété diurétique, très marquée. La *parietaria Judaica*, L., me paraît être une simple variété, dont les fleurs mâles sont allongées en tube.

2. Pariétaire de Portugal (*P. Lusitanica*, L. sp. 1492).

Tige très grêle, branchue, étalée, légèrement velue; feuilles petites, ovales, à pétioles grêles; fleurs petites, herbacées, axillaires, sessiles, réunies 3 à 3. ☉. Environs de Toulon, de Bagnols, Espagne, Portugal.

Genre CHANVRE (*Cannabis*, Lin.).

Fleurs dioïques; les *mâles* à périgone à 5 divisions, 5 étamines; les *femelles* à périgone oblong, fendu latéralement; 1 ovaire surmonté de 2 styles; fruit crustacé, bivalve, caché par le périgone.

*Espèce.* CHANVRE CULTIVÉ (*Cannabis sativa*, L. sp. 1457).

Tige droite, haute de 4-6 pieds; feuilles palmées, à folioles lancéolées; fleurs verdâtres. ⊙. Originaire d'Asie, naturalisé dans beaucoup d'endroits, cultivé partout. Le genre *ambrosia* appartient aussi aux urticées; une espèce, *ambrosia maritima*, L., croît dans l'Europe méridionale.

Genre THÉLIGONE (*Theligonum*, LIN.).

Fleurs monoïques; les *mâles*, à périgone turbiné, à 2 divisions roulées, 12-19 étamines; les *femelles* à périgone à 2 divisions, 1 style, une capsule monosperme, globuleuse, coriace.

*Espèce.* THÉLIGONE NAVET DE CHIEN. (*Theligonum cynocrambe*, L. sp. 1411).

Tiges diffuses, succulentes, rameuses; feuilles charnues, pétiolées, ovales, opposées dans le bas; fleurs mâles pédicellées, géminées. ⊙. Croît en Corse, en Provence, aux environs de Montpellier. (Rare.)

Genre LAMPOURDE (*Xanthium*, LIN.).

Fleurs monoïques; les *mâles* renfermées dans un involucre multiflore, polyphylle, comme les composées; périgone tubuleux, à 5 lobes portés sur un réceptacle paléacé; 5 étamines; les fleurs *femelles* à involucre monophylle, biflore; point de périgone; ovaire surmonté de 2 styles; fruits hérissés de pointes oncinées. Ce genre est aussi voisin des composées que des urticées.

*Espèce* 1. LAMPOURDE GLOUTERON (*Xanthium strumarium*, L. sp. 1400).

Tige rameuse, pubescente, cendrée, haute de 1-2 pieds; feuilles alternes, pétiolées, cordiformes, sinuées-lobées, un peu hispides, à dents obtuses; fleurs verdâtres, les femelles moins nombreuses et garnies d'aiguillons recourbés sur leur enveloppe. ⊙. Croît au bord des fossés, surtout dans le centre et le midi. Le *xanthium macrocarpon*, DC., ou *orientale*, L.? est peut-être une variété de cette espèce, à fruit plus gros et à feuilles cunéiformes à la base.

2. Lampourde épineuse (*X. spinosum*, L. sp. 1400).

Tige rameuse, dressée, glabre, chargée d'épines trifides; feuilles presque trilobées, blanchâtres en dessous; fleurs axillaires, sessiles, les femelles velues, à enveloppe couverte d'aiguillons crochus. ☉. Croît dans le Midi, au bord des chemins.

## DEUXIÈME TRIBU. ARTOCARPÉES.

Fleurs réunies sur un réceptacle commun; fruits charnus, succulens. Cette tribu devra être élevée au rang de famille.

### Genre FIGUIER (*Ficus*, Lin.).

Fleurs monoïques, nombreuses, pédicellées, sur un réceptacle commun; périgone à 3-5 divisions aiguës; *fleurs mâles* voisines de l'ombilic, à 3-5 étamines; *fleurs femelles*, à ovaire libre; fruits réunis en quantité dans une pulpe.

*Espèce.* Figuier commun (*Ficus carica*, L. sp. 1513).

Arbre de petite taille, tortueux, rameux, très tendre, à rameaux très velus, rudes; feuilles palmées, grandes. ♄. Lieux pierreux du Midi. Tout le monde connaît le fruit de cet arbre.

### Genre MURIER (*Morus*, Lin.).

Fleurs monoïques, par chatons unisexués; périgone à 4 lobes concaves, les *mâles* à 4 étamines, les *femelles* à ovaire libre, surmonté de 2 stigmates; graines nichées dans une pulpe. Deux arbres, le *mûrier blanc*, *morus alba*, et le *mûrier noir*, *morus nigra*, L., tous deux originaires de Chine, sont cultivés partout, l'un pour servir de nourriture aux vers-à-soie, l'autre pour son fruit, qui est connu de tout le monde sous le nom de *mûres*.

### FAMILLE 85. ULMACÉES (*Ulmaceæ*, MIRB. AMENTACÉES, JUSS.).

Fleurs hermaphrodites; périgone à 4-5 divisions, à 3-8 étamines; ovaire libre, à une seule loge, surmonté de 2 stigmates sessiles, glanduleux, allongés à leur face supérieure; le fruit est une samare membraneuse ou un petit drupe renfermant une seule graine; embryon homotrope; périsperme pultacé. Arbres à feuilles simples, alternes, munies de stipules.

#### Genre ORME (*Ulmus*, LIN.).

Périgone campanulé, à 4-5 dents, persistant, coloré; 3-6 étamines; ovaire comprimé, surmonté de 2 stigmates; pour fruit une samare membraneuse.

*Espèce* 1. ORME COMMUN (*Ulmus campestris*, L. sp. 327).

Grand arbre à feuilles ovales, courtement pétiolées, à base inégale, doublement dentées; fleurs jaunâtres, presque sessiles, réunies par pelotons. ♄. Commun partout.

2. ORME ÉTALÉ (*U. effusa*, WILLD. L. sp. 1. p. 1325).

Se distingue du précédent par ses fleurs et ses samares étalées et longuement pédicellées. ♄. Croît dans plusieurs localités. (Rare.)

#### Genre MICOCOULIER (*Celtis*, LIN.).

Fleurs hermaphrodites ou polygames; périgone à 5 lobes, 5 étamines presque sessiles; fruit drupacé, globuleux, monosperme.

*Espèce.* MICOCOULIER DU MIDI (*Celtis australis*, L. sp. 1478).

Arbre à écorce grisâtre, à rameaux flexibles; feuilles

alternes, ovales-lancéolées, un peu velues, pétiolées; stipules linéaires; fleurs petites, verdâtres, axillaires. ♄. Provinces méridionales.

## FAMILLE 86. BÉTULACÉES (*Betulaceæ*, JUSS.).

Fleurs monoïques, en chatons écailleux; chaque fleur est formée d'une squame composée de la réunion de plusieurs écailles portant 2-3 fleurs nues, ou munies d'un périgone à 2-3 lobes; étamines de 2 à 4; les *fleurs femelles* se composent d'écailles imbriquées, entières ou trilobées, et qui portent 2-3 fleurs nues; ovaire lenticulaire, à 2 loges; fruit lenticulaire, indéhiscent, disperme (monosperme par avortement); fleurs en chatons; arbres à feuilles simples, stipulées, alternes.

### Genre BOULÉAU (*Betula*, LIN.).

Fleurs monoïques; les *fleurs mâles* en chatons longs, cylindriques, chacune formée de 3 écailles, dont celle du milieu est séminifère; les *femelles* formées d'écailles trilobées; ovaire à 2 styles; fruit lenticulaire, monosperme par avortement, comprimé et membraneux sur les bords.

*Espèce* 1. BOULEAU BLANC (*Betula alba*, L. sp. 1393).

Arbre de moyenne taille, à épiderme blanc; feuilles deltoïdes, pointues, glabres, doublement dentées; fleurs verdâtres, en chatons. ♄. Commun dans les bois secs.

2. BOULEAU PUBESCENT (*B. pubescens*, EHRH. arb. n. 67. DC. fl.).

Diffère du précédent par ses jeunes rameaux pubescens et par ses feuilles moins pointues. ♄. Est-ce bien une espèce? Alpes, Jura.

3. BOULEAU A FEUILLES OVALES (*B. ovata*, SCHRANK. salib. p. 55).

Arbre médiocre; feuilles alternes, ovales, doublement dentées, pubescentes sur les nervures; fleurs en chatons; pédoncules femelles rameux. ♄. Alpes.

4. Bouleau nain (*B. nana*, L. fl. lapp. t. 6).

Arbrisseau tortueux, rameux; feuilles alternes, orbiculaires, crénelées, glabres; fleurs verdâtres, en chatons. ♄. Croît dans le Jura; en Laponie.

Genre AUNE (*Alnus*, Tournef.).

Fleurs monoïques; les *mâles* en chatons allongés, à écailles pédicellées, munies de 3 squamules à leur base; 4 étamines dans un godet quadrilobé; les *femelles* en chatons presque globuleux, à pédoncules rameux; ovaire comprimé, à 2 stigmates longs; fruit disperme, à enveloppe dure.

*Espèce* 1. Aune commun (*Alnus glutinosa*, Gært. *Betula alnus*, L.).

Arbre à écorce noirâtre; feuilles arrondies du haut, cunéiformes du bas, velues, un peu visqueuses en dessous, surtout dans leur jeunesse; fleurs verdâtres, en chatons. ♄. Commun dans les lieux humides.

2. Aune a feuilles en coeur (*A. cordifolia*, Ten. fl. neap.).

Arbre à écorce brune; feuilles à pétioles longs, vertes en dessus, roussâtres en dessous, ovales-cordiformes, dentées; fleurs herbacées, les chatons mâles à pédicelles rameux. ♄. Corse, Italie.

3. Aune blanchatre (*A. incana*, Vill. dauph.).

Arbre à écorce grisâtre; feuilles oblongues, pointues, dentées, pubescentes en dessous; fleurs herbacées, en chatons, les mâles très serrés. ♄. Commun dans les montagnes.

## FAMILLE 87. SALICINÉES (*Salicineæ*, RICH. AMENTACÉES, JUSS.).

Fleurs dioïques, en chatons; *fleurs mâles* formées d'une écaille portant de 1 à 20 étamines, et ayant souvent à sa base une squamule glanduleuse; *fleurs femelles* formées d'une écaille portant un ovaire uniloculaire polysperme, surmonté par un style à 2-4 stigmates; fruit capsulaire, bivalve; graines petites, enveloppées d'un coton très fin. Arbres et arbrisseaux à feuilles simples, alternes, stipulées.

### Genre SAULE (*Salix*, LIN.).

Fleurs dioïques; les *mâles* en chatons, composées d'une écaille ayant à sa base une squamule, 1-5 étamines à anthères arrondies; les *femelles* en chatons, composées de même d'une écaille à squamule, et de 1 style à 2-4 stigmates; capsule bivalve; graines aigrettées; fleurs verdâtres ou jaunâtres. (V. *Atl.*, pl. 117.)

* *Capsules velues.*

*Espèce* 1. SAULE MARCEAU (*Salix capræa*, L. sp. 1448).

Arbuste de moyenne taille; feuilles arrondies-ovales, rugueuses, cotonneuses en dessous, à bords ondulés; fleurs naissant avant les feuilles; capsules renflées à la base. ♄. Commun dans les haies et les bois.

2. SAULE A OREILLETTE (*S. aurita*, L. sp. 1446).

Se distingue du précédent par ses feuilles plus ridées, par ses stipules persistantes, semi-cordiformes, et par ses capsules ovales-oblongues. ♄. Croît dans les bois.

3. SAULE RÉTICULÉ (*S. reticulata*, L. sp. 1446).

Arbrisseau couché, rampant, tortueux; feuilles ovales, très obtuses, très entières, à nervures très saillantes et réticulées en dessous, glabres; fleurs en chatons grêles, naissant après les feuilles. ♄. Habite les hautes sommités des Alpes. Je l'ai trouvé à Villars-Eymont.

4. Saule a nervures rousses (*S. rufinervis*, DC. rap. I. p. 11).

Arbuste de taille ordinaire, à rameaux bruns; feuilles ovales, un peu cunéiformes, acuminées, crénelées ou entières, réticulées de lignes rousses en dessous, glabres en dessus; fleurs naissant avant les feuilles. ♄. Croît dans les lieux marécageux des bois.

5. Saule de l'Arriége (*S. aurigerana*, Lapeyr. abr. 598).

Arbuste moyen, à rameaux grisâtres; feuilles oblongues-ovales, pointues, denticulées, glauques, pubescentes en dessous, à nervures blanches, réticulées; fleurs naissant avant les feuilles. ♄. Croît au bord des eaux, dans les Pyrénées.

6. Saule a feuilles acuminées (*S. acuminata*, Mill. *S. cinerea*, L.).

Se distingue du *caprœa* par ses rameaux cotonneux ou pubescens, par ses feuilles non ridées, lancéolées, pointues, et par ses capsules à longs pédicelles. ♄. Croît dans les haies.

7. Saule a grandes feuilles (*S. grandifolia*, Sering. ess. p. 20).

Grand arbuste à rameaux d'un brun jaunâtre; feuilles oblongues-lancéolées, denticulées, blanchâtres, cotonneuses en dessous; fleurs naissant un peu après les feuilles. ♄. Croît dans les tourbières des Alpes. (Sering.)

8. Saule soyeux (*S. sericea*, Vill. *S. lapponum*, L. *S. glauca*, L. Ser.).

Petit arbrisseau couché, à rameaux pubescens; feuilles coriaces, entières, oblongues-pointues, velues, soyeuses sur les deux faces; fleurs naissant peu après les feuilles ; 2 styles partagés jusqu'à la base. ♄. Habite parmi les rochers humides des hautes montagnes.

9. Saule des sables (*S. arenaria*, L. fl. n° 362. *S. helvetica*, DC. fl. fr.).

Petit arbrisseau étalé, à rameaux un peu pubescens; feuilles entières, oblongues-lancéolées, un peu pubescentes en dessus pendant leur jeunesse, d'un vert noirâtre, blanches et très cotonneuses en dessous; fleurs naissant avec les feuilles; styles allongés. ♃. Les *salix velutina, obtusifolia, macrostachya; subconcolor*, doivent être rapportées comme variétés; Sering. Croît dans les Alpes.

10. Saule des Pyrénées (*S. Pyrenaica*, Gouan. DC.).

Petit arbrisseau étalé, touffu; feuilles obongues-ovales, très minces, entières, velues dans le jeune âge; fleurs naissant après les feuilles. ♄. Pyrénées. Le *salix ciliata*, Lap., est une variété présentant quelques cils.

11. Saule bicolore (*S. bicolor*, Ser. ess. p. 93).

Arbuste de petite taille, à rameaux bruns, pubescens; feuilles ovales-lancéolées, vertes et lisses en dessus, très glauques et un peu pubescentes en dessous; fleurs naissant avant les feuilles. ♄. Alpes, Mont-d'Or.

12. Saule noiratre (*S. nigricans*, Ser. ess. Willd.).

Grand arbrisseau à rameaux pubescens; feuilles ovales-lancéolées, à bords roulés en dessous, glabres en dessus, glauques et cotonneuses en dessous, stipules grandes, dentées; fleurs naissant avec les feuilles. ♄. Alpes. Selon M. De Candolle, on doit y rapporter comme variétés les *salix polygonifolia, populifolia, obtusè-serrata, trichocarpa, ulmifolia, crispato-serrata, fagifolia, villosula, juratensis, elliptica, pruinosa, mollis, incana, atrovirens, cordato-ovata*, *cidoniæfolia*, *ilicifolia*, *murina*, *nervosa*, *recurvatà*, *reflexa*, *strepida*, *villosa* et *pallescens*, SCHL.

13. SAULE VARIABLE (*S. versifolia*, WAHLEMB. SER.).

Arbrisseau rameux, couché, tortueux; feuilles de grandeur très variable, ovales ou un peu lancéolées, à bords un peu roulés en dessous, glabres en dessus, drapées et à nervures saillantes en dessous; fleurs naissant avec les feuilles; style court. ♃. Tourbières des Alpes.

14. SAULE DÉPRIMÉ (*S. depressa*, HOFFM. SER. ess. p. 9).

Petit arbrisseau rampant; feuilles ovales-oblongues, entières, à bords roulés, soyeuses, surtout en dessous; fleurs naissant avec les feuilles; stigmates presque sessiles sur la capsule. ♄. Croît dans les lieux sablonneux et marécageux. Les *salix incubacea*, L., *arenaria*, DC. fl. fr., appartiennent à cette espèce, ainsi que les *S. microphylla* et *elatior*, SER.

15. SAULE BLEUATRE (*S. cæsia*, VILL. *Salix prostrata*, SER.).

Arbrisseau peu élevé; feuilles entières, pointues, ovales-lancéolées, glauques ou bleuâtres en dessous; fleurs en chatons courts, elliptiques; capsules presque glabres, trois fois plus longues que les écailles. ♄. Croît au bord des ruisseaux au Lautaret.

16. SAULE FÉTIDE (*S. fœtida*, DC. fl. fr. 1097).

Petit arbrisseau couché, tortueux; feuilles ovales-obtuses, dentées, glabres en dessus, pubescentes en dessous, à dentelures un peu glanduleuses; fleurs paraissant après les feuilles. ♄. Hautes Alpes. M. Seringe y rapporte comme variété le *salix arbuscula*, DC. fl. fr. Varie beaucoup.

17. SAULE MYRTE (*S. myrsinites*, L. sp. 1445).

Petit arbrisseau rameux; feuilles ovales, pointues, glabres, dentelées, veinées, réticulées; fleurs naissant avec les feuilles; ovaire très velu. ♄. Hautes Alpes du Dauphiné. Les *salix pilosa* et *leiocarpa*, Ser., appartiennent à cette espèce.

18. Saule de Pontedera (*S. Pontederana*, Willd., ser. ess. p. 89).

Arbrisseau à rameaux pubescens; feuilles oblongues-lancéolées, pointues, glabres, à dentelures petites, glanduleuses; fleurs naissant avant les feuilles; style court. ♄. Alpes, Pyrénées.

19. Saule lancéolé (*S. lanceolata*, Ser. ess. p. 37).

Arbrisseau assez grand, à jeunes rameaux pubescens; feuilles très longues, lancéolées, dentées en scie, crénelées, presque glabres, blanchâtres en dessous; stipules réniformes, acuminées; fleurs naissant avec les feuilles; 2 étamines. ♄. Environs de Paris. (Rare.)

20. Saule fendu (*S. fissa*, Ser. ess. p. 37. *S. rubra*, Smith).

Arbuste à écorce un peu rougeâtre; feuilles longues, lancéolées-linéaires, très légèrement denticulées, un peu pubescentes en dessous; stipules-linéaires aiguës; fleurs naissant avant les feuilles; style long. ♄. Habite les terrains humides. C'est l'*osier rouge* des jardiniers.

21. Saule très mou (*S. mollissima*, Ser. ess. p. 34).

Arbrisseau à rameaux nombreux, à écorce brunâtre; feuilles vertes, lancéolées-linéaires, très peu velues en dessous; stipules nulles; fleurs naissant avec les feuilles, garnies d'un duvet long, soyeux; style allongé; ovaire conique. ♄. Au bord des rivières, en Alsace.

22. Saule osier (*S. viminalis*, L. sp. 1448).

Arbrisseau à rameaux droits, flexibles, glabres; feuilles lancéolées, entières, roulées en dessous dans le jeune âge, glabres, blanches en dessous; fleurs naissant avec les feuilles. ♄. Cet arbrisseau, appelé *osier vert*, croît dans les lieux humides.

23. Saule monandre (*S. monandra*, Ard. mem. 1. t. 11).

Arbrisseau à rameaux glabres; feuilles souvent opposées, lancéolées, denticulées au sommet, glabres sur les deux pages; fleurs naissant avant les feuilles; les mâles à 1 seule étamine; stigmates sessiles. ♄. Croît au bord des rivières. Les *salix helix* et *purpurea*, L., appartiennent à cette espèce.

** *Capsules glabres.*

24. Saule jaune (*S. vitellina*, L. sp. 1442).

Arbrisseau à rameaux très flexibles, d'un beau jaune; feuilles lancéolées-pointues, dentées en scie, un peu pubescentes. ♄. Croît dans les lieux humides. On le cultive sous le nom d'*osier jaune*; d'*osier franc*.

25. Saule blanc (*S. alba*, L. sp. 1449).

Arbre de taille moyenne, à rameaux dressés, pubescens aux extrémités; feuilles longues, lancéolées, très blanches en dessous, à dentelures très fines, dont les inférieures glanduleuses; fleurs naissant après les feuilles. ♄. Très commun partout, au bord des rivières.

26. Saule blanchatre (*S. incana*, Hoffm. germ. 4. p. 265).

Arbrisseau à rameaux pubescens; feuilles étroites, très longues, linéaires, pointues, glabres en dessus, roulées sur les bords, cotonneuses en dessous; fleurs mâles, à filets des étamines bifides. ♄. Alpes de Provence; Cévennes.

27. Saule a trois étamines (*S. triandra*, L. sp. 1442).

Arbrisseau peu élevé; feuilles ovales-lancéolées, glabres, pointues, dentées en scie, stipules très petites ; fleurs naissant avec les feuilles ; fleurs mâles à trois étamines. ♄. Lieux sablonneux au bord des fleuves. Les *salix glaucophylla* et *androgyna* en sont deux variétés, et peut-être aussi le *salix amygdalina*, DC. fl. fr.

28. Saule hasté (*S. hastata*, L. sp. 1443).

Très variable ; feuilles ovales-oblongues, entières ou dentées, velues ou glabres, vertes ou glauques ; fleurs en chatons soyeux ; style long ; stigmate à 4 lobes. ♄. Commun dans les Alpes, près des torrens.

29. Saule a long style (*S. stylosa*, Ser. ess. p. 62).

Le plus variable des saules ; feuilles le plus souvent ovales-oblongues, d'une forme extrêmement variable, plus ou moins duvetées, vertes ou glauques ; stipules grandes, denticulées ; style long, terminé par deux stigmates. On peut y rapporter plus de 50 espèces de la collection des saules de M. Schleicher ; M. Seringe les distribue en 7 variétés principales. ♄. Croît au bord des eaux, dans les Alpes et les Vosges.

30. Saule a cinq étamines (*S. pentandra*, L. sp. 1442).

Grand arbrisseau glabre, visqueux sur les jeunes rameaux ; feuilles elliptiques, glabres, crénelées, un peu visqueuses ; fleurs naissant après les feuilles ; fleurs mâles à 5 étamines. ♄. Alpes, Pyrénées, etc.

31. Saule Daphné (*S. Daphnoides*, Vill. dauph. 4. p. 765).

Arbrisseau à rameaux un peu glauques ; feuilles grandes, glabres, elliptiques, acuminées, dentées en scie, vertes, luisantes en dessus, glauques en dessous ; fleurs naissant avant les feuilles. ♄. Croît en Alsace, dans les Alpes du Dauphiné, etc.

32. Saule fragile (*S. fragilis*, L. sp. 1443).

Arbre peu élevé, à rameaux cassans, glabres, brunâtres ; feuilles très longues, lancéolées, glabres sur les deux faces, à crénelures légèrement glanduleuses ;

fleurs naissant après les feuilles; ovaires pédicellés. ♄. Croît dans les lieux humides.

33. Saule a feuilles rétuses (*S. retusa*, L. sp. 1445).

Petit arbrisseau couché, tortueux, rampant; feuilles obovales, très obtuses, un peu dentées, glabres; chatons pauciflores, naissant après les feuilles. ♄. Alpes, Pyrénées, Auvergne.

34. Saule herbacé (*S. herbacea*, L. fl. lapp. t. 7. f. 3).

Tige ligneuse, souterraine, donnant naissance à des petites tiges herbacées, dressées; feuilles arrondies, glabres, dentelées; fleurs en chatons pauciflores, ordinairement solitaires sur chaque pousse. ♄. Hautes-Alpes. (Rare.) Le saule pleureur, *salix babylonica*, L., que l'on cultive partout, est originaire d'Orient.

## Genre PEUPLIER (*Populus*, Linné).

Fleurs dioïques, en chatons cylindriques, imbriqués d'écailles lacérées au sommet; les *mâles* portent de 8-30 étamines renfermées dans un petit godet sous chaque écaille. Les *femelles* ont un ovaire à 4 stigmates; capsule bivalve, polysperme.

*Espèce* 1. Peuplier blanc (*Populus alba*, L. sp. 1463).

Arbre de 40 à 50 pieds, à rameaux étalés; feuilles grandes, cordiformes-arrondies, à trois lobes peu marqués, vertes, luisantes en dessus, très blanches en dessous; fleurs en chatons assez longs, ovales-oblongs. ♄. Croît dans les bois un peu humides.

2. Peuplier blanchatre (*P. canescens*, Smith. fl. brit. 3. p. 1800).

Arbre de 20-30 pieds, à rameaux ascendans; feuilles arrondies-sinueuses, un peu lobées, anguleuses, dentées, luisantes en dessus, velues, blanchâtres en dessous; fleurs en chatons longs, cylindriques. ♄. Assez commun dans les bois.

3. Peuplier tremble (*P. tremula*, L. sp. 1464).

Arbre de 30 à 60 pieds, à écorce très lisse, à jeunes rameaux velus; feuilles glabres, orbiculaires, dentées, à pétioles comprimés, purpurins; fleurs en chatons oblongs. ♄. Le tremble est commun dans les bois humides.

4. Peuplier noir (*P. nigra*, L. sp. 1464).

Arbre de 40 à 60 pieds, à rameaux étalés; feuilles deltoïdes, acuminées, dentées en scie, glabres; chatons femelles, plus longs que les mâles. ♄. Commun partout. Les bourgeons résineux du peuplier servent à préparer l'onguent *populeum*.

5. Peuplier pyramidal (*P. fastigiata*, Poir. D. 5. p. 235).

Arbre s'élevant verticalement jusqu'au-delà de 80 pieds, à rameaux redressés, serrés; feuilles quadrilatères-trapézoïdes plus larges que longues, dentées, crénelées; fleurs mâles, à étamines rougeâtres. ♃. Cultivé partout. On ne connaît pas trop la patrie de cet arbre; ce qu'il y a de certain, c'est que l'on n'a que le mâle en Europe. On le nomme ordinairement *peuplier d'Italie*. On cultive encore, sous le nom de *peuplier suisse*, le *populus virginiana*, Desf.

## Famille 88. MYRICÉES (*Myriceæ*, Rich. CASUARINÉES, Mirb. AMENTACÉES, Juss.).

Fleurs dioïques; les *mâles* formées d'une ou plusieurs étamines placées à l'aisselle d'une bractée; les *femelles* solitaires, à l'aisselle d'une bractée, à ovaire lenticulaire, monosperme, surmonté d'un style court, terminé par deux stigmates longs; fruit sec, monosperme, indéhiscent, quelquefois membraneux sur les bords; périsperme nul, embryon antitrope; fleurs en chatons axillaires ou terminaux. Arbrisseaux à feuilles alternes.

Genre MYRICA (*Myrica*, Linné).

Fleurs mâles, à 4-6 étamines, anthères quadriva ves ; chatons ovales.

*Espèce*. Myrica galé (*Myrica gale*, L. sp. 1453).

Petit arbrisseau peu élevé, rameux ; feuilles alternes, lancéolées, un peu dentées, à bords un peu roulés, légèrement pubescentes sur les deux faces ; fleurs jaunâtres en chatons. ♄. Croît en Belgique et à Saint-Léger, près Paris.

## FAM. 89. CORYLACÉES (*Corylaceæ*, Mirb. CUPULIFÈRES, Rich. AMENTACÉES, Juss.).

Fleurs monoïques ; les *mâles* en chatons placés sous les fleurs femelles ; chaque fleur mâle est formée d'une écaille caliciforme ou trilobée, portant de six à un très grand nombre d'étamines ; *fleurs femelles* axillaires, entourées d'une cupule coriace ou foliacée ; ovaire infère couronné par le limbe irrégulier du calice, surmonté d'un style court, terminé par 2-3 stigmates ; le fruit est, par avortement, un gland monosperme recouvert, en tout ou en partie, par une cupule ; cotylédons gros, embryon renversé, périsperme nul. Arbres à feuilles simples, alternes, stipulées.

Genre COUDRIER (*Corylus*, Linné).

*Fleurs mâles* en chatons grêles, cylindriques, imbriqués, formées chacune d'une écaille à trois lobes velus, dont le moyen très grand, 8 étamines à anthères ovoïdes ; *fleurs femelles* en un bourgeon écailleux, à styles rouges, saillans ; coque osseuse, à cupule longue.

*Espèce*. Coudrier noisetier (*Corylus avellana*, L. sp. 1417).

Arbrisseau de taille moyenne, à rameaux flexibles ;

feuilles arrondies-cordiformes, dentées, acuminées; fleurs mâles roussâtres, naissant en février. ♄. Commun dans les haies et les bois.

Genre CHÊNE. (*Quercus*, Linné).

*Fleurs mâles* en chatons lâches, pendans, formées chacune d'une écaille campanulée, portant 5-10 étamines; *fleurs femelles* renfermées une à trois dans une cupule; ovaire infère, surmonté de 1 ou plusieurs styles; pour fruit constamment un gland renfermé à sa base dans une cupule.

*Espèce* 1. Chêne rouvre (*Quercus robur*, L. sp. 1414).

Grand arbre à bois très dur; feuilles presque sessiles, très glabres, oblongues, sinueuses-pinnatifides, à lobes obtus, plus larges au sommet; glands oblongs, réunis 2-3 sur des pédoncules longs. ♄. Le patriarche des forêts.

2. Chêne à fleur sessile (*Q. sessiflora*, Smith. fl. brit. 3. p. 1026).

Grand arbre de la taille du précédent, à bois moins dur; feuilles pétiolées, oblongues-sinueuses, à lobes arrondis; glands oblongs, presque sessiles, agglomérés. ♄. Plus commun que le précédent.

3. Chêne pubescent (*Q. pubescens*, Willd. sp. 4. p. 450).

Arbre moins haut que les précédens, tortueux; feuilles velues en dessous, un peu échancrées à leur base, oblongues, sinuées-lobées, à lobes arrondis; glands oblongs, sessiles, agglomérés. ♄. Bois secs.

4. Chêne tauzin (*Q. toza*, Bosc, journ. h. n. 2. p. 155. t. 32).

Arbre rabougri, d'un port très variable; feuilles pinnatifides, échancrées en cœur à leur base, à lobes plus ou moins profonds, duvetées, surtout en dessous; glands oblongs, à cupule formée d'écailles courtes, serrées. ♄. France occidentale. Le *quercus humilis*, DC. fl. fr., en est une variété.

5. Chêne de l'Apennin (*Q. Apennina*, Bosc, mém. 1807, p. 20).

Arbre touffu, peu élevé; feuilles pubescentes, un peu cotonneuses en dessous, ovales, à lobes peu profonds; pétioles laineux; glands réunis de 6-10 sur un pédoncule long. ♄. Collines pierreuses du Midi.

6. Chêne cerris (*Q. cerris*, L. sp. 1415).

Arbre de taille moyenne; feuilles oblongues, sinuées, pinnatifides, velues en dessous, rétrécies à la base, à lobes oblongs, lancéolées-dentées; gland à cupule hémisphérisque, formée d'écailles redressées, ce qui la rend hérissée. ♄. Croît çà et là dans différentes parties de la France.

7. Chêne liége (*Q. suber*, L. sp. 1413).

Arbre tortueux, très rameux, à écorce très épaisse, spongieuse, crevassée; feuilles persistantes, ovales-oblongues, entières, dentées en scie, cotonneuses en dessous; glands ovales. ♄. France méridionale. L'usage du liége est connu de tout le monde.

8. Chêne yeuse (*Q. ilex*, L. sp. 1412).

Arbre médiocre, très branchu; feuilles persistantes, ovales-oblongues, entières, dentées en scie, blanchâtres en dessous; glands ovoïdes. ♄. Provinces méridionales.

9. Chêne au kermès (*Q. coccifera*, L. sp. 1413).

Arbrisseau touffu, très branchu; feuilles oblongues, entières, glabres sur les deux faces, échancrées en cœur à la base, à dents épineuses; glands ovales, petits, à cupule hérissée. ♄. Provinces méridionales. C'est sur ce chêne que vit le coccus appelé *kermès*. Les *quercus ægilops* et *esculus*, L., sont de l'Europe australe.

Genre CHATAIGNIER (*Castanea*, Tournef.).

*Fleurs mâles* en chatons grêles, très longs, formées chacune d'une écaille à 6 divisions, portant 5-20 étamines à filamens longs. *Fleurs femelles* ramassées 2-3 dans une cupule quadrilobée; 6 styles et quelques étamines avortées; fruit à enveloppe hérissée, uniloculaire, renfermant 1-3 graines.

*Espèce.* Chataignier commun (*Castanea vesca*, Gærtn. *Fagus castanea*, L.).

Grand arbre à rameaux étalés; feuilles grandes, ovales-oblongues, pointues, à pétioles courts, à dents sétacées; fleurs mâles en longs chatons, d'un jaune-verdâtre et d'une odeur spermatique. ♄. Commun dans les bois montueux. Son fruit, appelé châtaignes ou marrons, sert de nourriture dans beaucoup de cantons, pendant plusieurs mois de l'année.

Genre HÊTRE (*Fagus*, Linné).

*Fleurs mâles* en chatons globuleux, pendans, formées chacune d'une écaille à 6 divisions, portant 8-12 étamines à filamens longs. *Fleurs femelles* réunies 2 à 2 dans un involucre à 4 divisions; 2 styles trifides; pour fruit deux graines renfermées dans une cupule coriace, velue en dehors et en dedans. (Voy. *Atl.*, pl. 118, f. 2.)

*Espèce.* Hêtre des forêts (*Fagus sylvatica*, L. sp. 1416).

Grand arbre à écorce lisse, blanchâtre; feuilles entières, glabres, ovales, arrondies, à dents peu prononcées, ciliées sur les bords; graines (*faînes*) triangulaires, ayant une amande huileuse. ♄. Très commun dans les forêts. Les faînes produisent une huile assez bonne à manger quand elle est récente.

Genre CHARME (*Carpinus*, Linné).

*Fleurs mâles* en chatons allongés, formées chacune d'une écaille imbriquée, acuminée, ciliée à sa base,

portant 8-20 étamines courtes. *Fleurs femelles* en chatons strobiliformes, raboteux, formées chacune d'une écaille pédiculée; deux styles; pour fruit, une noix ovoïde osseuse.

*Espèce*. CHARME COMMUN (*Carpinus betulus*, L. sp. 1416).

Arbre de moyenne taille, anguleux, à écorce lisse; feuilles glabres, ovales-oblongues, denticulées; fleurs rougeâtres; chatons femelles foliacés à la maturité du fruit. ♄. Très commun dans les bois.

## FAMILLE 90. CONIFÈRES (*Coniferæ*, Juss.).

Fleurs unisexuées, monoïques ou dioïques; *fleurs mâles* ordinairement en chatons, formées chacune d'une écaille simple; étamines sans filamens, portées sur l'axe du chaton ou sur l'écaille; *fleurs femelles* solitaires, ou rapprochées en tête, mais le plus souvent en cône, recouvert d'écailles imbriquées, dont chacune contient un ou plusieurs ovaires supères, surmontés d'un stigmate simple, devenant une noix indéhiscente, monosperme; le fruit est un strobile formé de cariopses membraneux ou charnus et soudés: dans ce dernier cas, il est bacciforme; périsperme charnu, embryon droit. Arbres ou arbustes résineux, à feuilles étroites, linéaires.

### Genre EPHEDRA (*Ephedra*, LINNÉ).

Fleurs dioïques, en chatons courts: *les mâles* ont un périgone à deux lobes, 6-8 étamines monadelphes; *les femelles* sont formées de 4-5 écailles persistantes, concaves, tronquées; 2 ovaires portant chacun 1 style. Le fruit est un strobile charnu, bacciforme.

*Espèce*. EPHEDRA A DEUX ÉPIS (*Ephedra distachya*, L. sp. 1472).

Arbrisseau branchu, à rameaux grêles, articulés, ressemblant à des feuilles; point de feuilles; fleurs naissant dans les aisselles des gaînes; les chatons femelles sessiles. ♄. Bords de la Méditerranée et de l'Océan.

### Genre IF (*Taxus*, Linné).

Fleurs dioïques ou monoïques, entourées de plusieurs écailles; *fleurs mâles* à 8-10 étamines monadelphes, à anthères en bouclier; *fleurs femelles* à ovaire surmonté d'un stigmate concave; fruit charnu, drupiforme, formé en partie par le renflement du réceptacle. (Voyez *Atl.*, pl. 119.)

*Espèce*. If commun (*Taxus baccata*, L. sp. 1472).

Arbre de hauteur moyenne; feuilles rapprochées les unes des autres, linéaires, planes, d'un vert foncé; fleurs mâles très nombreuses; fruits rouges, passant pour vénéneux. ♄. Alpes de Provence, Jura, etc. Cultivé.

### Genre GENÉVRIER (*Juniperus*, Linné).

Fleurs dioïques ou monoïques: *les mâles en chatons*, formées chacune d'une écaille peltée, pédiculée, portant 4-8 anthères; *fleurs femelles* en chatons globuleux, formées de 3 écailles concaves, soudées; stigmate tubuleux; le fruit est un strobile charnu, bacciforme. (Voyez *Atl.*, pl. 120.)

*Espèce* 1. Genévrier commun (*Juniperus Communis*, L. sp. 1470).

Arbrisseau de 3-8 pieds de haut, formant quelquefois un petit arbre; feuilles roides, piquantes, étroites, linéaires; fleurs mâles en petits chatons; baies globuleuses, d'un noir bleu. ♄. Commun sur les collines pierreuses. Les baies de genièvre sont diurétiques, stomachiques.

2. Genévrier oxycèdre (*J. oxycedrus*, L. sp. 1470).

Arbrisseau de 6-15 pieds, très rameux; feuilles roides, piquantes, linéaires, marquées de deux raies glauques; baies roussâtres, glauques, grosses, plus courtes que les feuilles. ♄. Commun dans le Midi.

L'huile empyreumatique de son bois est appelée *huile de cade.*

3. Genévrier de Phénicie (*J. Phœnicea*, L. sp. 1471).

Arbrisseau tortueux ; feuilles imbriquées, petites, obtuses, ovales, convexes ; baies rondes, d'un jaune-rougeâtre. ♄. Provinces méridionales.

4. Genévrier sabine (*J. sabina*, L. sp. 1472).

Arbrisseau rameux ; feuilles petites, comme imbriquées, celles de l'extrémité un peu lâches ; baies petites, bleuâtres ; plante d'une odeur désagréable. ♄. La *sabine* ou *savigny*, est un emménagogue dangereux, dont l'usage doit être prohibé. Provinces méridionales.

Genre MÉLÈZE (*Larix*, Tournef.).

Diffère peu des pins ; seulement les cotylédons sont toujours simples, les strobiles latéraux et les feuilles caduques.

*Espèce.* Mélèze d'Europe (*Larix Europæa*, DC. fl. fr. *Pinus larix*, L.).

Arbre de belle taille, à bois rouge ; feuilles caduques, linéaires, molles, très étroites, fasciculées à leur développement ; strobiles latéraux, ovales, obtus. ♄. Le *mélèze* habite les Hautes-Alpes voisines de Briançon : il laisse suinter une matière sucrée, appelée *manne de Briançon.*

Genre SAPIN (*Abies*, Tournefort).

Diffère du genre suivant par les chatons mâles, solitaires ; par les feuilles solitaires et non réunies ensemble dans une gaîne, et par les écailles des cônes, minces, et non épaisses et ligneuses. (V. *Atl.*, pl. 120, f. 2.)

*Espèce* 1. Sapin élevé (*Abies excelsa*, DC. fl. fr. *Pinus abies*, L.).

Grand arbre très droit, terminé par une tête pyramidale; feuilles persistantes, d'un vert foncé, pointues, à 4 angles obtus; cônes oblongs, pendans vers la terre. ♄. Croît naturellement dans les montagnes. Cultivé.

2. Sapin commun (*A. pectinata*, DC. fl. fr. *Pinus picea*, L.).

Port du précédent; feuilles persistantes, d'un vert foncé, blanchâtres en dessous, planes, disposées sur deux rangs comme les dents d'un peigne; strobiles dressés vers le ciel. ♄. Commun dans les montagnes; cultivé. L'utilité de cet arbre est connue de tout le monde. Outre son bois, il produit le *galipot*, la *poix de Bourgogne*, la *colophane*, la *térébenthine de Strasbourg*, le *noir de fumée*, etc. Les bourgeons de sapin sont employés dans les maladies scorbutiques.

### Genre PIN (*Pinus*, Linné).

Fleurs monoïques: les *mâles* réunies en chatons longs, formant de grosses grappes; *fleurs femelles* en chatons solitaires, formées chacune de 2 écailles, l'une extérieure, grande; l'autre intérieure, membraneuse, renfermant 2 ovaires, formant à la maturité un cône ou strobile, imbriqué d'écailles ligneuses, épaisses, contenant à leur base 2 noix osseuses; feuilles réunies plusieurs ensemble dans une gaîne.

*Espèce* 1. Pin sauvage (*Pinus sylvestris*, L. s. 1418).

Grand arbre à rameaux verticillés; feuilles roides, géminées, glauques; chatons mâles jaunâtres, fleurs femelles rougeâtres; strobiles coniques. ♄. Forêts des montagnes: cultivé. Produit, ainsi que le suivant, de la térébenthine; le *pollen* abondant de cet arbre, et des espèces suivantes, est recueilli, et se vend pour du *ycopodium*.

2. Pin rouge (*P. rubra*, Mill. D. *P. sylvestris* β, L.).

N'est peut-être qu'une variété du précédent; il n'en diffère que par ses jeunes pousses rouges, ses feuilles plus glauques et plus courtes. ♄. Alpes. Très commun dans le nord de l'Europe.

3. Pin mugho (*P. mugho*, Mill. D. n. 5).

Arbre peu élevé, à rameaux étalés, rougeâtres; feuilles roides, pointues, très vertes, réunies 2-3 dans une gaîne; fleurs mâles, réunies en grand nombre; strobiles rougeâtres, pyramidaux, arrondis à la base. ♄. Alpes du Dauphiné.

4. Pin pignon (*P. pinea*, L. sp. 1419).

Arbre très touffu, assez élevé; feuilles très longues, d'un vert blanchâtre, pointues; strobiles gros, rougeâtres, pyramidaux, arrondis; fruits renfermant une amande très bonne à manger. ♄. Montagnes du Midi : cultivé. En Espagne, on mange beaucoup de pignons; en France, on leur préfère les amandes.

5. Pin maritime (*P. maritima*, Poir. D. 5. p. 337).

Grand arbre de forme pyramidale; feuilles longues, roides, linéaires, réunies 2 ensemble; chatons mâles jaunâtres; chatons femelles rougeâtres; strobiles gros, coniques, obtus, plus courts que les feuilles. ♄. Sables maritimes du Midi et des landes de Bordeaux. Produit beaucoup de térébenthine.

6. Pin d'Alep (*P. Alepensis*, Mill. D. n. 8).

Arbre peu élevé, à rameaux très étalés; feuilles d'un vert clair, roides, filiformes, géminées; strobiles ovales-oblongs, recourbés sur le pédoncule; écailles lisses, très larges. ♄. Départemens méridionaux.

7. Pin Cembra (*P. Cembra*, L. sp. 1419).

Arbre difforme, à rameaux étalés; feuilles réunies 5 ensemble dans une gaîne; strobiles courts, ovales-obtus, à écailles très rapprochées. ♄. Alpes du Dauphiné, de la Provence, Italie.

8. Pin Laricio (*P. Laricio*, Poir. D. enc. 5. p. 339).

Arbre assez élevé, à rameaux étalés; feuilles très

longues, géminées, chiffonnées, difformes; strobiles courts, pendans; écailles de la base plus étroites que celles du sommet. ♄. Corse.

9. PIN NAIN (*P. pumilio*, CLUS. pann. 159).

Très petit arbre, haut de 3-4 pieds, très rameux, ascendant; feuilles géminées, grêles, longues, nombreuses, arrondies; fleurs dioïques ou monoïques. ♄. Marais tourbeux du Jura.

10. PIN A CROCHETS (*P. uncinata*, DC. fl. fr. p. 726).

Arbre assez élevé; feuilles roides, géminées, longues, un peu glauques; strobiles ovales-obtus, à écailles ombiliquées, recourbées en crochet. ♄. Pyrénées, Alpes.

Le genre CYPRÈS (*cupressus*), qui est cultivé partout, est originaire de l'Orient. M. De Candolle en distingue deux : les *cupressus horizontalis* et *fastigiata*.

# MONOCOTYLÉDONÉS
## (ENDOGÈNES, DC.).

## *PHANÉROGAMES, ou à organes sexuels distincts.*

### FAMILLE 91. HYDROCHARIDÉES (*Hydrocharideæ*, Juss.).

Périgone monophylle ou polyphylle, à divisions sur 2 rangs, dont les intérieures sont pétaloïdes et les extérieures caliciformes; étamines en nombre variable, insérées sur l'ovaire ou sur la place qu'il doit occuper s'il est avorté; ovaire simple, adhérent, à 3-6 stigmates bifurqués; fruit capsulaire à 6, très rarement à 1 loge, polysperme; périsperme charnu; fleurs bisexuelles ou unisexuelles, sur une hampe ou dans une sorte de spathe. Plantes aquatiques, herbacées, à feuilles flottantes.

#### Genre VALLISNÉRIE (*Vallisneria*, Linné).

Fleurs dioïques : les *mâles* en spadice conique, terminal, entouré d'une spathe à plusieurs lobes profonds, garni de petites fleurs sessiles; les *femelles* à hampe très longue, grêle, contournée en spirale, à spathe tubuleuse, à 2 lobes, uniflore; ovaire renfermé dans un périgone allongé, adhérent; 3 stigmates bifurqués; capsule cylindrique, allongée, uniloculaire, polysperme.

*Espèce.* Vallisnérie en spirale (*Vallisneria spiralis*, L. sp. 1441).

Cette plante naît au fond des fleuves; elle est traçante; ses feuilles sont planes, dentelées; les hampes femelles sont axillaires; elles se déroulent et viennent à fleur d'eau; les hampes mâles sont aussi axillaires, mais elles ne peuvent se dérouler; les petites fleurs se détachent du spadice, et viennent à la surface féconder les femelles. ♃. Croît dans le Rhône, et plus particulièrement dans le canal du Languedoc, d'où je l'ai reçue, en assez grande quantité, de M. Vialat de Castelnaudary.

Genre STRATIOTE (*Stratiotes*, Linné).

Fleurs dioïques. *Fleur mâle* solitaire, dans une spathe comprimée, bilobée; périgone à 6 divisions, les 3 extérieures verdâtres, très petites; les 3 intérieures grandes, colorées, pétaloïdes; *fleurs femelles* comme les mâles; 6 styles bifides; capsule charnue, à 6 loges polyspermes.

*Espèce.* Stratiote a feuilles d'aloès (*Stratiotes aloides*, L. sp. 754).

Plante submergée, à feuilles ensiformes, triangulaires, à bords aiguillonnés, engaînantes; fleurs blanches. ♄. Croît dans les eaux stagnantes de la France septentrionale et de la Belgique.

Genre HYDROCHARIS (*Hydrocharis*, Linné).

Fleurs dioïques. *Fleurs mâles* réunies 3 dans une spathe bilobée; périgone à 6 divisions, dont les 3 intérieures pétaloïdes; étamines placées sur un ovaire avorté; *fleurs femelles* sans spathe, semblables aux précédentes; 6 styles à 2 stigmates; capsule arrondie, à 6 loges polyspermes.

*Espèce.* Hydrocharis mors de grenouilles (*Hydrocharis morsus ranæ*, L. sp. 1466).

Plante sans tige, poussant des jets sous l'eau; feuilles

glabres, pétiolées, réniformes-orbiculaires, flottant sur l'eau; fleurs blanches, à gorge jaune. ♃. Croît dans les eaux stagnantes d'une grande partie de la France.

## FAMILLE 92. ORCHIDÉES (*Orchideæ*, Juss.).

Périgone persistant, marcescent, disposé sur 2 rangs, à 6 divisions irrégulières, ordinairement colorées et conniventes, les 3 extérieures et supérieures tiennent lieu de calice, les 3 plus inférieures simulent une corolle : l'inférieure de celles-ci est allongée, elle porte le nom de *labellum* ou *tablier*; elle se termine souvent par un éperon ou nectaire; 1 étamine, dont l'anthère passe dans un canal pratiqué sur le pistil; pollen en masse solide; pistil lamelleux; ovaire infère allongé; fruit capsulaire, polysperme, à 3 valves. Plantes élégantes, à racines tubérifères, à feuilles simples, engaînantes, alternes; fleurs en épi terminal.

Les travaux de plusieurs botanistes distingués ont apporté beaucoup de changemens dans cette famille : mais comme nous n'en possédons pas un très grand nombre relativement à ce qu'il y en a d'exotiques, nous suivrons ici la classification adoptée dans la plupart des Flores européennes.

### Genre ORCHIS (*Orchis*, Linné).

Périgone à 6 divisions, dont 3 intérieures : l'inférieure de celles-ci offrant un *labellum* ou *tablier* très prononcé, et ayant en dessous un éperon allongé. (Voyez *Atl.*, pl. 42, f. 1.)

* *Racines composées de deux tubercules arrondis, entiers.*

*Espèce* 1. Orchis à deux feuilles (*Orchis bifolia*, L. sp. 1331. *Platanthera bifolia*, Rich.).

Hampe haute de 12-18 pouces; 2-3 feuilles radicales, ovales-oblongues, les caulinaires très petites, engaînantes; fleurs blanches; labellum obtus, linéaire, entier; éperon double de l'ovaire. ♃. Commun dans les bois.

2. Orchis globuleux (*O. globosa*, L. sp. 1332).

Hampe grêle, haute de 1-2 pieds; feuilles glauques, lancéolées; fleurs d'un rouge pâle, en épi globuleux, court, serré; labellum trilobé, avec la division médiane échancrée; éperon moitié plus court que l'ovaire. ♃. Prairies des Alpes.

3. Orchis pyramidal (*O. pyramidalis*, L. sp. 1332. *Anacamptis pyramidalis*, Rich.)

Hampe de 10-15 pouces; feuilles vertes, lancéolées, pointues; fleurs d'un beau rouge, petites, en épi pyramidal très serré; labellum à 3 divisions égales; éperon à peu près de la longueur de l'ovaire. ♃. Croît dans les lieux secs, et sur les collines calcaires.

4. Orchis punaise (*O. coriophora*, L. sp. 1332).

Hampe de 10-15 pouces; feuilles lancéolées; fleurs petites, d'un rouge sale, d'une odeur de punaise très marquée, serrées, en épi ovale-oblong; labellum à 3 divisions, dont les 2 latérales crénelées; éperon conique, 3 fois plus court que l'ovaire. ♃. Habite les prés humides d'une grande partie de la France. L'*orchis inodora* est une variété sans odeur et à fleurs moins nombreuses.

5. Orchis de Provence (*O. provincialis*, Lois. fl. gall. 2. p. 603).

Hampe de 6-12 pouces; feuilles oblongues, obtuses; fleurs jaunâtres, en épis lâches; labellum pubescent, à 3 divisions, dont l'intermédiaire plus petite, échancrée; ovaire allongé, de la longueur de l'éperon. ♃. Croît en Provence et en Italie.

6. Orchis morio (*O. morio*, L. sp. 1333).

Hampe de 4-6 pouces; feuilles longues, linéaires; fleurs rouges, grandes, en épis lâches très peu fournis; labellum divisé en 4 lobes courts, dont les latéraux un peu plus longs; divisions supérieures, conniventes; éperon plus court que l'ovaire. ♃. Commun dans les prés un peu secs.

7. Orchis des marais (*O. palustris*, Jacq. ic. rar. 1. t. 181).

Hampe de 12-18 pouces; feuilles longues, lancéolées-linéaires; fleurs purpurines, grandes, en épis lâches; labellum ovale, à 3 divisions peu profondes, l'intermédiaire échancrée, les autres pétales étalés; éperon obtus, ascendant, moitié plus court que l'ovaire. ♃. Prairies montueuses et spongieuses.

8. Orchis a fleurs laches (*O. laxiflora*, Lam. *O. ensifolia*, Vill.).

Hampe de 12-18 pouces; feuilles lancéolées, canaliculées; fleurs purpurines, grandes, en épi allongé, très lâche; labellum obcordé, à 3 divisions plus ou moins profondes, celle du milieu presque nulle, les latérales arrondies; éperon courbe, plus court que l'ovaire. ♃. Croît dans les prairies humides d'une grande partie de la France.

9. Orchis male (*O. mascula*, L. sp. 1333).

Hampe de 12-15 pouces; feuilles vertes, souvent tachées de noir, lancéolées, longues; fleurs purpurines, rarement blanches, en épi lâche; labellum à 3 lobes, dont celui du milieu fortement échancré; éperon de la longueur de l'ovaire. ♃. Croît au printemps, dans les prés et les bois. C'est cette espèce, et le *morio* particulièrement, dont on emploie les bulbes, sous le nom de *salep*.

10. Orchis brulé (*O. ustulata*, L. sp. 1333).

Hampe de 4-10 pouces; feuilles lancéolées; fleurs petites, blanches, tiquetées de rouge, en épi oblong, noirâtre, serré; labellum à 3 divisions linéaires, la médiane bifide; segmens supérieurs, courts; éperon 3 fois plus court que l'ovaire. ♃. Croît dans les prés.

11. Orchis varié (*O. variegata*, Lam. D. 4. p. 692).

Hampe de 8-15 pouces; feuilles étroites, lancéolées; fleurs purpurines, tiquetées de rouge brun, en épi court; labellum à 3 divisions, les 2 latérales ovales, petites, l'intermédiaire bifide, avec une pointe dans l'échancrure; éperon moitié plus court que l'ovaire; bractées aussi longues que l'ovaire. ♃. Prairies des montagnes. (Rare.)

12. ORCHIS A LONGUES BRACTÉES (*O. longibracteata*, BERT. dec. 3. p. 39. *O. robertiana*, LOIS.).

Hampe feuillée dans toute sa longueur; feuilles lancéolées-oblongues; fleurs purpurines, grandes, en épis épais, serrés; bractées lancéolées, plus longues que les fleurs; labellum à 4 lobes oblongs; éperon plus court que l'ovaire. ♃. Environs de Toulon, Italie, Sicile.

13. ORCHIS PEINT (*O. picta*, LOIS. an. soc. l. p. 1827).

Hampe de 10-15 pouces; feuilles lancéolées, linéaires; fleurs rouges, en épi lâche peu fourni; labellum ponctué, denticulé, ovale, blanchâtre; segmens supérieurs marqués de lignes verdâtres; éperon moitié plus court que l'ovaire. ♃. Environs de Toulon. (Rob.)

14. ORCHIS ROUGE (*O. rubra*, JACQ. LOIS. fl. gall.).

Hampe de 10-12 pouces; feuilles lancéolées; fleurs rouges, grandes, en épi lâche peu fourni; labellum trapézoïde, à peine crénelé, jamais échancré; segmens supérieurs connivens; éperon plus court que l'ovaire. ♃. Environs de Lyon, Corse.

15. ORCHIS PAPILLON (*O. papillonacea*, L. sp. 1331).

Hampe de 8-12 pouces; feuilles étroites, lancéolées; fleurs d'un rouge vif, très grandes, en épi très lâche, peu fourni; labellum très grand, échancré, denticulé; éperon plus court que l'ovaire; bractées colorées. ♃. Corse, Italie. Cette belle espèce est indiquée dans plusieurs flores locales comme se trouvant en France; mais je crois qu'on l'a toujours confondue avec l'*orchis rubra*, qui y ressemble beaucoup, et peut-être même avec le *morio*.

16. Orchis pale (*O. pallens*, L. mant. 292).

Hampe de 4-10 pouces; feuilles obtuses, lancéolées; fleurs d'un jaune pâle, d'odeur désagréable, assez grandes, en épi ovoïde; labellum à 3 divisions entières, celle du milieu plus longue, échancrée; éperon courbe, aussi long que l'ovaire. ♃. Prés montagneux. (Rare.)

17. Orchis brun (*O. fusca*, Jacq. aust. *O. militaris β*, L.).

Hampe de 1-2 pieds; feuilles grandes, ovales, lancéolées; fleurs blanches, agréablement tachetées de rougeâtre, grandes, en épis gros, bien fournis; labellum trifide, la portion médiane bifide, avec une petite dent au milieu, taillée en biseau; éperon moitié plus court que l'ovaire; divisions supérieures brunes. ♃. Cette belle plante croît dans les bois. Le vrai *orchis militaris*, L., n'en diffère que par ses fleurs, d'un rouge pâle, et sa tige plus haute.

18. Orchis singe (*O. simia*, Lam. *Tephrosanthos*, Vill.).

Hampe haute de 8-12 pouces; feuilles ovales-oblongues; fleurs purpurines, grandes, ponctuées, en épi court; labellum à 4 divisions, longues, grêles, avec une petite dent intermédiaire; éperon moins long que l'ovaire; divisions supérieures aiguës, presque conniventes. ♃. Coteaux élevés, secs.

19. Orchis oeil de singe (*O. mimusops*, Thuil. *O. galeata*, Lam. *O. militaris γ*, L.).

Hampe de 8-15 pouces; feuilles ovales-oblongues; fleurs grandes, purpurines, ponctuées, en épi court; labellum un peu velu, à 4 divisions, et une petite dent intermédiaire, les deux latérales courtes, écartées, les deux autres longues, divergentes; segmens supérieurs fermés en manière de casque; éperon moitié plus court que l'ovaire. ♃. Croît çà et là dans les prés montueux.

** *Racines à tubercules palmés.*

20. Orchis a larges feuilles (*O. latifolia*, L. sp. 1334).

Hampe fistuleuse, de 1 à 2 pieds; feuilles larges, lancéolées-oblongues; fleurs petites, purpurines ou blanches, en épi allongé; bractées étroites, plus longues que les fleurs; labellum tridenté; segmens supérieurs connivens; éperon conique, plus court que l'ovaire. ♃. Commun dans les prés humides.

21. Orchis divariqué (*O. divaricata*, Rich. ex Lois. fl. gall.).

Se distingue par ses feuilles linéaires-lancéolées, canaliculées, son épi dense, le labellum à tube moyen, presque nul, et surtout par ses bulbes, divisés en 2 parties, divariquées. ♃. A Saint-Gratien, près Paris. (Mérat.) A été retrouvé, en assez grande quantité, dans le Calvados, par M. A. de Brébisson.

22. Orchis incarnat (*O. incarnata*, L. sp. 1335).

Hampe de 4-10 pouces; feuilles obtuses, lancéolées; fleurs grandes, purpurines, en épi lâche; labellum ovale ou à divisions peu prononcées, la médiane un peu saillante; segmens supérieurs ouverts; éperon un peu plus court que l'ovaire. ♃. Prairies des Alpes et de l'Auvergne.

23. Orchis sureau (*O. sambucina*, L. sp. 1334).

Probablement une variété de l'espèce précédente; il n'en diffère que par ses bractées un peu plus longues, le labellum un peu plus denté, et par ses fleurs jaunâtres. ♃. Croît surtout dans les prairies des montagnes.

24. Orchis taché (*O. maculata*, L. sp. 1335).

Hampe de 10-15 pouces; feuilles tachées, lancéolées-linéaires; fleurs blanches, ponctuées de rouge, en épi serré; labellum presque plane, à 3 divisions, dont les 2 latérales dentées, la médiane entière; segmens supérieurs connivens. ♃. Très commun dans les bois et les prés.

25. ORCHIS MOUCHERON (*O. conopsea*, L. sp. 1335).

Hampe de 10-18 pouces; feuilles longues, lancéolées; fleurs purpurines, rarement blanches, petites, en épi très long, serré; labellum à 3 divisions presque égales; éperon grêle, très long, double de l'ovaire. ♃. Prairies humides. Cette espèce et la suivante sont du genre *Gymnadenia*, RICH.

26. ORCHIS ODORANT (*O. odoratissima*, L. sp. 1335).

Hampe de 6-15 pouces; feuilles étroites, longues, très pointues; fleurs d'une odeur de vanille, petites, purpurines, en épi long, grêle, filiforme; labellum à 3 lobes presque égaux; éperon grêle, courbé, à peine plus long que l'ovaire. ♃. Prés secs. (Rare.)

Genre SATYRION (*Satyrium*, LINNÉ).

Périgone à 6 divisions, dont 3 intérieures; l'inférieure présentant un labellum ou tablier, muni à sa base d'un éperon gibbeux, très court, et comme rudimentaire.

*Espèce* 1. SATYRION A ODEUR DE BOUC (*Satyrium hircinum*, L. sp. 1337).

Racine à tubercules entiers; hampe haute de 1-2 pieds; feuilles lancéolées-ovales; fleurs verdâtres, avec des lignes pourpres, d'une forte odeur de bouc, en épi lâche, très long; labellum à 3 divisions, dont la moyenne extrêmement longue, roulée en spirale; éperon à peine visible. ♃. Prés secs et calcaires.

2. SATYRION UNILATÉRAL (*S. secundiflorum. Orchis secundiflora*, BERT. rar. it. dec. 2. p. 42; *Ophrys densiflora*, DESF. ann. mus. 10. t. 16).

Hampe de 6-12 pouces; feuilles inférieures ovales, plus ou moins lancéolées; les supérieures linéaires, engaînantes; fleurs verdâtres, unilatérales; en épi serré; bractées moitié plus courtes que l'ovaire; casque à segmens lancéolés, pointus; labellum linéaire, triparti; éperon conique, très court. ♃. Croît en Corse; se retrouve aux environs de Marseille. Cette espèce et la précédente font partie du genre *Loroglossum*, Rich.

3. Satyrion vert (*S. viride*, L. sp. 1337).

Hampe de 4-8 pouces; feuilles ovales-lancéolées; fleurs vertes, peu nombreuses, assez grandes, en épi peu fourni; labellum à 3 divisions, dont la moyenne plus courte; bractées étroites, plus longues que les fleurs. ♃. Prés un peu humides. Cette espèce et la suivante sont du genre *Gymnadenia*, Rich.

4. Satyrion blanc (*S. albidum*, L. sp. 1338. *Orch. albida*, All.).

Hampe de 4-10 pouces; feuilles lancéolées; fleurs petites, blanches, en épi allongé, grêle; labellum à 3 divisions, dont celle du milieu obtuse, plus courte; segmens supérieurs connivens. ♃. Prairies des Alpes. Je l'ai retrouvé à Saint-Agnan, près Rouen, et M. A. Brébisson, aux environs de Falaise.

5. Satyrion noir (*S. nigrum*, L. sp. *Orch. nigra*, All.)

Hampe de 4-10 pouces; feuilles linéaires; fleurs très petites, d'un rouge noir, en épi très serré; labellum ovale, acuminé, entier; segmens supérieurs ouverts. ♃. Prairies des hautes montagnes. L'*orchis suaveolens*, Vill., a l'éperon 4 fois plus long, à peu près égal à l'ovaire, et les fleurs d'un rouge foncé. Il croît aux environs de Grenoble. Est-ce une espèce bien distincte? Genre *Nigritella*, Rich.

Genre OPHRYS (*Ophrys*, Linné).

Périgone à 6 divisions ouvertes, dont 3 intérieures, les inférieures de celles-ci offrant un tablier ou labellum très prononcé; éperon entièrement nul; anthère biloculaire. (Voyez *Atl.*, pl. 42, f. 2.)

*Espèce* 1. OPHRYS MOUCHE (*Ophrys myodes*, JACQ. icon. rar. 1. t. 184).

Hampe de 12-15 pouces; feuilles lancéolées; fleurs en épi très peu fourni; labellum velu, à 3 lobes, dont le médian plus long, bifide, à divisions ovales; segmens supérieurs étalés, verdâtres, les latéraux presque linéaires, très petits, l'inférieur d'un rouge foncé. La fleur de cette plante ressemble beaucoup à une mouche avec ses antennes. ♃. Collines un peu élevées. Cette espèce et les cinq suivantes sont du genre *Entomea*, RICH.

2. OPHRYS ABEILLE (*O. apifera*, HUDS. angl. 391).

Hampe de 4-10 pouces; feuilles lancéolées; fleurs grandes, en épi peu fourni; labellum à 3 divisions, la médiane ovale, trilobée, à lobe terminal, subulé, recourbé, les latérales oblongues; segmens supérieurs ouverts, roses; tablier d'un rouge ferrugineux, velouté. ♃. Croît sur les collines.

3. OPHRYS ARANIFÈRE (*O. aranifera*, HUDS. angl. 392).

Hampe de 4-6 pouces; feuilles ovales-lancéolées, 3-6 fleurs, en épi lâche; labellum velu, avec 2 lignes glabres, à 3 lobes, dont celui du milieu obovale et échancré; les 3 segmens supérieurs oblongs, verdâtres; tablier velouté, ferrugineux. ♃. Coteaux calcaires.

4. OPHRYS ARAIGNÉE (*O. arachnites*, VILLD. sp. 4. p. 67).

Hampe de 4-6 pouces; feuilles lancéolées; 3-5 fleurs en épi; labellum velu, à 3 lobes, celui du milieu à 3 divisions peu profondes; segmens supérieurs ouverts, verdâtres; tablier d'un brun ferrugineux, sans lignes glabres. ♃. Coteaux calcaires. (Rare.)

5. OPHRYS JAUNE (*O. lutea*, CAV. ic. 2. p. 46).

Hampe de 4-6 pouces; feuilles ovales-oblongues, mucronées; fleurs jaunes, en petit nombre; labellum d'un beau jaune en dessous et sur les bords, à 3 lobes courts, celui du milieu un peu échancré; segmens supérieurs étalés, tronqués; bractées un peu plus longues que l'ovaire; dessus du tablier velu, brunâtre, portant 2 raies glabres peu prononcées. ♃. Provinces méridionales, Corse.

6. Ophrys faux miroir (*O. pseudo-speculum*, DC. fl. fr. 2030b).

Cette espèce est très voisine de l'*Oph. lutea*, et je crois difficilement qu'elle constitue une espèce bien distincte.

Hampe de 4-6 pouces; 2-4 fleurs en épi lâche; labellum concave à sa base, portant 2 petites callosités noirâtres, presque carré, tridenté, à bords réfléchis, brun velu en dessous, jaunâtre sur les bords; segmens supérieurs étalés, d'une jaune pâle. ♃. Environs de Montpellier. L'*Ophrys speculum*, Bertol., croît en Italie; je ne sache pas qu'on l'ait encore trouvé en France.

7. Ophrys homme-pendu (*O. anthropophora*, L. sp. 1343. *Loroglossum anthropophora*, Rich.).

Hampe de 12-18 pouces; feuilles longues, lancéolées; fleurs petites, grêles, en épi allongé, d'un blanc jaunâtre; labellum allongé, pendant, à 3 divisions capillaires, celle du milieu bifide; segmens supérieurs connivens. ♃. Croît sur les pelouses élevées.

8. Ophrys des Alpes (*O. Alpina*, L. sp. 1342. *Chamorchis Alpina*, Rich.).

Hampe nue, de 2-4 pouces; feuilles très étroites, linéaires; fleurs jaunâtres, en épi de 5-10 fleurs; labellum entier, lancéolé; bractées plus longues que l'ovaire. ♃. Alpes du Dauphiné et de la Savoie. (Rare.)

9. Ophrys a un bulbe (*O. monorchis*, L. sp. 1342. *Herminium monorchis*, Rich.)

Racine formée d'un seul tubercule; hampe de 2-5 pouces; feuilles lancéolées; fleurs d'un vert jaunâtre, petites, en épi oblong; labellum à 3 lobes courts, les 2 latéraux linéaires, divariqués; bractées de la longueur de l'ovaire. ♃. Prairies montueuses.

Genre NÉOTTIE (*Neottia*, Swartz).

Périgone à 6 divisions, dont les 5 supérieures conniventes; labellum renflé à la base, muni de 2 poches qui recouvrent l'ovaire; anthère biloculaire, placée derrière le stigmate; fleurs petites, disposées comme par spires ou unilatéralement.

*Espèce* 1. Néottie en spirale (*Neottia spiralis*, Swartz. *Ophrys spiralis*, L.).

Racine formée de 2 bulbes cylindriques; hampe de 3-6 pouces; feuilles toutes radicales, placées à côté de la hampe; fleurs en épi, petites, blanches, odorantes, disposées en forme de spirale. ♃. Croît sur les collines herbeuses, en automne. Cette espèce et la suivante sont du genre *Spiranthes*.

2. Néottie d'été (*N. æstivalis*, DC. *Oph. æstivalis*, Lam.).

Très distincte de la précédente par sa tige garnie de feuilles linéaires-lancéolées. ♄. Fleurit en été, dans les prés marécageux. (Rare.)

3. Néottie rampante (*N. repens*, Swartz. *Satyrium repens*, L. *Goodyera repens*, Rich.).

Racine longue, traçante, un peu articulée; hampe ascendante, de 2-4 pouces; feuilles engaînantes, ovales-lancéolées; fleurs petites, blanches, disposées plutôt unilatéralement qu'en spirale. ♃. Alpes de Provence, de Piémont, du Dauphiné. Je l'ai recueillie à Villars-Notre-Dame. (Rare.)

Genre SÉRAPIAS (*Serapias*, Swartz).

Périgone à 6 divisions, dont les 5 supérieures réunies en forme de capuchon; labellum sans éperon, concave, pendant, pointu; stigmate concave, placé en avant; anthère biloculaire, terminale.

*Espèce* 1. SÉRAPIAS EN LANGUETTE (*Serapias lingua*, L. sp. 1344).

Racine à 2 tubercules, dont l'un pédicellé; hampe de 4-6 pouces; feuilles oblongues-linéaires; fleurs ferrugineuses, de 2-4; labellum à trois divisions, dont la médiane oblongue, glabre, lancéolée; bractées plus courtes que les fleurs. ♃. Provence, Languedoc, environs de Nantes, de Tours, etc.

2. SÉRAPIAS EN COEUR (*S. cordigera*, L. sp. 1345).

Racine à 2 tubercules sessiles; hampe de 8-12 pouces; feuilles oblongues-lancéolées; fleurs grandes, ferrugineuses, de 4-8; labellum à 3 divisions, dont la médiane ovale, acuminée, velue; bractées plus longues que les fleurs. ♃. Provence, Languedoc, environs d'Angers, de Nantes, etc.

Genre EPIPACTIS (*Epipactis*, SWARTZ).

Périgone à 6 divisions ouvertes; labellum sans éperon, entier ou lobé; stigmate terminal placé devant l'anthère; anthère biloculaire attachée au style, persistante.

*Espèce* 1. EPIPACTIS NID-D'OISEAU (*Epipactis nidus avis*, DC. *Ophrys nidus avis*, L.).

Racine composée de fibres nombreuses, représentant grossièrement un nid d'oiseau; hampe de 6-15 pouces, garnie d'écailles roussâtres engaînantes; fleurs roussâtres, ainsi que toute la plante, qui a le port d'une orobanche. ♃. Bois couverts.

2. EPIPACTIS DOUBLE FEUILLE (*E. ovata*, DC. *ophrys ovata*, LIN.).

Racine fibreuse; hampe de 1-2 pieds; 2 feuilles grandes, ovées, allongées, opposées; fleurs verdâtres, petites, en épi long, filiforme; labellum à 2 divisions linéaires. ♃. Commun dans les prés et les bois humides.

3. Epipactis a feuilles en coeur. (*E. cordata*, L. sp. 1340).

Hampe grêle, glabre, haute de 6-10 pouces; 2 feuilles petites, opposées, presque en cœur; fleurs petites, jaunâtres ou purpurines, en épi long, très grêle, filiforme; labellum trifide. ♃. Croît dans les bois de sapins, parmi les mousses; sur le Pilat, dans les Vosges, le Mont-d'Or. Ces trois espèces sont du genre *Neottia*, Rich.

4. Epipactis des marais (*E. palustris*, Crantz. *Serapias longifolia*, L.)

Tige dressée, pubescente, haute de 10-18 pouces; feuilles inférieures ovales, lancéolées engaînantes; les supérieures lancéolées, embrassantes; fleurs blanches, avec des lignes purpurines, grandes, pédicellées, en épi; labellum entier, crénelé. ♃. Croît dans les marais.

5. Epipactis grandiflore (*E. grandiflora*, L. *Serap. lancifolia*, Murr.).

Tige glabre, haute de 12-18 pouces; feuilles ovales, lancéolées, embrassantes; fleurs grandes, blanches, variées de jaune, disposées en épi peu fourni; labellum entier, un peu plus court que les autres segmens; bractées presque aussi longues que les fleurs. ♃. Croît dans les bois montueux. Cette espèce et les deux suivantes sont du genre *Cephalanthera*, Rich.

6. Epipactis en glaive (*E. ensifolia*, Willd. DC.).

Tige glabre, haute de 10-18 pouces; feuilles longues, lancéolées, pointues; fleurs blanches, avec une tache jaune sur le tablier, en épi peu fourni; labellum entier, moitié plus court que les segmens supérieurs; la première bractée seulement de la longueur de la fleur, les autres très petites. ♃. Bois des montagnes. Je l'ai trouvé aux environs de Rouen. (Rare.)

7. Epipactis rouge (*E. rubra*, All. *Serap. rubra*, L.).

Tige flexueuse, haute de 12-18 pouces; feuilles inférieures ovales, les supérieures lancéolées; fleurs rouges, grandes, en épi peu fourni; labellum entier, marqué de lignes saillantes; bractées de la longueur des fleurs. ♃. Croît çà et là dans les bois montueux.

8. Epipactis a larges feuilles (*E. latifolia*, Willd. Rich. *Serap. latifolia*, L.).

Tige de 1-2 pieds; feuilles ovales, l'inférieure engaînante, les autres embrassantes, les supérieures lancéolées; fleurs blanchâtres ou d'un rouge foncé, nombreuses, penchées, souvent unilatérales; labellum entier, acuminé, un peu plus court que les segmens supérieurs. ♃. Croît dans les bois.

9. Epipactis a petites feuilles (*E. microphylla*, Hoffm. Swartz).

Certainement distincte de la précédente par sa tige de 6-10 pouces, ses feuilles beaucoup plus petites, plus courtes que les entre-nœuds, par ses fleurs nombreuses, d'un pourpre noir et d'une odeur de vanille très remarquable. ♃. Croît sur les coteaux calcaires et arides.

Genre MALAXIS (*Malaxis*, Swartz).

Périgone renversé; labellum supérieur, concave, embrassant le style par la base; style gibbeux, creusé en avant; stigmate concave, regardant le labellum; anthère caduque, biloculaire.

*Espèce.* Malaxis de Loesel (*Malaxis Lœselii*, Sw. *Liparis Lœselii*, Rich. *Ophrys Lœselii*, L.).

Racine fibreuse, à bulbe arrondi; tige triangulaire, grêle, haute de 2-5 pouces; 2 feuilles radicales, lancéolées, un peu ovales; fleurs d'un jaune verdâtre; segmens écartés. ♃. Croît dans les prés marécageux, aux environs de Paris, dans le nord de la France, en Belgique. M. A. de Brebisson l'a retrouvé dans le Calvados. (Rare.) Le *malaxis paludosa*, L., a la tige à 5 angles, haute de 1-2 pouces : il croît en Suède et peut-être en Suisse. Le *malaxis liliifolia*, L., a les fleurs un peu rougeâtres, les feuilles larges et la tige triangulaire : il habite les marais de quelques parties de l'Europe boréale. (Très rare.)

### Genre CYMBIDIE (*Cymbidium*, Swartz).

Périgone à 6 divisions; labellum concave; stigmate en avant; anthère biloculaire, caduque; capsule ovale, trigone.

*Espèce.* Cymbidie coraline (*Cymbidium corallorhiza*, Swartz. *Oph. corallorhiza*, L. *Corallorhiza Halleri*, Rich.).

Racines fibreuses, rameuses, tortueuses; tige de 10-15 pouces, garnie de quelques écailles engaînantes; fleurs petites, d'un blanc verdâtre, en épi peu fourni. ♃. Croît dans les bois, en Languedoc, dans le Jura, les Alpes de Provence. (Rare.)

### Genre LIMODORE (*Limodorum*, Swartz).

Périgone à 6 divisions presque ouvertes; labellum tantôt supérieur, tantôt inférieur, muni d'un éperon; anthère caduque à 2-4 lobes.

*Espèce* 1. Limodore avorté (*Limodorum abortivum*, Swartz. *Orch. abortiva*, L.)

Tige flexueuse, violâtre, grosse, haute de 1-2 pieds; feuilles remplacées par des gaînes; fleurs violâtres, grandes, en épi peu fourni, très long; éperon aussi long que l'ovaire. ♃. Croît dans les grandes futaies des lieux montagneux.

2. Limodore épipogion (*L. epipogium*, Swartz. *Satyrium epipogium*, L. *Epipogium Gmelini*, Rich.).

Racines fibreuses; tige très grêle, roussâtre, haute de 4-8 pouces, garnie de 2-3 écailles engaînantes;

fleurs d'un jaune roussâtre, peu nombreuses; labellum supérieur; bractées larges. ♃. Croît parmi les bois de hêtres dans les Alpes. (Très rare.) Je l'ai reçu de Martigny, dans le Valais.

Genre CYPRIPÉDIE (*Cypripedium*, Lin.).

Périgone à 6 divisions; labellum inférieur très grand, obtus; creusé en forme de sabot; stigmate recouvert par un appendice; 2 anthères distinctes, latérales.

*Espèce.* Cypripédie sabot (*Cypripedium calceolus*, L. sp. 1346).

Racine fibreuse, tige feuillée, haute de 12-18 pouces; feuilles larges, ovales, lancéolées; fleurs très grandes, de une à deux, jaunâtres ou un peu roussâtres. ♃. Cette belle plante n'est pas très rare dans les prés couverts des hautes montagnes. Le *cypripedium bulbosum*, L., a la racine bulbeuse, la tige nue et les fleurs beaucoup plus petites. Il croît en Suède, en Laponie. (Très rare.)

## FAMILLE 93. IRIDÉES (*Irideæ*, Juss.).

Périgone pétaloïde, adhérent à l'ovaire, à 6 divisions régulières ou irrégulières, quelquefois disposées sur deux rangs; 3 étamines libres et opposées aux divisions extérieures, rarement monadelphes; ovaire infère terminé par un style simple ou trifide, dont chaque division est plane et souvent pétaliforme; fruit couronné par les débris du périgone, capsulaire, trivalve, triloculaire, polysperme; périsperme cartilagineux; embryon droit; fleurs renfermées dans une spathe avant leur développement. Plantes herbacées, à racines bulbifères, tubérifères, etc.

Genre IRIS (*Iris*, Lin.).

Périgone à 6 divisions, dont 3 externes plus grandes et ouvertes, 3 intérieures plus petites, dressées; 3 étamines distinctes; 1 style court, se prolongeant en 3 lobes grands, pétaloïdes.

* *Divisions extérieures barbues intérieurement à la base.*

*Espèce* 1. Iris de Florence (*Iris Florentina*, L. sp. 55).

Tige de 2 pieds, glauque, ainsi que toute la plante; feuilles ensiformes, embrassantes, glabres; fleurs blanches, sessiles, de 2-3; divisions intérieures entières. ♃. Environs de Grasse et de Toulon. La racine a une odeur de violette.

2. Iris Germanique (*I. Germanica*, L. sp. 55).

Tige de 2 pieds; feuilles glabres, ensiformes, courbées en faulx, plus courtes que la tige, qui porte plusieurs fleurs bleues; tube plus long que l'ovaire. ♃. Commun sur les toits de chaume.

3. Iris nain (*I. pumila*, L. sp. 56).

Tige uniflore, plus courte que les feuilles; feuilles glabres, ensiformes; fleurs d'un bleu purpurin; tube de la corolle grêle, se montrant hors de la spathe. ♃. Croît sur les toits de chaume et sur les rochers.

4. Iris jaunatre (*I. lutescens*, Lam. D. 3. 297).

Peut-être une variété du précédent. Tige portant 1-2 fleurs, plus haute que les feuilles; feuilles glauques, ensiformes; fleurs jaunes; tube de la corolle renfermé dans la spathe. ♃. Croît sur les toits et les rochers dans les montagnes.

** *Divisions extérieures glabres.*

5. Iris fétide (*I. fœtidissima*, L. sp. 57).

Tige à un seul angle; feuilles ensiformes, d'une odeur forte; fleurs d'un bleu triste. ♃. Croît dans les bois, au bord des chemins, etc.

6. Iris Glaïeul (*I. pseudacorus*, L. sp. 56).

Tige de 3-5 pieds, multiflore; feuilles ensiformes, quelquefois plus longues que la tige; fleurs jaunes, avec des lignes noires; les 3 segmens intérieurs plus petits que les extérieurs. ♃. Commun au bord des eaux. On nomme vulgairement cette plante *iris des marais*, *glaïeul des marais*.

7. Iris faux xyphium (*I. xyphioides*, Willd. sp. 1. p. 231).

Tige haute de 1-2 pieds; feuilles étroites, pliées en gouttière; fleurs grandes, purpurines, au nombre de 2. ♃. Commun dans les Pyrénées. L'*iris xyphium*, L., est de Portugal et d'Espagne.

8. Iris sysirinchium (*I. sysirinchium*, L. sp. 59. *Iris fugax*, Ten. neap.).

Racine bulbeuse, arrondie, garnie de quelques fibrilles; feuilles subulées, canaliculées, plus hautes que la tige, qui porte 1-3 fleurs bleues marquées de taches jaunes à leur base. ♃. Environ de Toulon? Corse, Espagne.

9. Iris a feuilles de gramen (*I. graminea*, L. sp. 58).

Tige biflore, haute de 3-4 pouces; feuilles linéaires, doubles de la tige; fleurs d'un bleu violet; ovaire à 6 angles. ♃. Environs de La Rochelle, Italie. (Rare.)

10. Iris de Sibérie (*I. Sibirica*, L. sp. 57. *Iris pratensis*, Lam. D. 3. p. 300).

Tige presque nue, haute de 3-4 pieds, grêle; feuilles linéaires, moins longues que la tige; fleurs bleues, panachées de jaune et de blanc; spathes scarieuses; ovaire à 3 angles. ♃. Prés humides de l'Alsace, des Vosges et du Dauphiné.

11. Iris batard (*I. spuria*, L. sp. 59).

Tige feuillée, de 3-4 pieds; feuilles linéaires, moins longues que la tige; fleurs blanches, lignées de bleu et de violet; ovaire à 6 angles; spathes vertes. ♃. Environs de Narbonne.

12. Iris tubéreux (*I. tuberosa*, L. sp. 58).

Racine tuberculeuse; hampe haute d'un pied; feuilles fistuleuses, tétragones, sillonnées, plus longues que la tige; fleur solitaire, verdâtre. ♃. Environs de Toulon, d'Agen, de Poitiers, Italie. (Rare.) Les *iris biflora*, *variegata*, *Sambucha*, *squalens*, L., habitent l'Europe la plus méridionale.

### Genre GLAIEUL (*Gladiolus*, Lin.).

Périgone en entonnoir, à 6 divisions, disposées un peu en deux lèvres; stigmate à 3 divisions étalées.

*Espèce.* Glaïeul commun (*Gladiolus communis*, L. sp. 52).

Tige de 2-3 pieds, simple; feuilles ensiformes; fleurs rouges, très belles, en long épi unilatéral. ♃. Provinces méridionales.

### Genre SAFRAN (*Crocus*, Lin.).

Périgone à tube grêle, double du limbe, qui est à 6 divisions régulières, droites; stigmate épais, roulé ou crêté; racine bulbifère.

*Espèce* 1. Safran cultivé (*Crocus sativus*, L. sp. 50).

Racine bulbifère; feuilles linéaires, très étroites, roulées sur les bords; fleurs violettes; stigmates rouges, plus longs que les étamines. ♃. Cultivé dans le Gatinois. On emploie les stigmates de cette plante sous le nom de *safran*: il est stomachique, excitant.

2. Safran découpé (*C. multifidus*, Ram. *Cr. speciosus*, Bieb.).

Diffère du précédent par son stigmate trifide, très découpé en lanières fines, par sa hampe sans feuilles; celles-ci naissent au printemps et la fleur en automne. ♃. Pyrénées, environs de Dax, de Sorèze, etc.

3. Safran du printemps. (*C. vernus*, All. ped. *Cr. sativus* β, L.).

Racine bulbifère; feuilles planes, étroites, linéaires; fleurs violettes, le plus souvent blanches, à hampe plus courte que les feuilles; stigmate droit, trifide, plus long que le tube. ♃. Commun dans les prairies des Alpes et des Pyrénées.

4. Safran nain (*C. minimus*, DC. fl. fr. 2004).

Diffère du précédent par sa fleur violette panachée de blanc, et dont le limbe est à divisions très aiguës, et par ses feuilles longues, filiformes, sans nervures. ♃. Bords de la mer, en Corse. Le *crocus versicolor*, Gawl., croît en Italie.

Genre IXIE (*Ixia*, Lin.).

Périgone à tube plus ou moins allongé, à limbe ouvert, à 6 divisions égales; 3 étamines; stigmate à 3 divisions, longues, filiformes.

*Espèce*. Ixie Bulbocode (*Ixia Bulbocodium*, L. sp. 51).

Racine bulbifère; feuilles planes, linéaires, courbées en gouttière, beaucoup plus longues que la hampe; fleurs solitaires, bleues, blanches ou rouges, de grandeur variable; stigmate trilobé, à lobes profondément bifides. ♃. Croît dans l'ouest de la France, en Corse, aux environs de Montpellier.

## famille 94. NARCISSÉES (*Narcisseæ*, Juss.).

Périgone coloré, pétaloïde, monosépale, soudé par sa base avec l'ovaire; gorge du périgone souvent munie d'un nectaire pétaloïde; 6 étamines insérées sur le tube, rarement sur le réceptacle; ovaire infère à 3 loges, surmonté d'un style souvent trilobé; capsule à 3 valves, à 3 loges polyspermes; périsperme corné; fleurs ordinairement renfermées dans une spathe avant leur développement. Plantes herbacées, à racines bulbifères.

### Genre GALANTINE (*Galanthus*, Lin.).

Périgone à 6 divisions; 3 extérieures, verdâtres, caliciformes; 3 intérieures, échancrées et moitié plus courtes et pétaloïdes; 6 étamines. (Voyez *Atl.*, pl. 36, f. 1.)

*Espèce.* Galantine des neiges (*Galanthus nivalis*, L. sp. 413).

Feuilles radicales, étroites, planes; fleur blanche, solitaire, pendante. ♃. Fleurit en février. Habite les lieux couverts et montagneux. On la nomme vulgairement *perce-neige*.

### Genre LEUCOIUM (*Leucoium*, Lin.).

Périgone à tube court, à limbe campanulé, à 6 divisions profondes, égales entre elles, épaissies au sommet; 6 étamines; stigmate simple.

*Espèce* 1. Leucoium du printemps (*Leucoium vernum*, L. sp. 414).

Hampe nue, haute de 5-8 pouces; feuilles radicales, planes, étroites; fleurs blanches, solitaires, pendantes, sortant d'une spathe. ♃. Lieux couverts des montagnes. Je l'ai trouvé aux environs de Rouen.

2. Leucoium d'été (*L. æstivum*, L. sp. 414).

Diffère du précédent par sa hampe multiflore, haute de 1-2 pieds, et par ses feuilles plus longues. ♃. Lieux couverts du Midi.

3. Leucoium d'automne (*L. autumnale*, L. sp. 414).

Hampe grêle, droite, biflore; feuilles longues, grêles, filiformes; fleurs blanches, penchées, sortant d'une spathe; style filiforme. ♃. Environs de Montpellier, Corse. (Rare.)

4. Leucoium d'hiver (*L. hiemale*, DC. suppl. 1986[a]).

Hampe de 2-3 pouces; feuilles grêles, à peu près aussi longues que la hampe; fleurs blanches, ou roses, solitaires, ou réunies deux à deux, sortant d'une spathe à 2 valves linéaires; lobes du périgone pointus, étroits. ♃. Croît aux environs de Ville-Franche; en Corse. Le *L. roseum*, Lois., est la variété à fleurs roses.

### Genre NARCISSE (*Narcissus*, Lin.).

Périgone à 6 divisions égales; tube muni à l'entrée d'une couronne pétaloïde d'une seule pièce; 6 étamines insérées sur le tube. (Voyez *Atl.*, pl. 36, f. 1.)

* *Feuilles planes, glauques; hampes uniflores; couronne campanulée-dentée.*

*Espèce* 1. Narcisse faux-narcisse (*Narcissus pseudo-narcissus*, L. sp. 414).

Hampe uniflore, presque à 2 tranchans; feuilles obtuses, glauques, plus courtes que la hampe; couronne d'un jaune foncé, crispée, égalant les segmens du périgone, qui sont ovales et d'un jaune pâle. ♃. Commun dans les prés et les bois, au premier printemps.

2. Narcisse mineur (*N. minor*, L. sp. 415).

Hampe très comprimée, haute de 4-8 pouces; feuilles planes, très étroites; fleur solitaire, pédicellée dans la spathe; couronne d'un jaune foncé, en cône renversé, à 6 lobes dentés, un peu plus longue que le périgone, qui est d'un jaune blanchâtre. ♃. Pyrénées, environs de Dax, etc.

3. Narcisse majeur (*N. major*, Lois. narc. 27).

Peut-être une variété du *pseudo-narcissus*; il n'en diffère que par sa tige plus comprimée, sa fleur plus grande, sessile dans la spathe, et par sa couronne un peu plus longue que le périgone. ♃. Limousin. (Lois.) Il est commun à fleur double dans les jardins.

4. Narcisse nompareil (*N. incomparabilis*, Curt. bot. mag. t. 121).

Hampe presque ronde, à 2 angles saillans; fleur

presque sessile ; couronne d'un jaune orangé, campanulée, crénelée, à 6 lobes peu prononcés, plus courte que le périgone, qui est jaunâtre ou quelquefois blanchâtre. ♃. Croît en Languedoc, dans les prairies ; cultivé. Le *narc. moschatus*, L., est du Portugal ; on le cultive comme fleur d'ornement.

** *Feuilles planes, glauques ; hampes portant 1-2 fleurs ; couronne courte, rotiforme.*

5. Narcisse des poètes (*N. poeticus*, L. sp. 414).

Hampe uniflore, presque à deux tranchans ; feuilles de la longueur de la hampe ; fleurs blanches ; spathe souvent à 2 lobes ; couronne très courte, scarieuse, d'un rouge orangé. ♃. Croît dans les prés, surtout dans le Midi.

6. Narcisse oriental (*N. orientalis*, L. mant. *Narc. biflorus*, Curt.).

Hampe biflore, presque à 2 tranchans ; feuilles glauques, un peu carénées ; fleurs pédicellées ; couronne jaune, crénelée, crépue ; périgone d'un jaune sale. ♃. Croît en Anjou, en Touraine, en Bretagne.

*** *Feuilles planes, glauques ; hampes multiflores ; couronne en forme de coupe, à peine dentée.*

7. Narcisse tazette (*N. tazetta*, L. sp. 416).

Hampe arrondie, comprimée en bas et en haut ; feuilles planes, glauques ; fleurs de 3-20, blanches, avec la couronne orangée, moitié moins longue que le périgone. ♃. Commun dans les prairies du Midi. Le *narcissus Italicus*, Gawl., en est voisin ; mais le périgone est de la couleur de la couronne.

8. Narcisse polyanthe (*N. polyanthos*, Lois. narc. 36).

Hampe à peine comprimée ; feuilles glauques, planes, assez larges ; fleurs de 8-20, toutes blanches, pédicellées ; spathe grande. ♃. Environs de Toulon, Italie, Espagne.

9. Narcisse blanchatre (*N. subalbidus*, Lois. narc. 37. *Narc. stellatus*, DC.).

Hampe haute de 1 pied, comprimée; feuilles planes, un peu glauques; fleurs de 3-10, tantôt toutes blanches, tantôt avec la couronne jaune; périgone à segmens aigus, triple de la longueur de la couronne. ♃. France méridionale. (Lois.) Cultivé.

10. Narcisse a fleurs dorées (*N. chrysanthus*, DC. suppl.).

Hampe de 10-15 pouces, comprimée; feuilles planes, glauques, assez étroites; fleurs de 3-10; couronne d'un jaune-orangé, nullement denticulée, trois à quatre fois plus courtes que les segmens du périgone, qui sont jaunes. ♃. Provence. (Très rare.)

11. Narcisse doré (*N. aureus*, Lois. h. amat. t. 147).

Hampe arrondie, portant 6-12 fleurs; feuilles planes, vertes; fleurs d'un jaune brillant; couronne cyathiforme, entière, moitié plus courte que les segmens, qui sont ovales. ♃. Environs d'Avignon.

12. Narcisse douteux (*N. dubius*, Lois. narc. 33).

Hampe flexueuse, très comprimée; feuilles planes, glauques, étroites; fleurs de 2-3, assez petites, blanches; couronne un peu dentelée au sommet; segmens ovales, doubles de la couronne. ♃. Croît parmi les rochers du midi. Cultivé.

13. Narcisse calathin (*N. calathinus*, L. sp. 415).

Hampe de 8-12 pouces, arrondie; feuilles planes, étroites, glauques, aussi longues que la hampe; fleurs de 2-4, d'un blanc jaunâtre; couronne grande, un peu crénelée; segmens oblongs, réfléchis. ♃. Iles de Glenans, en Bretagne.

14. Narcisse étalé (*N. patulus*, Lois. narc. 34).

Hampe arrondie, haute de 5-8 pouces; feuilles étalées, très étroites, courbées en gouttière; fleurs petites, de 2-4; couronne orangée, entière, reserrée au sommet, double des segmens, qui sont blancs.

**** *Feuilles vertes, demi-cylindriques; hampe uniflore; couronne grande, égale aux segmens.*

15. Narcisse bulbocode (*N. bulbocodium*, L. sp. 650).

Hampe uniflore; feuilles linéaires, plus longues que la hampe; fleur très grande, jaune; couronne évasée au sommet, plus longue que les segmens du périgone. ♃. Environs de Tarbes, de Sorèze, Espagne, Portugal.

***** *Feuilles vertes, demi-cylindriques, jonciformes, un peu creusées en gouttière.*

16. Narcisse-jonquille (*N. jonquilla*, L. sp. 417).

Hampe de 10-15 pouces; feuilles menues, subulées, creusées en gouttière; fleurs jaunes, petites, de 3-5; couronne en forme de coupe, dilatée au sommet, trois fois plus courte que les segmens. ♃. Croît dans les garrigues du Midi. Cultivé.

17. Narcisse intermédiaire (*N. intermedius*, Lois. fl. gall. 191. t. 7).

Hampe de 8-12 pouces, arrondie; feuilles demi-cylindriques, creusées en goutière; fleurs jaunes, de 2-4, à pédicelles plus courts que la spathe; couronne d'un jaune plus foncé, et quatre fois plus courte que les segmens. ♃. Environs de Bayonne, Espagne. Cultivé.

18. Narcisse a feuilles de jonc (*N. juncifolius*, Lois. ann. soc. l. par. 1827).

Hampe portant 1 à 2 fleurs; feuilles demi-cylindriques, subulées; fleurs jaunes; couronne cyathiforme, légèrement lobée, moitié plus courte que les segmens. ♃. Environs de Montpellier, mont Ventoux.

19. NARCISSE JAUNATRE (*N. ochroleucus*, LOIS. narc. 38).

Hampe lisse; cylindrique; feuilles demi-cylindriques, creusées en gouttière; fleurs de 4-8; couronne en forme de coupe, jaune, moitié moins longue que les segmens, qui sont d'un blanc jaunâtre. ♃. Environs de Toulon. (LOIS.)

20. NARCISSE TARDIF (*N. serotinus*, L. sp. 417).

Hampe grêle, portant de 1-7 fleurs; feuilles demi-cylindriques, subulées; couronne jaune, très dilatée, et de beaucoup plus courte que les segmens, qui sont blancs. ♃. Croît en Corse.

21. NARCISSE ODORANT (*N. odorus*, L. sp. 416).

Hampe arrondie, haute de 10-15 pouces; feuilles demi-cylindriques, creusées en gouttière; fleurs jaunes, grandes, de 2-6; couronne lobée, large, campaniforme, moitié moins longue que les segmens. ♃. Départemens de l'Ouest et du Midi.

22. NARCISSE JOYEUX (*N. lætus*, RED., *Liliac.*, t. 428).

Peut-être une variété du précédent; hampe demi-cylindrique; feuilles creusées en gouttière, un peu plus longues que la hampe; fleurs jaunes, de 2-4; couronne crépue, sinuée, moitié au moins aussi longue que les segmens. ♃. Croît en Provence. (Rare.) Le genre *narcissus* s'est accru considérablement depuis quelques années. Les recherches des botanistes du midi de la France nous ont fait connaître plusieurs espèces nouvelles, et une foule d'autres que l'on regardait comme propres à l'Europe la plus méridionale. Pour faciliter leur étude, M. De Candolle les a partagées en 4 groupes, que nous nous sommes empressé d'adopter.

Genre PANCRACE (*Pancratium*, LINNÉ).

Périgone infundibuliforme, à limbe ouvert, à 6 divisions étroites ; 6 étamines insérées sur le sommet du tube, à filamens réunis par une sorte de couronne dentée ; stigmate simple.

*Espèce* 1. PANCRACE MARITIME (*Pancratium maritimum*, L. sp. 418).

Hampe anguleuse, haute de 8-15 pouces; feuilles larges, planes, linéaires-lancéolées ; fleurs blanches, grandes, en une sorte d'ombelle, sortant d'une spathe ; couronne à lobes bidentés. ♃. Bords de la Méditerranée.

2. PANCRACE D'ILLYRIE (*P. Illyricum*, L. sp. 418).

Hampe dressée, haute de 10-15 pouces ; feuilles très larges, lancéolées ; fleurs blanches, en ombelle ; couronne à dents étroites, aiguës, étalées. ♃. Bord de la mer, en Corse.

Genre AMARILLIS (*Amaryllis*, LINNÉ).

Périgone en entonnoir, à 6 divisions, muni, à sa gorge, de 6 écailles ; 6 étamines, souvent inégales ; stigmate à 3 divisions.

*Espèce*. AMARILLIS JAUNE (*Amaryllis lutea*, L. sp. 420).

Hampe uniflore, plus courte que les feuilles, qui sont planes, allongées, disposées sur deux rangs ; fleur jaune, solitaire ; étamines inégales. ♃. Ile de Noirmoutiers, Italie.

## FAMILLE 95. HÉMÉROCALLIDÉES (*Hemerocallideæ*, R. BROW.).

Périgone monosépale, tubuleux, campanulé, à 6 divisions ; 6 étamines insérées sur le tube, à anthères intorses, oblongues ; ovaire supère, surmonté d'un style filiforme, à stigmate, à peine trigone ; capsule à trois loges polyspermes ; graines arrondies. Port des liliacées.

Genre HÉMÉROCALLE (*Hemerocallis*, Linné).

Périgone grand, persistant, en entonnoir, à limbe campanulé, à 6 divisions; 6 étamines à anthères introrses.

*Espèce* 1. Hémérocalle fauve (*Hemerocallis fulva*, L. sp. 462).

Tige nue, de 3-4 pieds; feuilles longues, ensiformes; fleurs grandes, terminales, d'un jaune rougeâtre; ovaire libre. ♃. Provinces méridionales.

2. Hémérocalle jaune (*H. flava*, L. sp. p. 462).

Se distingue de la précédente par ses fleurs d'un jaune clair, à segmens pointus, marqués de nervures. ♃. Suisse, Piémont, Alpes? Cultivée sous le nom de *lis asphodèle*.

3. Hémérocalle a fleur de lis (*H. liliastrum*, L. sp. 324. *Czackia liliastrum*, Andreiosky).

Tige nue, haute de 12-18 pouces; feuilles planes, étroites, égalant presque la tige; fleurs blanches, grandes. ♃. Alpes du Dauphiné, du Piémont. Commune à la Grande-Chartreuse.

## FAMILLE 96. LILIACÉES (*Liliaceæ*, Juss.).

Périgone pétaloïde, coloré, formé de six pièces distinctes ou soudées à la base; 6 étamines; ovaire surmonté d'un style à trois stigmates; capsule à trois valves, triloculaire; cloisons formées par la duplicature des valves; graines planes; périsperme charnu, ou cartilagineux. Plantes herbacées, à racines bulbifères; fleurs tantôt nues, tantôt munies d'une bractée, tantôt renfermées dans une spathe, avant leur développement.

Genre LIS (*Lilium*, LINNÉ).

Périgone campanulé, à 6 divisions droites ou roulées en dehors, et munies sur le dos d'un sillon. (Voyez *Atl.*, pl. 34, f. 2.)

*Espèce* 1. LIS BULBIFÈRE (*Lilium bulbiferum*, L. sp. 433).

Tige droite, simple, feuillée, haute de 2-3 pieds; feuilles étroites, pointues, portant dans leur aisselle de petites bulbilles; fleurs grandes, safranées, tiquetées de noir intérieurement. ♃. Montagnes de la Provence, de l'Alsace, Pyrénées. Le lis blanc, *lilium candidum*, L., que l'on cultive partout, est originaire de l'Orient.

1. LIS POMPON (*L. pomponium*, L. sp. 434).

Tige simple, feuillée, haute de 1-2 pieds; feuilles nombreuses, éparses, étroites; fleurs d'un rouge vif, à segmens roulés en dehors. ♃. Provence. Cultivé.

3. LIS DES PYRÉNÉES (*L. Pyrenaicum*, Gou. ob. 2. 5).

Tige simple, feuillée, haute de 1-3 pieds; feuilles éparses, nombreuses, très rapprochées; fleurs jaunes, terminales, tiquetées de ferrugineux intérieurement. ♃. Pyrénées, Alpes. (Rare.)

4. LIS MARTAGON (*L. martagon*, L. sp. 435).

Tige de 1-3 pieds; feuilles verticillées, ovales-lancéolées; fleurs d'un rougeâtre pâle, pendantes, tiquetées de noirâtre, à segmens roulés en dehors. ♃. Commun dans les lieux couverts des montagnes.

Genre FRITILLAIRE (*Fritillaria*, LINNÉ).

Périgone campanulé, à 6 divisions très profondes, munies à leur base d'une espèce de fossette nectarifère; 6 étamines.

*Espèce.* Fritillaire pintade (*Fritillaria meleagris*, L. sp. 436).

Tige dressée, haute de 6-10 pouces ; feuilles longues, peu nombreuses, alternes, linéaires ; fleur grande, terminale, blanche, jaune ou pourpre, par petits carreaux panachés. ♃. Pâturages humides des montagnes : se retrouve dans l'ouest et le centre de la France. La *fritillaria pyrenaica*, L., est une variété pyrénéenne à 2-3 fleurs et à feuilles inférieures opposées.

## Genre TULIPE (*Tulipa*, Linné).

Périgone grand, campanulé, à 6 divisions, ou formé de 6 pièces séparées ; stigmates sessiles, épais ; 6 étamines ; capsule trigone, allongée. (Voyez *Atl.*, pl. 34, f. 1.)

*Espèce* 1. Tulipe sauvage (*Tulipa sylvestris*, L. sp. 438).

Hampe munie d'une à deux feuilles étroites ; fleur jaune, terminale, penchée avant son épanouissement ; étamines un peu velues à la base ; segmens lancéolés-aigus. ♃. Prairies montueuses. La tulipe des jardins, *tulipa suaveolens*, L., a la fleur droite, et est glabre partout. Midi de l'Europe.

2. Tulipe de Cels (*T. Celsiana*, DC., suppl. 1903a).

Se distingue de la précédente, seulement par sa fleur droite avant l'épanouissement, et par ses proportions moindres. ♃. Provinces méridionales.

3. Tulipe de Lécluse (*T. Clusiana*, Lois. fl. gall. 2. p. 724).

Hampe droite ; feuilles étroites, pointues, l'inférieure aussi longue que la tige ; fleur panachée de blanc et de pourpre, à onglet d'un violet-noir. ♃. Provence.

4. Tulipe oeil du soleil (*T. oculus solis*, DC. fl. fr.).

Hampe de 10-15 pouces, portant 2-3 feuilles plus

longues que la hampe ; fleur terminale, d'un rouge vif, portant, à la base de chaque segment, une belle tache d'un bleu foncé, entourée de jaune. ♃. Environs d'Agen, Provence. (Clarion.)

5. Tulipe de Gessner (*T. Gessneriana*, L. sp. 438).

Sa fleur est droite, inodore : on la cultive. C'est la souche primitive de toutes ces belles variétés qui font l'ornement des jardins. ♃.

## famille 97. ASPHODELÉES (*Asphodeleæ*, Juss.).

Périgone à six divisions plus ou moins profondes, au bas desquelles s'insèrent 6 étamines ; ovaire libre, supérieur, surmonté d'un style terminé par un seul stigmate ; capsule triloculaire, renfermant plusieurs graines anguleuses ; embryon très petit ; périsperme corné. Port des liliacées, dont elles diffèrent assez peu, pour que la plupart des auteurs les réunissent.

### Genre ERYTHRONIE (*Erythronium*, Linné).

Périgone campanulé, très ouvert, à 6 divisions profondes, dont trois intérieures, portant à leur base deux petites callosités ; 6 étamines ; 1 style à trois stigmates ; une capsule à trois valves chargées d'une cloison sur leur face interne.

*Espèce.* Erythronie dent de chien (*Erythronium dens canis*, L. sp. 437).

Hampe uniflore, portant 2 feuilles lancéolées ; fleur grande, pendante ; à segmens un peu réfléchis. ♃. Cette belle plante croît dans les Pyrénées, les Alpes, les environs de Montpellier.

### Genre ASPHODÈLE (*Asphodelus*, Linné).

Périgone à six divisions ; 6 étamines à filamens dilatés à leur base, et formant sur l'ovaire une espèce de voûte.

*Espèce* 1. Asphodèle fistuleux (*Asphodelus fistulosus*, L. sp. 444).

Tige nue, peu rameuse, haute de 2-3 pieds; feuilles radicales, menues, filiformes, fistuleuses; fleurs blanches; étamines velues. ♃. Provinces méridionales.

2. Asphodèle rameux (*A. ramosus*, L. sp. 444).

Tige rameuse, haute de 3-4 pieds, nue; feuilles radicales, longues, ensiformes; fleurs blanches, assez grandes; pédicelles courts. ♃. Montagnes de la Provence, de l'Italie. L'*asphod. albus*, Willd., me paraît être une variété à tige simple et à fleurs plus petites; elle croît dans les Pyrénées, les Alpes de Provence, l'Italie, etc. L'*asphod. luteus*, L., qui a la tige feuillée et les fleurs jaunes, croît en Sicile: on le cultive. L'*asph. microcarpus*, Viv., paraît être une variété du *ramosus*, à fruits plus petits.

Genre PHALANGÈRE (*Phalangium*, Juss. *Anthericum*, Linné).

Périgone à six divisions ouvertes, très profondes; 6 étamines à filets glabres, insérées à la base des divisions; fleurs blanches; racines fasciculées.

*Espèce* 1. Phalangère rameuse (*Phalangium ramosum*, Lam. *Anth. ramosum*, L.).

Tige rameuse, haute de 12-18 pouces; feuilles radicales, linéaires, longues, graminiformes; fleurs blanches, paniculées; style dressé. ♃. Croît sur les côteaux incultes.

2. Phalangère petit lis (*P. liliago*, Lam. *Anth. liliago*, Lin.).

Tige simple, nue, haute de 1-2 pieds; feuilles radicales, planes, un peu en gouttière; fleurs blanches, avec trois raies sur chaque segment, en épi, écartées à la base, et très rapprochées au sommet. ♃. Croît dans les bois montueux.

3. Phalangère bicolore (*P. bicolor*, DC. *Anth. planifolium*, L. mant.).

Tige rameuse au sommet, presque nue; feuilles planes, allongées; fleurs paniculées, blanches en dedans, rougeâtres en dehors; filamens pubescens. ♃. Croît dans l'ouest de la France. (Rare.)

4. Phalangère tardive (*P. serotinum*, Lam. *Anth. serotinum*, L.).

Hampe grêle, uniflore, haute de 2-4 pouces, portant 2-3 folioles; feuilles radicales, linéaires, très peu nombreuses; fleurs blanches, à onglets jaunes. ♃. Alpes du Dauphiné, du Piémont. Je l'ai recueillie sur le Lautaret.

Genre HYACINTHE (*Hyacinthus*, Lin.).

Périgone tubuleux, à 6 divisions ouvertes; 6 étamines insérées vers le milieu et de la longueur du périgone; capsule à 3 angles très obtus; racines bulbifères.

*Espèce* 1. Hyacinthe romaine (*Hyacinthus romanus*, L. mant. 224).

Hampe de 8-12 pouces; feuilles molles, linéaires, très longues; fleurs d'un blanc bleuâtre, réunies 10-20, en épi; pédicelles de la longueur des fleurs; bractées courtes, obtuses. ♃. Croît en Languedoc.

2. Hyacinthe tardive (*H. serotinus*, L. sp. 453. *Lachenalia serotina*, Willd.).

Hampe double des feuilles, qui sont linéaires, courbées en goutière; fleurs d'un vert-jaunâtre, en grappe terminale et unilatérale; bractées hastées, plus longues que les pédicelles. ♃. Environs de Barèges.

3. Hyacinthe orientale (*H. orientalis*, L. sp. 454).

Hampe de 6-10 pouces; feuilles planes, larges, linéaires-lancéolées; fleurs bleues ou blanches, ventrues à la base, infundibuliformes, en épi terminal; deux bractées à la base de chaque pédicelle. ♃. Croît en Provence, en Italie : c'est cette belle espèce que l'on cultive dans les parterres.

4. Hyacinthe améthyste (*H. amethystinus*, L. sp. 454).

Hampe grêle; feuilles linéaires; fleurs bleues, campanulées, réunies 4-7, en épi lâche; bractées solitaires, à peu près aussi longues que les pédicelles. ♃. Pyrénées.

5. Hyacinthe de Pouzolz (*H. Pouzolzii*, Lois. ann. soc. l. p. 1827).

Hampe de 2-3 pouces, pauciflore; feuilles linéaires-filiformes, portant quelquefois des bulbilles axillaires; fleurs d'un bleu clair; bractées ovales-lancéolées, presque aussi longues que les pédicelles. ♃. Croît en Corse. (Lois.)

Genre SCILLE (*Scilla*, Lin.).

Périgone à 6 divisions très profondes, le plus ordinairement ouvertes et caduques; 6 étamines à filamens glabres, filiformes; graines arrondies; racines bulbifères; port des hyacinthes.

*Espèce* 1. Scille penchée (*Scilla nutans*, Smith. *Hyacinthus non scriptus*, L.).

Hampe haute de 6-12 pouces; feuilles planes, linéaires, un peu plus courtes que la hampe; fleurs bleues, rarement blanches, en épi penché avant la fructification; fleurs tubuleuses-campanulées, roulées au sommet. ♃. Très commune au printemps dans les bois et les prés. Le *hyacinthus cernuus*, L., en est voisin.

2. Scille étalée (*S. patula*, DC. *Hyacint. patulus*, Desf. *Scilla hyacinthoides*, Jacq.)

Hampe grosse, haute de 1 pied; feuilles étalées, linéaires-lancéolées; fleurs bleues, réunies 12-15, en épi droit, interrompu; périgone ouvert, campanulé. ♃. Croît aux environs de Paris.

3. Scille fastigiée (*S. fastigiata*, Viv. cors. app. 1).

Hampe droite; feuilles linéaires-lancéolées, étroites, plus longues que la hampe; fleurs roses, en épi terminal; bractées embrassantes, ovales, acuminées; tube du périgone urcéolé, transparent, à divisions lancéolées obtuses ♃. Croît en Corse.

4. Scille fausse-hyacinthe (*S. hyacinthoides*, Ait. hort. kew. 1. p. 445).

Hampe longue; feuilles lancéolées-linéaires; fleurs bleues, presque verticillées; bractées tronquées, obtuses, très courtes. ♃. Environs de Toulon et de Grasse.

5. Scille d'automne (*S. autumnalis*, L. sp. 443).

Hampe très grêle, de 4-7 pouces; feuilles longues, filiformes, plus courtes que la hampe; fleurs petites, bleues ou purpurines, en épi court; point de bractées. ♃. Croît dans les lieux sablonneux d'une grande partie de la France.

6. Scille a deux feuilles (*S. bifolia*, L. sp. 443).

Hampe de 4-6 pouces; 2-3 feuilles planes, obtusiuscules; fleurs bleues, réunies de 3-8, en épi lâche; point de bractées. ♃. Croît dans les bois couverts d'une grande partie de la France.

7. Scille agréable (*S. amœna*, L. sp. 443).

Hampe anguleuse, plus courte que les feuilles, qui sont étalées, planes, obtuses; fleurs bleues, lignées de blanc, en épi lâche; pédicelles courts; bractées très courtes. ♃. Croît dans les Landes. (Thore.)

8. Scille lis-hyacinthe (*S. lilio-hyacinthus*, L. sp. 442).

Hampe de 6-10 pouces; feuilles étalées, planes, plus courtes que la hampe; fleurs bleues ou vertes, en étoile, disposées en épi lâche; point de bractées. ♃. Pyrénées, environs de Dax, d'Orléans, etc.

9. Scille ondulée (*S. unduluta*, Desf. atl. p. 300. t. 88).

Feuilles ondulées, lancéolées-linéaires, plus courtes que la hampe; fleurs rougeâtres, en grappe longue; bractées grêles, linéaires-pointues, très petites, 2-3 fois plus courtes que les pédicelles; divisions du périgone obtuses. ♃. Corse.

10. Scille en ombelle (*S. umbellata*, Ram. bull. phil. n° 41. p. 130).

Hampe grêle, plus longue que les feuilles, qui sont linéaires, un peu épaisses, carénées; fleurs d'un bleu pâle, réunies 4-8 en une sorte d'ombelle; bractées pointues, de la longueur des pédicelles. ♃. Pyrénées, environs de Brest et de Dax.

11. Scille d'Italie (*S. Italica*, Bert. am. ital. 144).

Hampe anguleuse, de 1-2 pieds, un peu plus longue que les feuilles, qui sont larges, planes, linéaires; fleurs d'un bleu pâle, très ouvertes, en épi conique; bractées linéaires aussi longues que les pédicelles. ♃. Croît aux environs de Grasse, de Nice, etc. La *Scilla italica*, L., est une espèce différente de celle-ci.

12. Scille maritime (*S. maritima*, L. sp. 442).

Bulbe énorme, composé de squames nombreuses; hampe de 1-2 pieds; feuilles étalées, larges; fleurs blanches, très nombreuses, ouvertes en étoile; bractées réfléchies. ♃. Bord de l'Océan, en Bretagne, en Normandie. Le bulbe de cette plante est très employé comme diurétique, hydragogue.

Genre MUSCARI (*Muscari*, Tournef. *Hyacinthus*, Linné).

Périgone persistant, ovoïde, renflé dans le milieu, à 6 dents; 6 étamines; capsule triangulaire; fleurs petites.

1. Muscari ambrosiaque (*Muscari ambrosiaceum*, Moench. *Hyacinthus muscari*, L.).

Bulbe gros; hampe plus courte que les feuilles, qui sont presque linéaires; fleurs nombreuses, rougeâtres, très odorantes, presque sessiles, en épi serré. ♃. Environs de Montpellier.

2. Muscari en grappe (*M. racemosum*, Mill. *Hyacinthus racemosus*, L.).

Hampe grêle, de 6-8 pouces, plus courte que les feuilles, qui sont jonciformes, carénées; fleurs globuleuses, d'un bleu foncé, très odorantes, en épi court, ovoïde. ♃. Croît dans les lieux sablonneux cultivés.

3. Muscari botryoïde (*M. botryoides*, Mill. *Hyacinthus botryoides*, L.).

Se distingue du précédent par ses feuilles plus larges et par ses fleurs inodores, un peu plus grosses et légèrement bordées de blanc. ♃. Croît dans les départemens méridionaux.

4. Muscari a toupet (*M. comosum*, Mill. *Hyacinth. comosus*, L.).

Hampe presque nue, haute de 12-18 pouces; feuilles larges, longues, planes; fleurs d'un bleu-rougeâtre, anguleuses, en longue grappe lâche; fleurs terminales stériles, à pédoncules bleus, ce qui forme un toupet bleu. ♃. Cette plante, appelée *vaciet*, n'est pas rare dans les champs cultivés.

Genre ORNITHOGALE (*Ornithogalum*, Linné).

Périgone persistant, à 6 divisions très profondes, très ouvertes, caliciformes à l'extérieur, pétaloïdes à l'intérieur; étamines à filamens souvent élargis à leur base.

* *Fleurs jaunes.*

*Espèce* 1. ORNITHOGALE JAUNE (*Ornithogalum luteum*, L. sp. 439).

Hampe anguleuse, glabre, haute de 2-3 pouces; 1-2 feuilles radicales, planes, linéaires; caulinaires ciliées; fleurs jaunes; pédoncules glabres; segmens lancéolés. ♃. Croît dans les lieux cultivés, surtout dans le Midi. L'*ornith. sylvaticum*, PERS., qui n'a qu'une feuille radicale et le bulbe solitaire, croît en Allemagne.

2. ORNITHOGALE NAIN (*O. minimum*, L. sp. 440).

Diffère du *luteum* par son bulbe solitaire, par ses feuilles, sa tige et les segmens du périgone velus. ♃. Croît çà et là dans les champs sablonneux au premier printemps.

3. ORNITHOGALE FISTULEUX (*O. fistulosum*, RAM. pyr.).

Ressemble au *luteum*, dont il se distingue par ses feuilles fistuleuses, filiformes, sa hampe souvent uniflore, velue, avec les segmens glabres; quelquefois ses bulbilles axillaires. ♃. Croît près des glaciers, dans les Pyrénées et les Alpes. Je l'ai recueilli en Savoie.

** *Fleurs jaunâtres, verdâtres ou blanches.*

4. ORNITHOGALE EN OMBELLE (*O. umbellatum*, L. sp. 441).

Hampe arrondie, haute de 4-8 pouces; feuilles radicales, longues, étroites, molles, étalées; fleurs blanches, en forme d'ombelle; bractées plus courtes que les pédoncules. ♃. Cette plante, appelée *dame d'onze heures*, croît dans les lieux cultivés.

5. ORNITHOGALE SANS TIGE (*O. exscapum*, TÉNORE, fl. nap. 1. p. 175).

Hampe très courte, haute de 1-3 pouces, pauciflore; feuilles molles, filiformes, étalées; fleurs blanches, assez grandes; bractées larges, membraneuses, aussi longues que les pédicelles. ♃. Croît en Corse, en Italie.

6. Ornithogale d'Arabie (*O. Arabicum*, L. sp. 441).

Hampe de 10-15 pouces; feuilles larges, planes, linéaires; fleurs blanches, très belles, nombreuses, réunies en groupes corymbiformes; périgone campanulé; bractées presque aussi longues que les pédicelles. ♃. Corse, Italie; se retrouve en Roussillon.

7. Ornithogale penché (*O. nutans*, L. sp. 441).

Hampe de 10-18 pouces; feuilles très longues, étroites, planes; fleurs d'un blanc verdâtre, assez grandes, pendantes, réunies 4-8 en épi, souvent unilatéral. ♃. Croît çà et là dans les prés, dans le centre et l'est de la France.

8. Ornithogale des Pyrénées (*O. Pyrenaicum*, Jacq. aust. t. 103).

Hampe de 1-2 pieds, nue; feuilles radicales, étroites, linéaires, canaliculées; fleurs d'un vert jaunâtre, en épi terminal; bractées moitié plus courtes que les pédicelles; fruits redressés. ♃. Croît dans les bois d'une grande partie de la France.

9. Ornithogale de Narbonne (*O. Narbonense*, L. sp. 440).

Peut-être une variété locale du précédent; il n'en diffère que par sa hampe plus courte, ses feuilles un peu plus larges et ses fleurs d'un blanc sale. ♃. Croît dans les bois du Midi.

Genre AIL (*Allium*, Linné).

Périgone à 6 divisions ouvertes; 6 étamines; le fruit est une capsule trivalve, trigone, triloculaire; style persistant; fleurs nombreuses, en *sertule*, sortant d'une spathe; racines bulbifères, d'une odeur forte. (Voyez *Atl.*, pl. 35).

* *Feuilles planes, sertules bulbifères.*

*Espèce* 1. AIL COMMUN (*Alium sativum*, L. sp. 425).

Hampe droite, garnie de feuilles; feuilles planes, linéaires; fleurs blanches ou rougeâtres, mélangées avec des bulbilles. ♃. Iles d'Hyères. Cultivé. Tout le monde connaît les bulbes de cette plante, appelés *gousses d'ail*, et leur odeur détestable.

2. AIL ROCAMBOLE (*A. scorodoprasum*, L. sp. 425. *Allium arenarium*, L ?).

Diffère du *sativum* par sa stature plus grande, par ses feuilles un peu ondulées, et surtout par la partie supérieure de sa hampe, qui est en spirale avant la floraison. ♃. Provinces méridionales, environs de Paris. Cultivé.

3. AIL CARÉNÉ (*A. carinatum*, L. sp. 426).

Hampe de 1-2 pieds, chargée à sa base de quelques feuilles étroites, carénées, torses; fleurs un peu rougeâtres, mélangées de bulbilles; spathe formant deux cornes inégales. ♃. Lieux sablonneux.

** *Feuilles planes, sertules capsulifères.*

4. AIL POIREAU (*A. porrum*, L. sp. 423).

Bulbe long, cylindrique, recouvert par des gaines blanches; feuilles longues, larges, carénées; fleurs nombreuses, blanches ou purpurines, très serrées. ♂. Originaire de Suisse. Cultivé partout. L'*allium ampeloprasum*, L., est une variété à feuilles plus étroites et à bulbe prolifère. Il croît dans le Midi.

5. AIL ROND (*A. rotundum*, L. sp. 423).

Bulbe brun, arrondi; hampe de 12-15 pouces, garnie de feuilles linéaires, planes, très étroites; fleurs purpurines, en sertule globuleux; spathe très courte; 3 étamines simples et 3 à trois pointes. ♃. Croît en Provence, Dauphiné, Alsace, Allemagne.

6. Ail a fleurs aigues (*A. acutiflorum*, Lois. not. 55).

Hampe de 10-15 pouces, munie de quelques feuilles étroites, planes, linéaires; fleurs roses, à segmens acuminés; étamines à filamens ciliés, trois simples et 3 à trois pointes, plus courtes que les segmens. ♃. Alpes, Provence, Italie. (Rare.)

7. Ail multiflore (*A. multiflorum*, DC. fl. fr. 1953[a]).

Hampe de 1-3 pieds, ferme, dressée, munie à sa base de quelques feuilles linéaires, glabres; fleurs purpurines ou blanchâtres, très nombreuses; spathe courte, caduque; 3 étamines simples et trois à 3 pointes. ♃. Provinces méridionales.

8. Ail des bruyères (*A. ericetorum*, Thore, chl. land. 123).

Hampe grêle, cylindrique, haute de 10-15 pouces, portant quelques feuilles linéaires, engaînantes; fleurs blanches ou violâtres, peu nombreuses, munies de petites bractées; spathe à 2 cornes; toutes les étamines simples, ainsi que dans les suivans. ♃. Croît aux environs de Dax. M. De Candolle rapporte à cette espèce l'*allium appendiculatum*, Ram., qui est le même que le *serotinum*, Lap.

9. Ail rose (*A. roseum*, L. sp. 432. *All. carneum*, Bert.).

Hampe de 10-18 pouces, garnie à sa base de feuilles linéaires engaînantes; fleurs d'un rose vif, assez grandes, à segmens obtus, doubles de la longueur des étamines; spathe monophylle. Il y en a une variété qui porte des bulbilles. ♃. Provinces méridionales.

10. Ail velu (*A. subhirsutum*, L. sp. 424).

Hampe fistuleuse, lisse, haute de 6-10 pouces, garnie de feuilles linéaires un peu velues; fleurs très blanches, en sertule aplati. ♃. Provinces méridionales: se retrouve en Bretagne.

11. Ail blanc (*A. album*, Santi, viagg. m. 352).

Hampe à 3 angles très peu saillans, garnie à sa base de feuilles linéaires, glabres; fleurs blanches, en sertule aplati; étamines très courtes, à anthères verdâtres. ♃. Environs de Toulon, Italie, Espagne.

12. Ail triangulaire (*A. triquetrum*, L. sp. 431).

Hampe à trois angles très saillans, haute de 1-2 pieds; feuilles radicales, très longues, étroites, carénées; fleurs blanches, assez grandes, en sertule aplati; spathe bivalve. ♃. Environs de Narbonne, de Montpellier, Italie, Espagne.

13. Ail anguleux (*A. angulosum*, L. sp. 430).

Racine horizontale, sous-ligneuse, hampe à deux angles, comprimée, haute de 6-12 pouces; feuilles radicales, un peu torses, planes en dessus, étroites; fleurs rougeâtres; étamines un peu plus longues que les segmens. ♃. Alpes du Dauphiné. Je l'ai trouvé au bourg d'Oysans. L'*allium senescens*, L., est une variété un peu plus rabougrie.

14. Ail a grandes fleurs (*A. grandiflorum*, Lam. D. 1. p. 68).

Racine horizontale sous-ligneuse; hampe de 10-15 pouces, garnie à sa base de feuilles linéaires, subulées, plus courtes que la hampe; fleurs grandes, d'un blanc rosé, réunies 8-10; segmens du périgone acérés, doubles des étamines. ♃. Alpes du Dauphiné et de la Provence. (Rare.)

15. Ail de Piémont (*A. Pedemontanum*, Willd. sp. 2. p. 77. *All. nigrum*, All.).

Racine horizontale; hampe de 10-15 pouces, garnie à sa base de feuilles linéaires, médiocrement larges, obtuses; fleurs blanches, assez grandes, peu nombreuses. ♃. Alpes du Piémont, montagnes d'Auvergne.

16. Ail noir (*A. nigrum*, L. sp. 430).

Bulbe très prolifère; hampe cylindrique, épaisse; feuilles assez larges, planes, lancéolées; fleurs blanches, formant un grand sertule hémisphérique; ovaires d'un noir luisant. ♃. Croît en Languedoc et en Provence.

17. Ail victorial (*A. victoriale*, L. sp. 424).

Hampe cylindrique, haute de 12-18 pouces; feuilles larges, planes, ovales-oblongues; fleurs d'un blanc verdâtre, en sertule assez grand, arrondi; étamines saillantes, hors du périgone. ♃. Assez commun dans les Alpes, etc.

18. Ail magique (*A. magicum*, L. sp. 424).

Hampe épaisse, arrondie; feuilles très larges et très longues; fleurs tout-à-fait nulles; sertules de bulbilles agglomérées. ♃. Croît aux environs d'Agen. (Rare.)

19. Ail des ours (*A. ursinum*, L. sp. 431).

Hampe de 8-10 pouces, triangulaire; feuilles radicales, lancéolées, planes, larges, longuement pétiolées; fleurs blanches, de 10-12, en sertule étalé. ♃. Croît dans les haies et les bois humides.

20. Ail moly (*A. moly*, L. sp. 432).

Hampe arrondie, haute de 8-12 pouces; feuilles larges, planes, sessiles, lancéolées; fleurs d'un beau jaune, nombreuses, en sertule aplati. ♃. Environs de Paris, de Nantes, d'Abbeville, etc.

21. Ail faux-moly (*A. chamæmoly*, L. sp. 433).

Hampe de 1-2 pouces; feuilles planes, velues, plus longues que la hampe; fleurs blanches, peu nombreuses, en sertule presque radical. ♃. Croît en Corse; se retrouve en Provence.

*** *Feuilles cylindriques, sertules bulbifères.*

22. Ail des vignes (*A. vineale*).

Hampe de 1-2 pieds, munie de 2-3 feuilles fistuleuses; fleurs rougeâtres, manquant souvent; bulbilles poussant de petites folioles qui rendent les sertules chevelus. ♃. Commun dans les vignes et les champs.

23. Ail des lieux cultivés (*A. oleraceum*, L. sp. 429).

Hampe glabre, de 10-15 pouces, munie de 2-3 feuilles grêles, fistuleuses; fleurs pâles, mélangées de bulbilles; spathe à 2 valves inégales. ♃. Croît dans les vignes et les lieux cultivés.

**** *Feuilles cylindriques, sertules capsulifères.*

24. Ail pale (*A. pallens*, L. sp. 427).

Hampe glabre, haute de 12-18 pouces, flexueuse, garnie de feuilles fistuleuses, longues; fleurs jaunâtres, pâles, à segmens tronqués, de la longueur des étamines. ♃. Croît çà et là, surtout dans le Midi.

25. Ail jaune (*A. flavum*, L. sp. 428).

Hampe glabre, de 10-15 pouces, munie de 2-3 feuilles fistuleuses, striées; fleurs jaunes, très nombreuses; étamines plus longues que les segmens; spathe longue. ♃. Croît aux environs de Montpellier, de Fontainebleau. (Rare.)

26. Ail intermédiaire (*A. intermedium*, DC. fl. fr. 1971[a]).

Hampe glabre, haute de 10-18 pouces, garnie de feuilles longues, fistuleuses; fleurs peu nombreuses, d'un jaune pâle, rougeâtre; étamines et styles non saillans, hors du périgone; bractées linéaires très étroites. ♃. Croît dans les Alpes, les Pyrénées et presque par toute la France. L'*allium paniculatum*, L., a la fleur d'un pourpre foncé, les étamines saillantes. Il n'a pas encore été trouvé en France : il est voisin du précédent.

27. Ail musqué (*A. moschatum*, L. sp. 427).

Hampe grêle, haute de 4-8 pouces, garnie de feuilles filiformes-sétacées ; fleurs d'un blanc rosé, en sertule de 5-6 ; segmens très aigus. ♃. Commun en Languedoc et en Provence.

28. Ail a peu de fleurs (*A. parciflorum*, Viv. Cors. app. 2).

Hampe garnie de quelques feuilles linéaires, sétacées-filiformes ; fleurs roses, marquées en dehors d'une ligne d'un rouge sanguin ; valves de la spathe lancéolées ; divisions du périgone linéaires-aiguës, plus longues que les étamines. ♃. Corse. (Viv.)

29. Ail feuillé (*A. foliosum*, DC. fl. fr.).

Hampe cylindrique, garnie de feuilles cylindriques, subulées-filiformes, les unes radicales, les autres caulinaires ; fleurs très rapprochées. ♃. Alpes. (Rare.)

30. Ail a tête ronde (*A. sphærocephalum*, L. sp. 426).

Hampe de 1-2 pieds, munie de 2 feuilles fistuleuses, striées ; fleurs d'un rouge violet ou blanchâtre, nombreuses, serrées, en sertule sphérique ; segmens plus courts que les étamines, dont 3 sont simples et 3 trifides. ♃. Commun dans les lieux sablonneux. L'*oignon commun*, *allium cepa*, L., l'*échalotte*, *allium ascalonicum*, L., que l'on cultive partout, sont originaires de l'Orient.

31. Ail civette (*A. schœnoprasum*, L. sp. 432).

Hampe nue, grêle, haute de 8-12 pouces ; feuilles fistuleuses, menues, aussi longues que la hampe ; fleurs d'un violet pâle, en sertule serré ; spathe à 2 valves, plus courtes que le sertule. ♃. Croît dans les Pyrénées, les Alpes du Dauphiné et de la Provence. Il est très commun sur le Lautaret ; cultivé dans les jardins sous le nom de *ciboule*, de *cives*, de *civette*, etc. Les *allium descendens, odorum, parviflorum*, L., croissent dans l'Europe la plus méridionale.

## FAMILLE 98. COLCHICACÉES (*Colchicaceæ*, DC. MÉRENDERÉES, MIRB.)

Périgone quelquefois tubuleux, à limbe profondément divisé en 6 lobes; 6 étamines insérées à la base ou au milieu des divisions; ovaire ordinairement simple, triloculaire, surmonté par 3 styles ou par un seul à 3 stigmates; fruit capsulaire, à 3 valves, formant des cloisons par leur duplicature, triloculaire, polysperme; périsperme charnu; embryon petit. Plantes à racines souvent bulbifères et à fleurs paraissant quelquefois avant les feuilles.

### Genre COLCHIQUE (*Colchicum*, LIN.).

Périgone à tube très long, partant du bulbe, à limbe campanulé, à 6 divisions profondes, dont trois intérieures; capsule renflée, à 3 lobes profonds, réunis à la base; 3 styles très longs.

*Espèce* 1. COLCHIQUE D'AUTOMNE (*Colchicum autumnale*, L. sp. 485).

Fleur solitaire ou géminée, rose, à divisions lancéolées, obtuses, paraissant en automne; feuilles naissant au printemps, larges, lancéolées, planes, engaînantes; tige de 6-8 pouces, portant une ou deux grosses capsules renflées, triangulaires; graines noires, grosses. ♃. Commun dans les prairies. Son bulbe passe pour diurétique, hydragogue.

2. COLCHIQUE DES ALPES (*C. Alpinum*, DC. fl. fr. *Colch. montanum*, ALL.).

Bulbe produisant une seule fleur semblable à la précédente, mais à divisions ovales-oblongues; feuilles paraissant peu de temps après, planes, étroites. ♃. Croît dans les Alpes. Je l'ai recueilli dans l'Oysans.

3. Colchique de montagne (*C. montanum*, L. sp. 485).

Fleurs roses, naissant plusieurs ensemble du même bulbe; feuilles étroites, linéaires, paraissant en même temps que la fleur. ♃. Alpes, montagnes de la Corse. Je l'ai reçu de M. Thomas. (Très rare.)

Genre MÉRENDÈRE (*Merendera*, Ramond).

Périgone à 6 divisions très profondes, rétrécies en onglet; étamines insérées sur les onglets; anthères dressées, sagittées; 3 styles longs; capsule non renflée, à 3 lobes droits.

*Espèce* 1. Mérendère bulbocode (*Merendera bulbocodi*, Ram. bull. ph. n. 47. *Bulbocodium autumnale*, Lap.).

Fleur violette, naissant d'un bulbe ovoïde; feuilles étalées, linéaires, paraissant peu de temps après la fleur: facies d'un colchique. ♃. Croît sur les pelouses, dans les Hautes-Pyrénées.

Genre BULBOCODE (*Bulbocodium*, Linné).

Périgone à 6 divisions très profondes, rétrécies en onglet long; 6 étamines, insérées sur le sommet des onglets; ovaire surmonté d'un style à 3 stigmates.

*Espèce*. Bulbocode du printemps (*Bulbocodium vernum*, L. sp. 422).

Facies d'un colchique; bulbe produisant 2-3 fleurs lilas, et en même temps quelques feuilles lancéolées. ♃. Alpes du Dauphiné et de la Provence.

Genre VERATRE (*Veratrum*, Linné).

Périgone à 6 divisions très profondes; 6 étamines; presque toujours 3 ovaires distincts; 3 styles courts; capsules oblongues, bivalves, polyspermes. (Voyez *Atl.*, pl. 32).

*Espèce* 1. VÉRATRE BLANC (*Veratrum album*, L. sp. 1479).

Tige ferme, de 2-4 pieds, paniculée; feuilles grandes, ovales-lancéolées, chargées d'un grand nombre de nervures parallèles; fleurs nombreuses, d'un blanc verdâtre. ♃. Très commun dans les pâturages des Alpes. Autrefois employé en médecine, sous le nom d'*hellébore blanc*. Le *veratrum Lobœlii* est-il distinct de cette espèce?

2. VÉRATRE NOIR (*V. nigrum*, L. sp. 1479).

Se distingue de l'*album* par ses fleurs plus grandes et d'un pourpre noir. ♃. Il est indiqué sur les montagnes de l'Alsace et de l'Auvergne. Sa vraie patrie est la Sibérie.

Genre TOFIELDIE (*Tofieldia*, SMITH. DC. *Anthericum*, L.).

Périgone à 6 divisions profondes, muni à sa base d'un petit involucre de 3 folioles; 6 étamines glabres; fruit capsulaire, à 3-6 loges polyspermes.

*Espèce*. TOFIELDIE DES MARAIS (*Tofieldia palustris*, HUDS. *Anth. calyculatum*, L.).

Faciès d'un *triglochin*; tige simple, de 6-10 pouces, feuillée inférieurement; feuilles graminées, s'engaînant sur 2 rangs; fleurs petites, d'un jaune verdâtre, en épi interrompu. ♃. Croît dans les lieux humides des hautes montagnes.

## FAM. 99. ALISMACÉES (*Alismaceæ*, RICH.).

Périgone à 6 divisions, dont 3 intérieures, le plus souvent pétaloïdes; 6-10 étamines; 3-30 ovaires surmontés chacun d'un style; fruits capsulaires, mono ou polyspermes, en même nombre que les ovaires, déhiscens ou indéhiscens; trophosperme sutural; embryon courbé; périsperme nul. Plantes aquatiques.

### Genre FLUTEAU (*Alisma*, LINNÉ).

Périgone à 6 divisions profondes, dont 3 extérieures, persistantes, caliciformes, et 3 intérieures pétaloïdes; 6 étamines; ovaires de 6-25, caducs, indéhiscens. (Voyez *Atl.*, pl. 32, f. 2.)

*Espèce* 1. FLUTEAU ÉTOILÉ (*Alisma damasonium*, L. sp. 486).

Hampe de 3-5 pouces, ferme; feuilles ovales-cordiformes, pétiolées, trinervées; fleurs blanches, à pédoncules courts; 6 capsules disposées en étoile. ⊙. Croît au bord des mares et des étangs.

2. FLUTEAU NAGEANT (*A. natans*, L. sp. 487).

Tige filiforme, flottante, rampante; feuilles inférieures décomposées, capillaires, supérieures ovales; fleurs blanches, à pédoncules uniflores; capsules de 8 à 12, striées, dressées. ♃. Croît dans les mares.

3. FLUTEAU RAMPANT (*A. repens*, LAM. D. 2. p. 510).

Tiges rampantes, à la manière des fraisiers; feuilles allongées, oblongues-linéaires; fleurs d'un blanc purpurin, peu nombreuses, portées sur des hampes de la longueur des feuilles. ♃. Croît dans les sables humides des provinces de l'Ouest. Peut-être une variété du précédent.

4. FLUTEAU FAUSSE-RENONCULE (*A. ranunculoïdes*, L. sp. 487).

Hampe de 8-18 pouces, flexueuses; feuilles linéaires-lancéolées, pétiolées; fleurs d'un blanc-rose, disposées en 2 verticilles terminaux; capsule de 25-30, en tête hérissée; racine d'une odeur agréable. ♃. Croît dans les marais.

5. FLUTEAU A FEUILLES DE PARNASSIE (*A. parnassifolia*, L. mant. 371).

Hampe droite, haute de 1-2 pieds; feuilles grandes, cordiformes, marquées de 9 nervures parallèles, à pétiole comme articulé; fleurs blanches, disposées en plusieurs verticilles paniculés; capsules aristées. ♃ Croît dans les marais des provinces de l'Est.

6. Fluteau plantain (*A. plantago*, L. sp. 486).

Hampe droite, de 2-4 pieds; feuilles larges, ovales-cordiformes, pointues, nervées; fleurs blanches, disposées en 4-8 verticilles paniculés; capsules à 3 angles obtus. ♃. Très commun au bord des eaux. Le *plantain d'eau* a été préconisé gratuitement contre la rage.

Genre SAGITTAIRE (*Sagittaria*, Linné).

Fleurs monoïques, les mâles en panicule; périgone à 6 divisions très profondes, 3 extérieures caliciformes, 3 intérieures pétaloïdes; environ 24 étamines; ovaires nombreux; capsules comprimées.

*Espèce.* Sagittaire en fer de flèche (*Sagittaria sagittæfolia*, L. sp. 1410).

Hampe grosse, de 1-2 pieds; feuilles larges, en fer de flèche, longuement pétiolées; fleurs blanches, avec 3 taches rouges, en panicule verticillée; les supérieures mâles, plus nombreuses. ♃. Croît dans les fossés pleins d'eau, au bord des rivières.

Genre BUTOME (*Butomus*, Linné).

Périgone de 6 folioles pétaloïdes; 9 étamines à anthères cordiformes; 6 ovaires surmontés chacun d'un style; capsules polyspermes. M. Richard en forme une famille sous le nom de *Butomées*, parce que les graines sont attachées à un réseau vasculaire du péricarpe.

*Espèce.* Butome en ombelle (*Butomus umbellatus*, L. sp. 532).

Hampe très simple, nue, haute de 3-4 pieds; feuilles radicales, très longues, étroites; fleurs rougeâtres, réunies 15-20 en une sorte d'ombelle. ♃. Cette belle plante, appelée *jonc-fleuri*, croît dans les marais et les fossés pleins d'eau.

## FAMILLE 100. JUNCAGINÉES (*Juncagineæ*, RICH.)

Fleurs unisexuées ou hermaphrodites, nues ou entourées d'un périgone : les *hermaphrodites* ont 6 étamines à filets courts, à anthères cordiformes ; 3-6 styles, réunis par la face interne ; ovaire libre ; stigmate sessile ; *fleurs mâles*, formées d'une écaille portant une seule étamine ; *fleurs femelles*, ayant un pistil nu ; le fruit est une capsule renflée, déhiscente, disperme, ou un akène ; embryon dressé. Plantes aquatiques.

### Genre TRIGLOCHIN (*Triglochin*, LINNÉ. *Juncago*, TOURNEF.).

Périgone de 6 folioles, dont 3 intérieures, pétaloïdes ; 6 étamines, très courtes ; 3-6 ovaires connivens, à stigmates sessiles ; 3-6 capsules dressées.

*Espèce* 1. TRIGLOCHIN DES MARAIS (*Triglochin palustre*, L. sp. 482).

Hampe grêle, de 8-15 pouces ; feuilles radicales, planes, capillaires, plus courtes que la hampe ; fleurs petites, herbacées ; capsules lisses, linéaires, sillonnées, triloculaires. ♃. Croît dans les marais.

2. TRIGLOCHIN DE BARRELIER (*T. Barrelieri*, LOIS. fl. gall. 2. p. 725).

Racine bulbeuse ; hampe de 4-8 pouces, nue ; feuilles demi-cylindriques, grêles ; fleurs herbacées, petites ; capsules lisses, courtes, un peu étalées. ♃. Bord de la mer, en Provence, en Languedoc. Se retrouve au bord de la Manche, à Oystreham. Le *triglochin laxiflorum*, GUSS., qui croît en Corse, est une variété plus grêle.

3. TRIGLOCHIN MARITIME (*T. maritimum*, L. sp. 482).

Ressemble au *palustre*, mais les feuilles sont plus longues, son épi de fleur est plus court, et surtout ses capsules sont arrondies-ovales et à 6 loges. ♃. Croît au bord de l'Océan et de la Méditerranée. Se retrouve dans les prés salés de la Lorraine.

Genre SCHEUCHZÉRIE (*Scheuchzeria*, Linné).

Périgone à 6 divisions semblables; 6 étamines à anthères allongées; 3-6 ovaires, devenant 3-6 capsulaires renflées, comprimées, bivalves.

*Espèce* 1. Scheuchzérie des marais (*Scheuchzeria palustris*, L. sp. 482).

Tiges simples, garnies de feuilles alternes, hautes de 6-10 pouces; feuilles carénées, très étroites; fleurs herbacées, terminales, réunies 5-6 en une espèce de grappe. ♃. Marais des Alpes, du Jura et des Vosges.

FAMILLE 101. POTAMOPHILES (*Potamophili*, Vent. FLUVIALES, Rich.).

Fleurs diclines ou hermaphrodites; périgone divisé plus ou moins profondément, ou remplacé par une spathe; ovaires en nombre défini, sessiles sur un réceptacle commun, ou portés sur un axe central en forme de spadice; autant de styles que d'ovaires; étamines en nombre défini; capsules indéhiscentes, monospermes; périsperme nul. Plantes aquatiques, à feuilles simples, rarement opposées.

Genre POTAMOT (*Potamogeton*, Linné).

Périgone à 4 divisions; 4 étamines; 4 ovaires, devenant 4 capsules monospermes, indéhiscentes; fleurs hermaphrodites, en épis munis, le plus souvent, à leur base, de 2 spathes. (Voyez *Atl.*, pl. 23, f. 2).

*Espèce* 1. Potamot nageant (*Potamogeton natans*, L. sp. 182).

Tiges flottantes; feuilles vertes, soutenues à la surface de l'eau, pétiolées, pointues, cordiformes, elliptiques, glabres, très entières; fleurs blanchâtres, en épi terminal. ♃. Commun dans les fossés, les étangs, etc.

2. Potamot flottant (*P. fluitans*, Willd. sp. 1. p. 713).

Peut-être une variété du précédent; il n'en diffère que par ses feuilles lancéolées-ovales, longuement pétiolées et atténuées à leur base. ♃. Croît çà et là dans les eaux.

3. Potamot oblong (*P. oblongum*, Viv. frag. ital. t. 2).

Tiges très courtes; toutes les feuilles semblables, longuement pétiolées, ovales-oblongues, elliptiques; fleurs blanchâtres, en épi grêle, cylindrique. ♃. Croît dans la Sologne, les Vosges, l'Italie.

4. Potamot a feuilles variables (*P. heterophyllum*, Willd. sp. 1. p. 713).

Feuilles inférieures submergées, rapprochées, pellucides, linéaires, sessiles; supérieures flottantes, pétiolées, oblongues-elliptiques; fleurs d'un blanc sale; graines comprimées, à bords tranchans. ♃. Croît dans les eaux, aux environs de Paris, etc. Le *Pot. variifolium*, Thore, paraît être une variété à feuilles supérieures lancéolées et longuement pédonculées.

5. Potamot luisant (*P. lucens*, L. sp. 183).

Feuilles submergées, très longues, lancéolées, finissant en pétioles, pointues, entières, transparentes; chaque pétiole accompagné d'une stipule presque aussi longue que l'entre-nœud; fleurs *idem*, en épi cylindrique. ♃. Croît dans les grandes rivières, les étangs.

6. Potamot perfolié (*P. perfoliatum*, L. sp. 182).

Tige rameuse, assez grosse; feuilles nageant entre deux eaux, le plus souvent alternes, embrassant la tige, ovales-cordiformes, obtuses, nervées, les inférieures plus longues que les entre-nœuds, les supérieures plus courtes et plus éloignées; fleurs *idem*, en épis axillaires. ♃. Habite les étangs, les rivières. Le *potamogeton Alpinum* ne croît pas en France.

7. Potamot dense (*P. densum*, L. sp. 182).

Tige faible, articulée, fourchue; feuilles presque imbriquées, très rapprochées, sessiles, ovales-lancéolées, distiques, ondulées, luisantes; fleurs *idem*, peu nombreuses, en épi court. ♃. Commun dans les mares, les ruisseaux, etc.

8. Potamot crépu (*P. crispum*, L. sp. 183).

Tiges grêles, un peu rameuses; feuilles alternes ou opposées, submergées, lancéolées, sessiles, à bords ondulés, denticulées au sommet; stipules courtes, déchiquetées au sommet; fleurs *idem*, en épi. ♃. Commun dans les ruisseaux et les étangs.

9. Potamot à feuilles opposées (*P. oppositifolium*, DC. *Potamogeton serratum*, L.).

Diffère du précédent par ses feuilles plus luisantes, toutes opposées, et ses stipules très petites, jamais ciliées; fleurs *idem*. ♃. Habite les mêmes lieux.

10. Potamot obscur (*P. obscurum*, DC. Roth. germ. 1. 73).

Tige submergée; feuilles supérieures quelquefois demi-flottantes; feuilles minces, ovales-oblongues, presque sessiles, atténuées aux deux extrémités, à 15-17 nervures; stipules larges, lancéolées, rousses; fleurs *idem*. ♃. Croît en Alsace? dans le Palatinat.

11. Potamot gramen (*P. gramineum*, L. sp. 184).

Tige grêle, dichotome; feuilles linéaires-lancéolées, longues, atténuées aux deux extrémités; stipules embrassantes, linéaires, moitié plus courtes que les feuilles; fleurs *idem*, en épi court, non interrompu. ♃. Croît dans les eaux stagnantes.

12. Potamot comprimé (*P. compressum*, L. sp. 183).

Tiges aplaties, comprimées; feuilles transparentes, planes, linéaires, très étroites; fleurs *idem*, à pédoncules courts. ♃. Croît dans les eaux tranquilles. Très voisin du précédent.

13. Potamot pectiné (*P. pectinatum*, L. sp. 185).

Tiges très longues; feuilles très longues, sétacées, très étroites, engaînantes, les 2 supérieures opposées; fleurs *idem*, en épi grêle, interrompu. ♃. Croît dans les rivières d'une grande partie de la France. Le *potamogeton marinum*, L., croît dans les eaux saumâtres. Il paraît être une variété du *pectinatum*.

14. Potamot nain (*P. pusillum*, L. sp. 184).

Diffère du précédent par ses tiges et ses feuilles plus grêles, et par ses fleurs plus nombreuses, en épi plus interrompu. ♃. Croît dans les fossés pleins d'eau, les rivières, etc.

Genre RUPPIE (*Ruppia*, Linné).

Fleurs hermaphrodites, disposées sur deux rangs, sur un spadice solitaire; périgone caduc, de 2 pièces; 4 étamines; 4 ovaires, devenant 4 fruits monospermes, indéhiscens, longuement pédicellés. (Voyez *Atl.*, pl. 23, f. 1.)

*Espèce.* Ruppie maritime (*Ruppia maritima*, L. sp. 184).

Tige très grêle, très branchue; feuilles étroites, alternes, linéaires, pointues; chatons axillaires. ⊙. Croît dans les fossés pleins d'eau saumâtre.

Genre ZOSTÈRE (*Zostera*, Linné).

Fleurs monoïques ou dioïques, sans périgone, cachées dans les aisselles des feuilles; style bifide; fruit capsulaire, monosperme.

*Esp.* 1. Zostère marine (*Zostera marina*, L. sp. 1374).

Tiges cylindriques, sarmenteuses, articulées; feuilles

très entières, étroites, linéaires, longues, engaînantes; fleurs monoïques; anthères disposées sur un spadice axillaire, caché dans les gaînes. ♃. Croît au fond de l'Océan et de la Méditerranée.

2. Zostère de la Méditerranée (*Z. Mediterranea*, DC. fl. fr. *Phucagrostis major*, Caul.).

Tiges articulées, cylindriques, sarmenteuses; feuilles longues, étroites, linéaires; fleurs dioïques, placées dans les aisselles des feuilles supérieures. ♃. Croît au fond de la Méditerranée.

### Genre ZANICHELLE (*Zanichellia*, Linné).

Fleurs monoïques : les *mâles* ont une étamine nue, les *femelles* un périgone campanulé, renfermant 2-6 ovaires, qui deviennent des capsules monospermes, comprimées, gibbeuses.

*Espèce*. Zanichelle des marais (*Zanichellia palustris*, L. sp. 1375).

Tiges grêles, très rameuses; feuilles linéaires, fasciculées au sommet; fleurs extrêmement petites; capsules allongées, axillaires. ♃. Croît dans les ruisseaux et les fossés pleins d'eau.

### Genre NAIADE (*Najas*, Linné).

Fleurs monoïques : les *mâles* à périgone nul ou à 2 lobes, une seule étamine à 4 lobes au sommet; les *femelles* à périgone nul; ovaire ovoïde, surmonté d'un style à 2-3 stigmates; capsule monosperme.

*Espèce* 1. Naïade majeure (*Najas major*, DC. *Najas marina*, L. *Najas monosperma*, Willd.).

Tiges rameuses, longues de 4-5 pouces, garnies de petites pointes épineuses; feuilles verticillées, planes, lancéolées, les inférieures souvent avortées; fleurs peu distinctes, les femelles sessiles, plus nombreuses. ☉. Croît dans les fleuves.

2. Naïade mineure (*N. minor*, All. *Caulinia fragilis*, Willd.).

Tiges submergées, nageantes, diffuses; feuilles opposées ou ternées, linéaires, rapprochées à l'extrémité des rameaux, surmontées d'une petite épine; fleurs axillaires, peu visibles. ☉. Croît dans les fleuves et les étangs.

Genre LENTILLE-D'EAU (*Lemna*, Linné).

Fleurs monoïques : les *mâles*, solitaires, placées sous les feuilles, à périgone monophylle, portant 2 étamines; les *femelles*, disposées de même, à périgone monophylle; 1 style, une capsule polysperme. — Ces petites plantes sont très vertes; elles sont de la grandeur d'une lentille, elles nagent sur les eaux tranquilles. Il est extrêmement difficile de voir leurs fleurs. (Voyez *Atl.*, pl. 19, f. 1.)

*Espèce* 1. Lentille d'eau a trois sillons (*Lemna trisulca*, L. sp. 1376).

Tiges filiformes, de 2-3 lignes; feuilles formées de 2-3 folioles, lancéolées, disposées en croix et réunies ensemble. ♃. Commune dans les eaux stagnantes.

2. Lentille d'eau mineure (*Lemna minor*, L. sp. 1376).

Beaucoup plus petite; feuilles ovales, arrondies, adhérant 3 à 3, ayant en dessous une racine très longue. ☉? Très commune sur les eaux tranquilles.

3. Lentille d'eau bossue (*L. gibba*, L. sp. 1377).

Feuilles elliptiques, cohérentes, 3 ensemble, fortement bossues en dessous; racine très longue. ☉. Croît à la surface des eaux dormantes.

4. Lentille d'eau sans racine (*L. arhiza*, L. mant. 294).

Feuilles isolées ou réunies 2 par 2, arrondies, sans aucun rudiment de racine. ☉. Croît à la surface des mares et des étangs.

5. Lentille d'eau a racines nombreuses (*L. polyrhiza*, L. sp. 1377).

Feuilles elliptiques-arrondies, convexes en dessous, grandes, réunies souvent 2-3 par la base, ayant chacune un faisceau nombreux de racines. ☉. Croît à la surface des mares.

Ce n'est qu'en forme d'appendice que nous ajoutons les deux derniers genres à la famille des *potamophiles*.

## Famille 102. ASPARAGINÉES (*Asparagineæ*, Juss.).

Fleurs hermaphrodites ou diclines; périgone coloré, pétaloïde, libre ou adhérent, à divisions profondes; étamines en même nombre que les divisions du périgone; ovaire surmonté d'un style simple, trifide, ou de 3 stigmates; le fruit est une espèce de baie à 3-4 loges. Plante d'un port très variable, à feuilles simples. Cette famille est formée de genres peu naturels.

### Genre ASPERGE (*Asparagus*, Linné).

Fleurs hermaphrodites, périgone à 6 divisions profondes; 6 étamines; fruit bacciforme, triloculaire, à loges dispermes.

*Espèce* 1. Asperge officinale (*Asparagus officinalis*, L. sp. 448).

Tige très branchue, haute de 3-4 pieds; feuilles petites, sétacées, molles, par faisceaux; fleurs petites, herbacées, pédonculées; fruits rouges. ♃. Croît dans les lieux sablonneux du Midi. Cultivée : racine très diurétique.

2. Asperge a feuilles menues (*A. tenuifolius*, Lam. D. 1. p. 294).

Peut-être une variété de la précédente : elle en diffère par ses feuilles, réunies en faisceaux beaucoup plus fournis, par sa tige moins élevée et ses fruits moins rouges. ♃. Croît dans les lieux couverts, un peu humides.

3. Asperge amère (*A. amarus*, DC. cat. monsp. 81).

Peut-être encore une variété de l'*officinalis* : elle en diffère par ses stipules épineuses, un peu crochues, et par ses fruits doubles en grosseur. ♃. Bord de la Méditerranée.

4. Asperge à feuilles aigues (*A. acutifolius*, L. sp. 449).

Tige grisâtre, très branchue, anguleuse, frutescente; feuilles roides, pointues, piquantes, fasciculées; fleurs d'un blanc jaunâtre. ♄. France méridionale.

5. Asperge blanche (*A. albus*, L. sp. 449).

Tige frutescente, très rameuse, à rameaux flexueux, lisses, aiguillonnés; feuilles triangulaires, fasciculées, caduques; fleurs blanchâtres; pédoncules ombellés. ♄. Croît en Corse.

Genre STREPTOPE (*Streptopus*, Michaux).

Fleurs hermaphrodites; périgone à 6 divisions munies à leur base d'une fossette nectarifère; 6 étamines, à anthères plus longues que les filamens; fruit bacciforme, à peau très mince.

*Espèce*. Streptope embrassante (*Streptopus amplexifolius*, DC. *Uvularia amplexifolia*, L.).

Tige rameuse; feuilles alternes, embrassantes, glabres, nervées; fleurs petites, pendantes; baie rougeâtre. ♃. Croît dans les hautes montagnes.

Genre PARIS (*Paris*, Linné).

Périgone à 8 divisions très profondes, très ouvertes, dont 4 internes, pétaloïdes et plus étroites; 8 étamines, à anthères placées vers la partie moyenne des filamens; baie quadriloculaire. (V. *Atl.*, pl. 30, f. 2.)

*Espèce*. PARIS A QUATRE FEUILLES (*Paris quadrifolia*, L. sp. 527).

Tige très simple, haute de 8-12 pouces; 3, 5, et le plus souvent 4 feuilles ovales, glabres, verticillées au sommet; fleur terminale, verdâtre; baie noirâtre. ♃. Croît dans les bois.

Genre MUGUET (*Couvallaria*, LINNÉ).

Périgone globuleux ou cylindrique, à 6 dents; 6 étamines; baie globuleuse, tachée avant la maturité, à 3 loges monospermes. (Voyez *Atl.*, pl. 30, f. 1.)

*Espèce* 1. MUGUET DE MAI (*Couvallaria majalis*, L. sp. 451).

Hampe grêle de 4-6 pouces; 2-3 feuilles radicales, ovales-lancéolées; fleurs blanches, très odorantes. ♃. Commun dans les bois. Les fleurs de muguet sont sternutatoires.

2. MUGUET VERTICILLÉ (*C. verticillata*, L. sp. 451).

Tige droite, haute de 1-2 pieds; feuilles elliptiques, verticillées 4 à 4; fleurs blanches, petites, pendantes. ♃. Croît dans les bois de l'Est et du Midi.

3. MUGUET ANGULEUX (*C. polygonatum*, L. sp. 451).

Tige arquée, anguleuse; feuilles alternes, sessiles, ovales-oblongues; fleurs blanches; pédoncules axillaires, grêles, portant une ou deux fleurs. ♃. Commun dans les haies et les bois. La racine de cette plante et des deux suivantes est employée comme astringente, sous le nom de *sceau de Salomon*.

4. MUGUET MULTIFLORE (*C. multiflora*, L. sp. 452).

Peut-être une variété du précédent: il en diffère par sa tige arrondie, ses pédoncules portant de 2-5 fleurs, et ses baies rougeâtres. ♃. Croît dans les bois.

5. Muguet a larges feuilles (*C. latifolia*, Jacq. aust. t. 232).

N'est probablement qu'une variété du *polygonatum*; tige anguleuse, arquée; feuilles sessiles, ovales, courtes, alternes; fleurs blanches; pédoncules multiflores; baies bleuâtres. ♃. Croît dans les bois épais.

Genre MAYANTHÈME (*Mayanthemum*, Roth.).

Périgone à divisions très profondes, très ouvertes; 4 étamines; fruit bacciforme, à deux loges monospermes.

*Espèce.* Mayanthème a deux feuilles (*Mayanthemum bifolium*, DC. *Conv. bifolia*, L.).

Tige flexueuse, haute de 4-6 pouces, arrondie, portant deux feuilles alternes, cordiformes, un peu pétiolées; fleurs blanches, petites, en épi terminal. ♃. Croît çà et là dans les bois élevés.

Genre SMILAX (*Smilax*, Linné).

Fleurs dioïques; périgone ouvert, campanulé, à 6 divisions profondes; *fleurs mâles* ayant 6 étamines; *fleurs femelles* ayant un ovaire libre, surmonté de 3 styles et de 3 stigmates; baies globuleuses, à 3 loges.

*Espèce* 1. Smilax rude (*Smilax aspera*, L. sp. 1458).

Tiges fléchies, anguleuses, aiguillonnées; feuilles cordiformes, épineuses; des petites vrilles à la base des pétioles; fleurs petites, en grappes terminales. ♃. Provinces méridionales.

2. Smilax de Barbarie (*S. Mauritanica*, Desf. atl. 2. p. 267).

Tiges flexueuses, peu aiguillonnées, grimpant sur les arbres; feuilles cordiformes, munies de quelques dentelures épineuses sur les bords; fleurs petites, en grappes terminales; baies rouges. ♄. Corse, îles d'Hyères.

### Genre FRAGON (*Ruscus*, LINNÉ).

Fleurs dioïques ; périgone à 6 divisions profondes ; dans les *fleurs mâles* il y a 6 étamines ; dans les *fleurs femelles* il y a un style, des filamens soudés, dépourvus d'anthères ; fruit globuleux, bacciforme, triloculaire. (Voyez *Atl.*, pl. 31.)

*Espèce* 1. FRAGON AIGUILLONNÉ (*Ruscus aculeatus*, L. sp. 1474).

Tiges roides, ligneuses, verdâtres, rameuses, hautes de 2-3 pieds ; feuilles ovales, sessiles, pointues, piquantes, fleurs petites, verdâtres, naissant sur le milieu des feuilles ; baies rouges. ♄. Croît dans les bois pierreux. Cette plante, appelée *petit houx*, *houx frêlon*, est très apéritive. Le *ruscus hypoglossum*, L., habite l'Italie. Le *ruscus hypophyllum* croît en Italie et en Espagne.

### Genre TAMINIER (*Tamus*, LINNÉ).

Fleurs dioïques ; périgone campanulé, à 6 divisions profondes, ouvertes et portant 6 étamines dans les *mâles*, adhérentes à l'ovaire et resserrées dans les *femelles* ; 1 style à 3 stigmates ; baie triloculaire.

*Espèce*. TAMINIER COMMUN (*Tamus communis*, LINNÉ).

Tiges longues, glabres, volubiles-grimpantes ; feuilles glabres, luisantes, cordiformes, nervées ; fleurs jaunâtres, en grappes axillaires ; baies rouges. ♃. Croît dans les haies, au bord des bois. On le nomme vulgairement *sceau Notre-Dame*.

## FAMILLE 103. JONCÉES (*Junceæ*, DC.).

Fleurs ordinairement hermaphrodites ; périgone à 6 divisions profondes, glumoïdes ; étamines presque toujours au nombre de 6, placées devant les divisions du périgone ; ovaire libre, surmonté d'un style à trois stigmates; fruit capsulaire, trivalve, triloculaire; valves portant souvent une cloison sur leur face interne; quand il n'existe point de cloison sur les valves, la capsule est uniloculaire, oligosperme; périsperme charnu; fleurs en corymbe, en épi ou en panicule. Plantes marécageuses, à tiges simples, à feuilles engaînantes.

Genre ABAMA (*Abama*, ADANS. *Anthericum*, L. *Narthecium*, LAM.).

Périgone à 6 divisions profondes; 6 étamines à filamens barbus; ovaire pyramidal surmonté par un style court; capsule polysperme, triloculaire, trivalve. Ce genre a du rapport avec la *tofieldia*.

*Espèce*. ABAMA CASSEUR D'OS (*Abama ossifraga*, DC. *Anth. ossifragum*, L. sp. 446).

Tige presque nue, haute de 8-12 pouces; feuilles ensiformes, graminées engaînantes à la manière des iris; fleurs jaunes, en épi terminal. ♃. Croît dans les marais de l'ouest, aux environs de Dax, de Falaise, etc. C'est à tort qu'on a cru qu'il ramollissait les os des animaux qui en mangeaient.

Genre APHYLLANTHE (*Aphyllanthes*, L.).

Périgone à 6 divisions, réunies à la base en forme de tube, à limbe étalé; 6 étamines; capsule polysperme, triloculaire, trivalve.

*Espèce*. APHYLLANTHE DE MONTPELLIER (*Aphyllanthes Monspeliensis*, L. sp. 422).

Facies de l'œillet prolifère; hampe grêle, nue, haute de 6-18 pouces; feuilles radicales; fleurs bleuâtres, petites. ♃. Lieux arides du Midi.

Genre JONC (*Juncus*, LINNÉ).

Périgone glumoïde, à 6 divisions profondes; 6 étamines; capsule triloculaire, trivalve; feuilles cylindriques.

* *Hampes nues.*

*Espèce* 1. Jonc aggloméré (*Juncus conglomeratus*, L. sp. 464).

Tige de 2-3 pieds; feuilles aiguës; fleurs roussâtres, en pelotons serrés; capsules courtes, obtuses. ♃. Croît dans les marais.

2. Jonc aigu (*J. acutus*, Lam. D. 3. p. 264).

Tige de 2-3 pieds; feuilles dures, piquantes; fleurs en panicule terminale, munie d'une spathe bivalve; capsule très grosse, moitié plus longue que le périgone. ♃. Bords de la Méditerranée et de l'Océan.

3. Jonc maritime (*J. maritimus*, Lam. *J. acutus*, *α*, L. sp.).

Diffère du précédent par ses fleurs en panicule lâche, et par ses capsules petites, qui ne dépassent pas le périgone. ♃. Bords de la Méditerranée et de l'Océan.

4. Jonc étalé (*J. effusus*, L. sp. 464).

Diffère du *conglomeratus* par ses fleurs verdâtres, en panicule étalée, lâche, et par sa capsule jaunâtre, moins globuleuse. ♃. Croît dans les lieux humides.

5. Jonc glauque (*J. glaucus*, Willd. sp. 206).

Hampe glauque, striée, courbée au sommet, rougeâtre à la base; feuilles glauques; fleurs brunes, en panicule dressée; capsules elliptiques, pointues. ♃. Croît dans les lieux humides. Employé par les jardiniers.

6. Jonc filiforme (*J. filiformis*, L. sp. 465).

Hampe grêle, filiforme, penchée; feuilles molles, filiformes; fleurs peu nombreuses, d'un vert blanchâtre, paraissant sortir du milieu de la tige; une bractée filiforme; capsules arrondies. ♃. Croît dans les marais tourbeux.

7. Jonc a trois pointes (*J. trifidus*, L. sp. 465).

Hampe grêle, haute de 6-12 pouces, portant à son sommet 3 petites folioles aiguës, sétacées; fleurs brunes, terminales, souvent solitaires. ♃. Croît dans les lieux humides des hautes montagnes. Il est très commun sur le Lautaret.

8. Jonc rude (*J. squarrosus*, L. sp. 465).

Hampe roide, haute de 10-15 pouces; feuilles roides, sétacées; fleurs d'un vert blanchâtre, portées 2-3 sur des pédoncules sortant d'une spathe membraneuse; capsules obtuses, globuleuses. ♃. Croît dans les lieux humides.

9. Jonc septentrional (*J. arcticus*, Willd. sp. 2. p. 206).

Hampe de 2-6 pouces, écailleuse à la base; fleurs peu nombreuses, noirâtres, latérales. ♃. Alpes du Dauphiné, du Piémont. (Rare.)

** *Hampes garnies de feuilles.*

10. Jonc de Jacquin (*J. Jacquini*, L. mant. 63).

Hampe feuillée, munie d'écailles à la base; fleurs noirâtres, terminales, entourées d'écailles brunes ou noires. ♃. Alpes du Dauphiné, du Piémont.

11. Jonc a trois glumes (*J. triglumis*, L. sp. 467).

Hampe feuillée, de 6-10 pouces, munie de 3-4 feuilles fistuleuses, pointues; fleurs brunes, terminales, au nombre de 3 et entourées de bractées; capsules ovales-oblongues. ♃. Hautes-Alpes du Dauphiné.

12. Jonc bulbeux (*J. bulbosus*, L. sp. 467).

Racine épaisse, horizontale; tiges feuillées, comprimées à la base, haute de 1 pied; feuilles molles, canaliculées; fleurs verdâtres, en une panicule étalée; capsules arrondies. ♃. Commun au bord des chemins fangeux.

13. Jonc de Gérard (*J. Gerardi*, Lois. not. p. 60).

Diffère du précédent par sa taille beaucoup plus élevée, ses feuilles moins roides dépassant beaucoup les fleurs, qui sont petites, verdâtres, paniculées; capsules allongées, étroites. ♃. Habite les mêmes lieux.

14. Jonc inondé (*J. tanageya*, L. f. supp. 308).

Tige feuillée, filiforme, paniculée, un peu roide; feuilles sétacées, fines; fleurs brunes, en panicule dichotome; périgone à segmens ovales, aigus; capsules obtuses, globuleuses. ☉. Croît dans les lieux inondés.

15. Jonc des crapauds (*J. bufonius*, L. sp. 466).

Tiges dichotomes, très rameuses, paniculées, diffuses, hautes de 6-12 pouces; feuilles anguleuses, sétacées; fleurs herbacées, solitaires ou geminées dans la dichotomie des tiges et à l'extrémité. ☉. Commun dans les lieux inondés.

16. Jonc des bruyères (*J. ericetorum*, Pollich. pal. 1. p. 351).

Tige simple, filiforme, munie près de la base de quelques feuilles, canaliculées-sétacées; fleurs d'un vert blanchâtre, en petite tête pauciflore, terminale; les segmens extérieurs du périgone aigus, foliacés à l'extrémité. ♃. Croît sur les bruyères humides. (Assez rare.)

17. Jonc pygmée (*J. pygmæus*, Thuil. fl. p. II. 1. p. 178).

Tige grêle, de 2-3 pouces, peu rameuse; feuilles sétacées, comprimées, fleurs terminales et latérales, nombreuses, en petites têtes; capsules pointues, triangulaires. ☉. Croît au bord des mares, à Fontainebleau, Montpellier, etc. Le *J. bicephalus*, Viv., paraît en être très voisin.

18. Jonc couché (*J. supinus*, Roth. germ. 1. 156. DC. fl. fr.).

Tiges dichotomes; feuilles sétacées, canaliculées;

fleurs brunes, triandres, réunies par petits paquets, dont les uns sont verticillés et les autres dans la dichotomie; toutes sont mélangées de petites folioles très fines. ♃. Habite le bord des eaux dans les prairies. Le *juncus fluitans*, Lam., est une variété à feuilles très longues, flottantes.

19. Jonc articulé (*J. articulatus*, L. sp. 465).

Tige de 10-15 pouces, cylindrique; feuilles noueuses-articulées, pointues; fleurs jaunâtres, par petits paquets sessiles ou pédonculés; segmens du périgone obtus, presque égaux. ♃. Croît dans les marais. Le *J. multiflorus*, Desf., est une très grande espèce indiquée en Corse par Viviani.

20. Jonc des bois (*J. sylvaticus*, Willd. sp. 2. p. 211).

Diffère de l'*articulatus* par ses feuilles non comprimées, par ses fleurs en panicule plus rameuses, et par les segmens du périgone, inégaux et très acérés. ♃. Habite les bois très humides. Le *J. acutiflorus*, Ehrh., paraît être une variété de cette espèce.

21. Jonc rampant (*J. repens*, DC. suppl. 1849[a]).

Tiges rameuses, rampantes; feuilles noueuses, cylindriques; fleurs blanchâtres, disposées par petits paquets; segmens du périgone aigus, presque égaux. ♃. Découvert par M. Requien au bord de la Durance.

22. Jonc des Alpes (*J. Alpinus*, Willd. dauph. 2. p. 233).

Tige rameuse, haute de 4-10 pouces; feuilles légèrement noueuses; fleurs pâles, disposées en panicule simple; segmens du périgone pointus, égaux; capsules très obtuses. ♃. Lieux humides des hautes montagnes. Je ne connais pas le *juncus schenoïdes* de M. Mérat, je ne l'ai jamais rencontré aux environs de Paris.

Genre LUZULE (*Luzula*, DC. *Juncus*, Lin.).

Périgone à 6 divisions scarieuses, dont 3 extérieures ; 6 étamines ; capsules uniloculaires, à trois graines ; style trifide ; feuilles graminées.

*Espèce* 1. Luzule blanche (*Luzula nivea*, L. sp. 468).

Tiges hautes de 12-18 pouces ; feuilles velues, planes ; fleurs d'un beau blanc, en corymbe serré ; segmens du périgone aigus, les intérieurs moitié plus longs. ♃. Commun dans les bois des Alpes.

2. Luzule blanchatre (*L. albida*, Hoff. germ. 3. p. 168).

Se distingue de la précédente par ses fleurs moins blanches, en panicule rameuse, et par les divisions du périgone à peu près égales. ♃. Croît dans les bois, en Dauphiné, dans les Ardennes et les Vosges.

3. Luzule jaune (*L. lutea*, All. ped. n. 2085).

Tige de 8-12 pouces ; feuilles glabres ; fleurs jaunes, en corymbe serré ; pédoncules multiflores ; segmens du périgone un peu obtus, égaux. ♃. Croît çà et là dans les prairies des Hautes-Alpes et des Pyrénées.

4. Luzule de Forster (*L. Forsteri*, Engl. bot. t. 1293. DC. ic.).

Tiges glabres, grêles, hautes de 12-15 pouces ; feuilles étroites, pubescentes, garnies sur les bords de longs poils soyeux, rares ; fleurs jaunâtres, en corymbe ; périgone à divisions aiguës, plus longues que la capsule. ♃. Croît dans les bois d'une grande partie de la France.

5. Luzule baie (*L. spadicea*, All. ped. n. 2083).

Tige grêle, simple, haute de 10-15 pouces ; feuilles planes, assez larges, munies de quelques poils près de leur gaîne ; fleurs brunes, en corymbe décomposé ; pédoncules portant 3-4 fleurs ; périgone à segmens mucronés, plus courts que la capsule. ♃. Prairies des montagnes.

6. Luzule du printemps (*L. vernalis*, DC. *Juncus pilosus*, *α*. L.).

Tige glabre, haute de 8-12 pouces ; feuilles presque toutes radicales, larges, planes, portant des poils longs et rares sur les bords ; les caulinaires très velues vers leur gaîne ; fleurs brunâtres, en corymbe terminal ; périgone à segmens ovales-pointus ; capsules vertes, obtuses. ♃. Commune au printemps, dans les bois.

7. Luzule très grande (*L. maxima*, Willd. *Juncus pilosus*, *δ*. L.

Tige grosse, haute de 1-2 pieds et plus ; feuilles très larges, garnies çà et là de longs poils soyeux ; fleurs en corymbe décomposé ; pédoncules portant 2-3 fleurs ; périgone à segmens égaux, aristés, de la longueur de la capsule. ♃. Croît dans les bois des montagnes.

8. Luzule jaunatre (*L. flavescens*, Gaud. agr. 2. p. 239).

Tige de 6-12 pouces ; feuilles garnies de quelques poils rares ; fleurs jaunâtres, en corymbe peu fourni ; pédoncules uniflores ; bractées scarieuses ; périgone à segmens lancéolés, très aigus, un peu plus courts que le périgone. ♃. Croît çà et là dans les prairies des montagnes.

9. Luzule glabre (*L. glabrata*, Desv. journ. 1. p. 143).

Tige haute de 1 pied ; feuilles glabres, larges ; fleurs brunâtres, en corymbe composé ; bractées brunes, aristées ; périgone à segmens ovales-lancéolés, à peine plus longs que la capsule. ♃. Prairies humides des montagnes.

10. Luzule parviflore (*L. parviflora*, Desv. journ. 1. p. 144).

Tige de 6-12 pouces ; feuilles glabres, munies de

quelques poils vers leur gaîne; fleurs brunes, très petites, en panicule lâche; pédicelles uniflores; bractées acérées, ciliées au sommet; périgone à segmens un peu plus longs que la capsule. ♃. Assez commune dans les prairies des Hautes-Alpes.

11. Luzule champêtre (*L. campestris*, L. sp. 468).

Racine rampante; tige de 3-6 pouces, presque nue; feuilles radicales un peu étalées, munies de longs poils vers leur gaîne et sur leurs bords; fleurs brunes, en épis terminaux, arrondis, pédonculés, penchés; périgone à segmens aigus, plus longs que la capsule. ♃. Très commune dans les lieux secs.

12. Luzule multiflore (*L. multiflora*, Lejeun. fl. spa. 119).

Tige droite, de 1-2 pieds; feuilles munies de quelques poils soyeux, rares; fleurs roussâtres, en épis nombreux, disposés en corymbe; périgone à segmens aigus plus courts que la capsule. ♃. Commune dans les bois.

13. Luzule ramassée (*L. congesta*, Thuil. fl. p. 11. p. 179).

Racine fibreuse; tige de 10-15 pouces, presque nue; feuilles velues; fleurs rousses, en épis terminaux, sessiles, ramassées en tête; périgone à segmens aigus, plus longs que la capsule. ♃. Croît dans les bois humides. Peut-être une variété de la *campestris*.

14. Luzule en épi (*L. spicata*, L. fl. lapp. 125).

Tiges grêles, hautes de 6-10 pouces; feuilles carénées, très étroites, glabres, velues vers leur gaîne; fleurs brunes, en grappe cylindrique, terminale, pendante; capsules obtuses. ♃. Prairies des hautes montagnes.

15. Luzule de Silésie (*L. sudetica*, Willd. sp. 2. p. 221).

Racine rampante; tige de 5-12 pouces; feuilles glabres, velues vers leur gaîne, étroites; fleurs noirâtres, en tête arrondie ; périgone à segmens noirs, blancs sur les bords, aussi longs que les capsules. ♃. Prairies tourbeuses des hautes montagnes.

16. Luzule pédiforme (*L. pediformis*, Vill. dauph. 2. p. 238).

Tige de 12-18 pouces ; feuilles velues, assez larges ; fleurs panachées de brun et de blanc, en grappe spiciforme, penchée et lobée ; capsules pointues. ♃. Alpes du Dauphiné et de la Provence. (Assez rare.)

### Genre CAULINIE (*Caulinia*, DC.).

Fleurs en épi, enveloppées d'une double spathe ; chaque fleur a 3 étamines, 3 écailles concaves, entourant l'ovaire, qui est cylindrique, et surmonté d'un style ; péricarpe ovoïde, pulpeux, portant une gemme au lieu de graine. (Caulini.)

*Espèce.* Caulinie océanique (*Caulinia oceanica*, DC. *Zostera oceanica*, L., Caul.).

Souche noueuse ; feuilles droites, linéaires, réunies plusieurs dans une gaîne articulée ; hampe naissant du milieu des feuilles et portant 3-4 épis. ♃. Croît au fond de l'Océan et de la Méditerranée.

### Genre ACORUS (*Acorus*, Linné).

Fleurs en chaton cylindrique, latéral, chacune ayant un périgone glumacé, formé de 6 pièces, 6 étamines, un ovaire qui devient une capsule triloculaire. Ce genre, ainsi que le précédent, n'appartient qu'imparfaitement aux joncées.

*Espèce.* Acorus odorant (*Acorus calamus*, L. sp. 462).

Feuilles longues, engaînantes, à la manière des iris ; fleurs en chaton latéral. ♃. Croît dans les fossés de la Belgique, de l'Alsace, de la Provence, etc. Sa racine, très aromatique, est quelquefois employée en médecine.

## FAMILLE 104. TYPHACÉES (*Typhaceæ*, Juss.).

Fleurs monoïques, en chatons cylindriques ou globuleux, unisexuels; *fleurs mâles*, formées d'un périgone triphylle, renfermant 3 étamines; *fleurs femelles*, toujours au-dessous des précédentes, composées d'un périgone triphylle, d'un ovaire supère, surmonté par un style; fruit monosperme; périsperme farineux, embryon orthotrope. Plantes aquatiques, à feuilles longues, étroites. Cette famille a des rapports très marqués avec les graminées.

### Genre MASSETTE (*Typha*, Linné).

Chatons cylindriques; fruits pédicellés, entourés à leur base par de longs poils en manière d'aigrettes.

*Espèce* 1. Massette a larges feuilles (*Typha latifolia*, L. sp. 1377).

Tige simple de 4-6 pieds; feuilles engaînantes, planes, linéaires, s'élevant presque à la hauteur de la tige; épis noirâtres. Les mâles et les femelles très rapprochés. ♃. Croît dans les marais et les étangs.

2. Massette moyenne (*T. media*, Lob. ic. 81. *Typha angustifolia*, β. L.).

Tige simple, haute de 2-3 pieds; feuilles engaînantes, planes, linéaires, moitié plus courtes que la tige; fleurs *idem*, en épis cylindriques; les mâles et les femelles éloignés l'un de l'autre. ♃. Croît dans les marais.

3. Massette a feuilles étroites (*T. angustifolia*, L. sp. 1377).

Tige simple, haute de 4-5 pieds; feuilles engaînantes, linéaires, canaliculées et presque demi-cylindriques; fleurs en épis bruns, cylindriques; les mâles et les femelles écartés l'un de l'autre. ♃. Habite dans les étangs, etc.

4. MASSETTE NAINE (*T. minima*, HOPPE, DC.).

Tige simple, haute de 10-18 pouces; feuilles glauques, grêles, carénées, plus courtes que la tige; fleurs *idem*, les mâles cylindriques et les femelles elliptiques, éloignés. ♃. Croît en Alsace, Dauphiné, Provence. Je l'ai reçue du Palatinat. (Rare.)

Genre RUBANIER (*Sparganium*, LINNÉ).

Chatons arrondis; fruits sessiles, turbinés et dépourvus de poils et d'aigrettes.

*Espèce* 1. RUBANIER RAMEUX (*Sparganium ramosum*, ROTH. *Sp. erectum*, L. var. α).

Tige de 2-3 pieds, glabre, flexueuse; feuilles radicales, longues, flottantes; les caulinaires triangulaires à la base, carénées, linéaires, obtuses; fleurs herbacées; pédoncule commun, rameux; chatons femelles, quelquefois pédicellés, les mâles toujours sessiles. ♃. Commun au bord des étangs et des fossés.

2. RUBANIER SIMPLE (*S. simplex*, HUDS. *S. erectum*, L. var. β).

Diffère du précédent par ses feuilles planes, excepté à leur base, et par le pédoncule commun, qui n'est point rameux. ♃. Croît dans les marais, au bord des rivières, etc.

3. RUBANIER NAGEANT (*S. natans*, L. sp. 1378).

Tige simple, très grêle, longue de 12-18 pouces; feuilles planes, étroites, linéaires, obtuses; fleurs herbacées; pédoncule commun, simple; chaton mâle, terminal, solitaire. ♃. Croît dans les mêmes lieux.

FAMILLE 105. AROIDÉES (*Aroideæ*, JUSS.).

Fleurs monoïques, sessiles, disposées autour d'un spadice simple, et le plus souvent enveloppées par une spathe monophylle; point de périgone; *fleurs mâles*, à étamines définies ou indéfinies, insérées sur le spadice; ovaires tantôt mélangés avec les étamines, tantôt séparés; fruit bacciforme. Embryon droit, périsperme charnu ou farineux; plantes à racines tubérifères, à feuilles simples, alternes, engaînantes.

Genre GOUET (*Arum*, Linné).

*Fleurs mâles*, sur le milieu du spadice, qui est charnu et en forme de massue; *fleurs femelles* à la base du spadice; fruit bacciforme, uniloculaire, monosperme. (Voyez *Atl.*, pl. 39.)

*Espèce* 1. Gouet taché (*Arum maculatum*, L. sp. 1370. *Arum vulgare*, DC.).

Feuilles radicales, longuement pétiolées, grandes, sagittées-cordiformes, souvent tachées, glabres; spathe verdâtre, renfermant un spadice rouge, blanc ou jaune; baies rouges, en grappes terminales. ♃. Très commun dans les haies et les bois. Racine très âcre.

2. Gouet d'Italie (*A. Italicum*, Mill. D. nº 2).

Diffère du *maculatum* par sa taille double dans toutes ses parties, par ses feuilles veinées de blanchâtre, par la divergence de leurs oreillettes, et par son spadice toujours jaune. ♃. Provinces méridionales, Italie.

3. Gouet peint (*A. pictum*, L. f. suppl. 410. *A. corsicum*, Lois.).

Feuilles radicales, un peu épaisses, cordiformes, ordinairement tachées de blanc, à oreillettes courtes; spathe d'un rouge violet à l'intérieur; spadice plus court que la spathe. ♃. Croît en Corse.

4. Gouet a capuchon (*A. arisarum*, L. sp. 1370).

Feuilles radicales, hastées-sagittées, pétiolées, à angles obtus-oblongs; spadice courbé, cylindrique, enveloppé dans une spathe recourbée en capuchon. ♃. Lieux ombragés de la Provence et du Languedoc. L'*arum tenuifolium*, L., ne croît point en France.

5. Gouet serpentaire (*A. dracunculus*, L. sp. 1376).

Tige épaisse, haute de 2-3 pieds, tachée; feuilles pétiolées, lisses, digitées, souvent tachées de blanc; spathe grande, d'un pourpre foncé à l'intérieur, renfermant un spadice rougeâtre. ♃. Provinces méridionales. L'*arum crinitum*, Willd., qui a la spathe velue et le spadice chevelu au sommet, a été trouvé en Corse et en Sardaigne.

## Genre CALLA (*Calla*, Linné).

Etamines et ovaires mélangés; fruit bacciforme, pluriloculaire, polysperme.

*Espèce.* Calla des marais (*Calla palustris*, L. sp. 1373).

Racine ou rhizome couché, annelé, produisant de place en place des feuilles pétiolées, cordiformes; spathe blanchâtre à l'intérieur, renfermant un spadice couvert de fleurs dans toute sa longueur. ♃. Alsace, Vosges, Belgique.

## famille 106. CYPÉRACÉES (*Cyperaceæ*, Juss.).

Fleurs hermaphrodites ou unisexuées, souvent monoïques, rarement dioïques; tégumens floraux consistant en une écaille simple; étamines au nombre de 3; ovaire surmonté d'un style à 2-3 stigmates; autour de l'ovaire il se trouve quelquefois des soies longues ou un petit urcéole membraneux qui enveloppe la graine en tout ou en partie; le fruit est un akène; embryon extraire, périsperme farineux. Plantes ordinairement aquatiques, herbacées, ayant le facies des graminées; tiges sans nœuds, cylindriques ou triangulaires.

† Écailles distiques; fleurs hermaphrodites.

## Genre SOUCHET (*Cyperus*, Linné).

Fleurs hermaphrodites, à une seule écaille creusée

en carène, imbriquées sur deux rangs et disposées en épi distique; une seule graine dépourvue de soie et d'urcéole. (Voy. *Atl.*, pl. 24, f. 1 et 2.)

*Espèce* 1. SOUCHET JONCIFORME (*Cyperus junciformis*, DESF. atl. p. 42. t. 7).

Tige presque cylindrique, haute de 1-2 pieds, portant vers la base une feuille engaînante; fleurs en épis sessiles, bruns, agrégés, entourés d'une spathe à 2 valves, dont l'une très petite. ♃. Provence, Italie.

2. SOUCHET BRUN (*C. fuscus*, L. sp. 69).

Tiges triangulaires, nombreuses, hautes de 4-8 pouces, molles; feuilles triangulaires, aussi longues que la tige; fleurs noirâtres, en panicule formée d'un grand nombre d'épillets linéaires; graines à 3 angles saillans. ♃. Commun dans les prés marécageux.

3. SOUCHET JAUNATRE (*C. flavescens*, L. sp. 68).

Tiges nues, longues de 2-4 pouces; feuilles triangulaires, pointues, recourbées; fleurs jaunâtres, réunies en tête, formées d'un petit nombre d'épillets ovales-linéaires; graines ovoïdes, comprimées. ♃. Croît dans les prés humides.

4. SOUCHET LONG (*C. longus*, L. sp. 67).

Racines odorantes, longues, traçantes; tige trigone, nue, haute de 2-3 pieds; feuilles longues, scabriuscules, pliées en gouttière; fleurs roussâtres, réunies en une sorte d'ombelle portant un involucre de 3-4 folioles. ♃. Croît çà et là dans les marais.

5. SOUCHET ROND (*C. rotundus*, L. sp. 67).

Racines traçantes, à renflemens tuberculeux, ovales, d'une saveur amère; tiges dures, nues, trigones, hautes de 8-12 pouces; feuilles longues, étroites, carénées, glauques; fleurs roussâtres, en une sorte d'ombelle épaisse. ♃. Habite les lieux humides du Languedoc.

6. Souchet comestible (*C. esculentus*, L. sp. 67).

Ne diffère du précédent que par ses racines fibreuses, produisant à leur extrémité des tubercules arrondis, blancs intérieurement et d'une saveur sucrée. ♃. Cultivé dans les lieux humides de la Provence. Croît en Espagne et en Portugal.

7. Souchet de Monti (*C. Monti*, L. suppl. 102).

Tige nue, trigone, haute de 1-2 pieds; feuilles longues, carénées; fleurs d'un brun-rougeâtre, en manière d'ombelle, munie d'une sorte d'involucre polyphylle; chaque petite fleur assez distincte. ♃. Croît dans l'Ouest, le long de l'Adour, etc., en Provence et en Dauphiné.

8. Souchet fasciculé (*C. fascicularis*, DC. synop. 1804).

Tige nue, triangulaire; feuilles étroites, longues, carénées; fleurs très rapprochées, en une tête corymbiforme, à involucre polyphylle; épillets linéaires-lancéolés. ♃. Provence, Italie, Corse. Les *cyperus papyrus* et *glomeratus*, L., croissent en Italie, en Sicile : le *cyperus pannonicus* est d'Autriche.

†† Fleurs hermaphrodites; écailles imbriquées sur tous sens.

Genre CHOIN (*Schœnus*, Lin.).

Fleurs à une seule écaille plane, imbriquées de tous côtés et ramassées en tête arrondie, pauciflore; graine ronde, dépourvue ou munie de soies à sa base.

* *Graines dépourvues de soies.*

*Espèce* 1. Choin marisque (*Schœnus mariscus*, L. sp. 62).

Tige feuillée, haute de 3-6 pieds; feuilles dentées, les inférieures presque planes, les supérieures triangulaires; fleurs roussâtres; en panicule rameuse. ♃. Croît çà et là dans les marais.

2. CHOIN MUCRONÉ (*S. mucronatus*, L. sp. 63).

Tige de 10-15 pouces, nue, cylindrique; feuilles radicales, fasciculées, canaliculées, scabriuscules, plus longues que la tige; fleurs roussâtres, en faisceau terminal entouré d'un involucre à folioles roides, très aiguës. ♃. Croît dans les marais, au bord de la Méditerranée.

** *Graines entourées de soies à leur base.*

3. CHOIN NOIRATRE (*S. nigricans*, L. sp. 64).

Tiges nues, cylindriques, fasciculées, hautes de 10-15 pouces; feuilles longues, fines, noirâtres, triquêtres; fleurs en tête, noirâtres; collerette à 2 valves, dont l'une très courte. ♃. Croît çà et là dans les lieux inondés.

4. CHOIN BRUN (*S. fuscus*, L. sp. 1664).

Tige cylindrique, haute de 5-6 pouces; feuilles grêles, canaliculées; fleurs roussâtres, fasciculées, réunies en 2 têtes arrondies. ♃. Croît aux environs de Paris et dans les marais de l'Ouest.

5. CHOIN BLANC (*S. albus*, L. sp. 65).

Tige trigone, filiforme, haute de 10-15 pouces; feuilles planes, canaliculées; fleurs blanchâtres, disposées en 3-4 têtes arrondies. ♃. Croît dans les prairies spongieuses.

6. CHOIN FERRUGINEUX (*S. ferrugineus*, L. sp. 64).

Tiges nues, hautes de 4-8 pouces; feuilles longues, fines, brunâtres; fleurs d'un brun-ferrugineux, en 2 épis terminaux; collerette à 2 valves presque égales. ♃. Marais spongieux des Alpes et du Jura.

Genre SCIRPE (*Scirpus*, LIN.).

Fleurs à une seule écaille plane, imbriquées sur

les côtés ; une seule graine dépourvue ou entourée de soies à la base ; toutes les écailles fertiles. (Voyez *Atl.*, pl. 24, f. 3.)

* *Graines dépourvues de soies à leur base.*

*Espèce* 1. Scirpe aciculaire (*Scirpus acicularis*, L. sp. 71).

Tiges de 2-4 pouces, nombreuses, gazonnantes, portant à leur base des petites gaînes tronquées ; petits épis oblongs, verdâtres, solitaires, gros comme une tête d'épingle. ♃. Commun dans les lieux inondés.

2. Scirpe flottant (*S. fluitans*, L. sp. 71).

Tiges molles, rameuses, feuilles planes, flottantes ; fleurs en épis solitaires, portées sur des pédoncules axillaires ; spathe bivalve. ♃ Croît çà et là dans les mares, à la queue des étangs. Il varie quand il est terrestre.

3. Scirpe sétacé (*S. setaceus*, L. sp. 73).

Tiges grêles, nombreuses, filiformes, hautes de 2-5 pouces, munies d'une gaîne ; feuilles sétacées ; fleurs noirâtres, disposées en 2 ou 3 épis ovoïdes, sessiles, pourvus d'une bractée feuillée. ♃. Commun dans les marais.

4. Scirpe couché (*S. supinus*, L. sp. 73).

Tiges nombreuses, filiformes, un peu couchées, hautes de 4-7 pouces ; fleurs noirâtres, disposées en 3-4 épis sur le milieu de la tige, qui se termine en manière de spathe. ♃. Habite les mêmes lieux.

5. Scirpe jonc (*S. holoschœnus*, L. sp. 72).

Tiges fermes, jonciformes, ayant des gaînes larges à leur base, qui se prolongent quelquefois en une feuille linéaire ; fleurs brunâtres, en têtes arrondies, agglomérées, pédonculées et sessiles, sortant d'une spathe à 2 valves inégales. ♃. Prés humides du Midi.

M. de Candolle pense que le *schœnus romanus*, L., est une variété dont les fleurs sont réunies en une seule tête sessile.

6. Scirpe de Micheli (*S. Michelianus*, L. sp. 76).

Tige triquêtre, de 1-6 pouces; feuilles carénées; fleurs en tête globuleuse, composée et entourée à sa base d'une collerette à 5-6 folioles longues. ♃. Croît dans les prés humides de l'Ouest. Le *scirpus dichotomus*, L., ne croît point en France : il est du Piémont.

** *Graines pourvues de soies à leur base.*

7. Scirpe des bois (*S. sylvaticus*, L. sp. 75).

Tige feuillée, triquêtre, haute de 12-18 pouces; feuilles larges, pliées en gouttière, scabriuscules; engaînantes; fleurs d'un vert-noirâtre, en panicules décomposées, formées de beaucoup d'épillets. ♃. Bord des étangs, etc.

8. Scirpe maritime (*S. maritimus*, L. sp. 74).

Tige triquêtre, haute de 1-2 pieds; feuilles larges, planes, scabriuscules, très longues; fleurs en panicule arrondie, très serrée; écailles des épillets trifides. ♃. Commun au bord des rivières et des étangs.

9. Scirpe pubescent (*S. pubescens*, Desf. atl. 1. p. 52).

Racine rampante, fibreuse; tige triquêtre, pubescente, haute de 10-15 pouces; feuilles larges, linéaires, pubescentes vers leur gaîne; fleurs peu nombreuses, d'un gris roussâtre, velues; écailles ovales, obtuses. ♃. Croît en Corse.

10. Scirpe carex (*S. caricis*, Retz. *Carex uliginosa*, L. sp. 1381).

Tige presque nue, un peu triquêtre, glabre; feuilles engaînantes, aussi longues que la tige; fleurs en épi terminal, distique, comprimé; port d'un carex. ♃. Croît çà et là dans les prés humides.

11. Scirpe mucroné (*S. mucronatus*, L. sp. 73).

Tiges nües, triquêtres, simples, à angles prolongés en aile; feuilles peu nombreuses, étroites, courbées en gouttière; fleurs terminales, en épis sessiles, munis d'une spathe foliacée. ♃. Lieux humides du Midi.

12. Scirpe triangulaire (*S. triqueter*, L. mant. 29).

Diffère du précédent par sa tige qui est triangulaire, à angles nullement prolongés en aile, et par ses épis un peu pédicellés; la spathe se prolonge en pointe roide, comme dans le précédent. ♃. Provinces du centre et du Midi.

13. Scirpe des lacs (*S. lacustris*, L. sp. 72).

Tiges rondes, grosses, simples, hautes de 4-8 pieds; feuilles remplacées par des gaînes; fleurs en une sorte d'ombelle terminale, formée par un très grand nombre d'épillets. ♃. Commun dans les étangs.

14. Scirpe littoral (*S. littoralis*, Lois. not.)

Tiges triquêtres, à angles obtus, nues, munies de 2 gaînes à la base; fleurs roussâtres, en cime lâche et décomposée; pédicelles rameux, portant plusieurs épis; spathe foliacée, de la longueur de la panicule. ♃. Marais saumâtres des bords de la Méditerranée. (Rare.)

15. Scirpe des marais (*S. palustris*, L. sp. 70).

Racines rampantes; tiges rondes, hautes de 12-18 pouces, munies d'une gaîne tronquée; fleur en épi nu, terminal, ovoïde, pointu; graines comprimées. ♃. Commun dans les marais.

16. Scirpe a plusieurs tiges (*S. multicaulis*, Smith. fl. brit.).

Tiges nombreuses, hautes de 8-12 pouces, munies d'une gaîne tronquée obliquement; fleurs en épi terminal, ovoïde; écailles obtuses; graines triangulaires. ♃. Croît çà et là dans les marais.

17. Scirpe des tourbières (*S. bœothryon*, L. sup. 103).

Diffère du *multicaulis* par ses tiges plus roides, munies d'une gaîne dégénérant en foliole, par sa racine rampante et son épi plus petit. ♃. Croît dans les marais tourbeux.

18. Scirpe ovoïde (*S. ovatus*, Roth. cat. 1. p. s.).

Tiges nombreuses, rondes, légèrement comprimées, hautes de 3-6 pouces, munies d'une gaîne oblique; fleurs en épi oval, nu; graines comprimées. ☉. Prairies spongieuses.

19. Scirpe gazonnant (*S. cæspitosus*, L. sp. 71).

Tiges glauques, grêles, nombreuses, de 2-4 pouces, munies de 4-6 écailles et d'une foliole; épi pauciflore, ovale-oblong, enfermé par une spathe caduque; graines comprimées. ♃. Croît dans les marais spongieux. (Rare.)

20. Scirpe à feuilles menues (*S. tenuifolius*, DC. suppl. 1777b).

Tige grêle, simple, triquêtre, haute de 8-12 pouces, pourvue de 2-3 feuilles engaînantes, très grêles, roides; fleurs rousses, en épi latéral, sessile, ovoïde; écailles oblongues, tridentées. ♃. Cette espèce a été découverte par M. De Candolle, dans les environs de Bordeaux.

Genre LINAIGRETTE (*Eriophorum*, Linné).

Fleurs à une seule écaille, imbriquées en tête; graine triangulaire entourée de longs poils blancs, soyeux, abondans.

* *Un seul épi.*

*Espèce* 1. Linaigrette engaînée (*Eriophorum vaginatum*, L. sp. 76).

Racines fibreuses; tiges arrondies, réunies en touffes, engaînées par des feuilles triangulaires creusées en gouttière; épi ovoïde, terminal, d'un blanc soyeux. ♃. Marais spongieux.

2. Linaigrette en tête (*E. capitatum*, Hoff. germ. 3. p. 26).

Racines traçantes; tiges presque nues, engaînées à leur base par des feuilles assez courtes, canaliculées, étroites; épi terminal, globuleux, d'un blanc soyeux, muni d'une spathe persistante. ♃. Croît dans les marais spongieux, surtout dans les montagnes.

3. Linaigrette des Alpes (*E. Alpinum*, L. sp. 77).

Racines rampantes; tiges grêles, triangulaires, presque nues, pourvues à leur base de quelques feuilles courtes, triangulaires, engaînantes; épi grêle, ovoïde, terminal, muni d'un petit nombre de soies. ♃. Croît dans les Alpes. (Très rare.)

** *Plusieurs épis.*

4. Linaigrette de Vaillant (*E. Vaillantii*, Poit. Turp. fl. p. t. 52).

Tige cylindrique; feuilles étroites, longues, triangulaires; 2-3 feuilles caulinaires engaînantes; 3-4 épillets terminaux, gros, à pédoncules courts; soies longues; spathe à 2 folioles, dont l'une très pointue et plus grande. ♃. Croît çà et là dans les marais.

5. Linaigrette a feuilles étroites (*E. angustifolium*, Willd. sp. 1. p. 313).

Tige arrondie, feuillée; feuilles étroites, longues, triangulaires, canaliculées, 2-3 feuilles caulinaires engaînantes; 5-6 épillets ovoïdes; pédoncules simples, inégaux; écailles scarieuses, linéaires, doubles de l'espèce précédente. ♃. Croît dans les marais.

6. Linaigrette a plusieurs épis (*E. polystachion*, L. sp. 76).

Tige arrondie; feuilles planes, larges à la base, courtes, embrassantes; 8-12 épillets unilatéraux; pédoncules rameux ; spathe de 3 folioles presque égales. ♃. Commun dans les marais.

7. Linaigrette grêle (*E. gracile*, Roth. cat. p. 259).

Tige grêle, triangulaire; feuilles longues, très étroites, triangulaires, 2 feuilles caulinaires plus courtes; 3-4 épillets sessiles; spathe de 2 folioles, courtes, inégales. ♃. Croît çà et là dans les marais. (Rare.)

8. Linaigrette intermédiaire (*E. intermedium*, Bast. journ. bot. 3).

Se distingue de la précédente par ses épillets pédicellés, et par les folioles de la spathe très longues. ♃. Croît dans les marais. (Rare.)

††† Fleurs unisexuées; écailles imbriquées en tous sens.

Genre KOBRÉSIE (*Kobresia*, Willd.).

Fleurs monoïques : les mâles et les femelles mélangés sur les mêmes épis; graines triangulaires, dépourvues d'urcéole : port des *carex*.

*Espèce* 1. Kobrésie scirpe (*Kobresia scirpina*, Willd. sp. *Carex Bellardi*, All. ped.).

Racine fibreuse; hampes grêles, hautes de 4-8 pouces; feuilles radicales très fines, presque aussi longues que la hampe; fleurs en épi simple, arrondi, solitaire. ♃. Hautes-Alpes du Piémont, du Dauphiné, Pyrénées. Je l'ai recueillie sur le Lautaret, avec M. A. de Brébisson.

2. Kobrésie carex (*K. caricina*, Willd. sp. *C. bipartita*, All.).

Hampe nue, roide; feuilles radicales, glauques, roides, très étroites, scabriuscules, moitié moins longues que la hampe; 3-4 épis terminaux, très rapprochés, alternes, mâles au sommet et femelles à la base. ♃. Alpes du Dauphiné? lac du Mont-Cénis.

## Genre CAREX (*Carex*, Linné).

Fleurs monoïques, plus rarement dioïques ; épis tantôt androgyns, tantôt unisexuels ; 2-3 stigmates ; graines renfermées dans un urcéole perforé, capsuliforme. Ce genre est extrêmement nombreux. M. De Candolle le partage en 9 sections, que nous subdiviserons, d'après ce savant botaniste, en plusieurs sous-sections, pour faciliter la détermination des espèces.

### I. *Épi simple, unique ; 2 stigmates.*

*Espèce* 1. Carex dioïque (*Carex dioica*, L. sp. 1379).

Racine rampante ; hampe de 6-8 pouces, triquêtre, glabre, ainsi que les feuilles, qui sont triangulaires, dentelées au sommet ; fleurs dioïques, les mâles en épi grêle, les femelles en épi oblong ; capsules renflées à la base, denticulées sur les bords. ♃. Marais spongieux. (Rare.)

2. Carex de Davall (*C. Davalliana*, Smith. fr. brit. 3. p. 904).

Racine fibreuse ; hampe de 6-10 pouces, triquêtre, glabre ; feuilles courtes, un peu scabriuscules ; fleurs dioïques ; capsules penchées, écartées de l'axe, à peine denticulées sur les bords. ♃. Marais spongieux. Il est très voisin du précédent.

3. Carex pulicaire (*C. pulicaris*, L. sp. 1380).

Hampe très grêle, cylindrique ; feuilles très fines, capillaires ; fleurs en épi grêle, les mâles dressées au sommet, les femelles au-dessous, plus nombreuses ; capsules brunes, comprimées, atténuées aux deux extrémités. ♃. Croît dans les prés humides.

4. Carex a long style (*C. macrostyla*, Lap. abr. 562).

Diffère du *pulicaris* par sa taille beaucoup plus petite, par son épi dont les fleurs femelles restent dressées, et enfin par le style long et saillant hors de l'urcéole. ♃. Pyrénées. (Lap.) Est-ce une variété locale ?

II. *Épi simple, unique; 3-stigmates.*

5. Carex des Pyrénées (*C. Pyrenaica*, Willd. sp. *C. Ramondiana et Fontanesiana*, DC. fl. fr.):

Hampe grêle, triangulaire, haute de 4-10 pouces; feuilles linéaires, radicales, rigidiuscules; fleurs en épi brun, oblong, mâle au sommet, femelle à la base; capsules dressées, aiguës, atténuées aux deux extrémités. ♃. Croît dans les Pyrénées.

6. Carex des rochers (*C. rupestris*, All. ped. n. 2292).

Hampes grêles, triangulaires, hautes de 4-10 pouces; feuilles linéaires, pointues, grêles, scabriuscules; épi grêle, solitaire, mâle dans le haut, femelle dans le bas; capsules elliptiques, terminées par un bec court. ♃. Alpes du Piémont et du Dauphiné. Croît sur le Lautaret.

7. Carex leucoglochin (*C. leucoglochin*, L. f. sup. 413. *C. pauciflora*, Lightf.).

Hampe grêle, pourvue à sa base de 3-4 feuilles engaînantes, rigides, pointues; épi terminal, formé de 4-6 fleurs, dont les 2-3 supérieures mâles; capsules lancéolées, cylindriques, réfléchies. ♃. Croît dans les prés humides des Alpes. (Rare.)

III. *Plusieurs épis androgyns; 2 stigmates.*

8. Carex des sables (*C. arenaria*, L. sp. 1381).

Racines très longues, traçantes; hampe triquêtre, scabriuscule, haute de 10-15 pouces; feuilles radicales, étroites, pointues, scabriuscules; 7-8 épillets androgyns agglomérés; capsules ovales, entourées par 2 ailes membraneuses. ♃. Croît dans les sables, principalement au bord de la mer. On a employé ses longues racines, sous le nom de *salsepareille d'Allemagne*.

9. Carex distique (*C. disticha*, Huds. angl. 403. *C. multiformis*, Thuil.).

Racines rampantes, hampe triquêtre, haute de 12-18 pouces; feuilles étroites, scabriuscules; 30-40 épillets, alternes, en épi distique, les supérieurs et les inférieurs femelles, les moyens mâles; capsules pointues, marginées, bifides. ♃. Croît dans les prés humides.

10. Carex faux-choin (*C. schœnoides*, Host. gram. p. 35. t. 45).

Racine rampante; tige triquêtre, scabre, striée, haute de 8-10 pouces; feuilles glauques, scabriuscules; 3-6 épillets, alternes, ramassés en tête, munis d'une bractée courte, hispide; capsules acuminées, bifides. ♃. Habite les collines herbeuses des environs de Paris.

11. Carex vulpin (*C. vulpina*, L. sp. 1382).

Racines fibreuses, fasciculées; hampes triquêtres, à angles aigus; feuilles larges, scabres; épillets nombreux, oblongs, resserrés en panicule rameuse, munis d'une bractée membraneuse, aristée; capsules comprimées, à pointe échancrée. ♃. Très commun dans les prés humides.

12. Carex divisé (*C. divisa*, Huds. angl. p. 405. *C. schœnoides*, Thuil.).

Racine rampante, tortueuse; hampe grêle, à 3 angles; feuilles étroites, planes à la base, triangulaires au sommet; 5-6 épillets ovales, distribués sans ordre, munis de bractées; capsules un peu anguleuses, hispides sur les angles, bidentées au sommet. ♃. Croît dans les marais, surtout au bord de la mer.

13. Carex écarté (*C. divulsa*, Good. trans. l. 2. p. 160).

Racine fibreuse; hampe faible, triquêtre; feuilles étroites, un peu scabriuscules, plus longues que la hampe; 5-8 épillets, mâles au sommet, les inférieurs écartés ; capsules dressées, glabres, ovales-planes, marginées, bidentées. ♃. Bois humides. Le *carex virens*, DC. fl. fr., est une variété à épillets munis d'une longue bractée foliacée.

14. Carex rude (*C. muricata*, L. sp. 1380).

Diffère du précédent par ses épillets inférieurs rapprochés, par ses tiges plus roides, plus longues que les feuilles, et enfin par ses capsules horizontales, divergentes. ♃. Croît dans les mêmes lieux.

15. Carex fétide (*C. fœtida*, All. ped. n. 2297).

Racine grosse, rampante ; feuilles scabriuscules sur les bords, larges, planes ; hampe de 4-8 pouces ; 7-8 épillets, réunis en tête ovale, serrés ; capsules elliptiques, acuminées, bifides ; bractées ovales, mucronées. ♃. Habite les lieux humides des Hautes-Alpes. Je l'ai cueilli en Savoie.

16. Carex a longues racines (*C. chordorhiza*, L. f. supp. p. 414).

Hampes très longues, couchées inférieurement et radicantes, la partie supérieure droite, triquêtre ; feuilles planes, linéaires ; 2-4 épillets mâles au sommet, réunis en tête serrée, oblongue ; capsules ovales, pointues. ♃. Croît dans les fossés limoneux du Jura. (Rare.)

17. Carex a feuilles de jonc (*C. juncifolia*, Good. trans. l. 2. p. 152).

Hampes lisses, arrondies ; feuilles glabres, roulées en dessus, dépassant la hampe ; épillets très courts, agglomérés en une tête ovale-arrondie ; capsules ovales, demi-sphériques, pourvues d'un bec presque entier ; écailles ovales, mucronées. ♃. Habite les Hautes-Alpes. (Rare.)

18. Carex lobé (*C. lobata*, Schk. car. trad. f. 18).

Hampe grêle, striée, triquêtre, nue ; feuilles basilaires, engaînantes, linéaires, scabres, carénées ; 3

épillets alternes, oblongs, rapprochés; capsules elliptiques, nervées, acuminées. ♃. Provence, Italie.

19. Carex arrondi (*C. teretiuscula*, Good. *C. fulva*, Thuil. fl. p.).

Racine fibreuse, un peu rampante; hampe arrondie dans le bas, triangulaire dans le haut, longue de 1-2 pieds; feuilles droites, rigides; 8-10 épillets agglomérés en panicule serrée; capsules renflées, bifides, raboteuses. ♃. Croît dans les marais. (Rare.)

20. Carex paradoxe (*C. paradoxa*, Willd. acad. ber. 1794).

Racines longues, fibreuses; hampe grêle, triquêtre, haute de 1-2 pieds, scabriuscule; feuilles rigides, étroites; 7-8 épillets mâles au sommet, en panicule étroite; capsules coniques, terminées par un bec scabre, échancré. ♃. Marais spongieux. (Rare.)

21. Carex paniculé (*C. paniculata*, L. sp. 1383).

Racines articulées, rampantes; hampes nombreuses, scabres, à 3 angles aigus; feuilles longues, carénées; 25-30 épillets mâles au sommet, disposés en panicule, munis de bractées rouges; capsules agglomérées, convexes d'un côté, concaves de l'autre, terminées par 2 dents, munies d'une petite membrane denticulée. ♃. Commun dans les prés humides.

IV. *Plusieurs épis androgyns, mâles au sommet; 3 stigmates.*

22. Carex gynomane (*C. gynomane*, Bert. dec. ital. 2. p. 43).

Racines nombreuses, capillaires; hampes grêles, triquêtres, hautes de 6-10 pouces; fleurs étroites, linéaires, très grêles; 3-4 épillets sessiles, pauciflores, munis de bractées foliacées; capsules trigones, atténuées aux deux bouts, portant un sillon longitudinal. ♃. Environs de Toulon, Italie.

23. Carex courbé ( *C. curvula*, All. n. 2295).

Hampes grêles, hautes de 5-8 pouces; feuilles gazonnantes, linéaires, dures, courbées en gouttière; 5-6 épillets extrêmement rapprochés, en tête oblongue; capsules ovales-comprimées, acuminées; écailles ovales, mucronées. ♃. Habite les Hautes-Alpes. Je l'ai trouvé sur le Lautaret.

V. *Plusieurs épis androgyns, femelles au sommet; 2 stigmates.*

24. Carex faux-souchet ( *C. cyperoides*, L. suppl. 413).

Racines fibreuses; hampe triquêtre, articulée, feuillée; feuilles scabriuscules, planes, à gaîne fendue, membraneuse; épillets réunis en une tête verdâtre, munis de bractées foliacées; capsules pédicellées, lancéolées, bidentées. ♃. Croît dans la Brie. (Très rare.)

25. Carex ovale (*C. ovalis*, Good. trans. l. 2. p. 148).

Racine rampante; hampe triquêtre, presque nue; feuilles molles, planes; 6 épillets roux, ovales, un peu rapprochés, munis d'une bractée; capsules comprimées, striées, marginées, bidentées, ciliées. ♃. Commun dans les prés humides.

26. Carex des lièvres ( *C. leporina*, L. fl. lapp. *C. approximata*, DC. syn.).

Racine rampante; hampe scabriuscule au sommet, triquêtre, haute de 3-6 pouces; feuilles étroites, atteignant à peine la moitié de la hampe; 3-4 épillets sessiles, ovales, rapprochés; bractées courtes; capsules ovales, terminées en bec court. ♃. Hautes sommités des Alpes et des Pyrénées.

27. Carex brize ( *C. brizoides*, L. sp. 1381).

Racine presque rampante; hampe triquêtre; feuilles planes, étroites; 6-10 épillets petits, ramassés, un peu distiques; bractées aristées; capsules ovales, marginées, bifides au sommet. ♃. Croît dans les bois des Pyrénées. Il est indiqué à Senart, près Paris.

28. Carex de Schreber (*C. Schreberi*, Willd. sp. 4. p. 225. *C. tenella*, Thuil.).

Racines rampantes; hampes un peu triquêtres, grêles, hautes de 6-12 pouces; feuilles planes, roides, étroites; 5-6 épillets, ovales-oblongs, rapprochés; capsules ovales, bidentées. ♃. Croît parmi les gazons secs.

29. Carex court (*C. curta*, Good. *C. Richardi*, Thuil. fl. p.).

Racines rampantes; hampes lisses, triquêtres, souvent plus longues que les feuilles, qui sont étroites, pointues, scabriuscules; 5-6 épillets alternes, ovales-cylindriques, les supérieurs très rapprochés, les inférieurs écartés; capsules ovales-pointues, entières. ♃. Croît dans les prés humides.

30. Carex étoilé (*C. stellulata*, Good. *C. Leersii*, Willd.).

Racines fibreuses; hampes plus ou moins triangulaires; feuilles planes du bas, triangulaires au sommet; 3-5 épillets pauciflores, alternes, les inférieurs un peu écartés; capsules scabres, acuminées, disposées en manière d'étoile. ♃. Commun dans les prairies humides.

31. Carex espacé (*C. remota*, L. sp. 1383).

Racines fibreuses; hampes un peu triquêtres; feuilles molles; 6-8 épillets solitaires, les supérieurs sans bractées, les inférieurs à longues bractées; capsules pointues, à peine bifides, un peu comprimées. ♃. Prés humides.

32. Carex allongé (*C. elongata*, L. sp. 1383).

Hampes triquêtres, scabriuscules; feuilles gazonnantes, droites, à peu près de la longueur des hampes; 6-12 épillets roux, oblongs, sessiles, munis de bractées ovales; capsules divergentes, ovales-acuminées, nervées, doubles des écailles. ♃. Bois humides. Le *carex guebhardi*, Schl., paraît être une variété alpine de cette espèce.

33. Carex bicolore (*C. bicolor*, DC. synops. 1724ᵃ).

Hampes dressées, grêles; feuilles étroites, allongées; 3 épillets dressés, pédonculés, terminaux; capsules obovales, obtuses; écailles ovales, obtuses. ♃! Alpes du Dauphiné, du Piémont. (Rare.)

VI. *Plusieurs épis androgyns, femelles au sommet; 3 stigmates.*

34. Carex noir (*C. atrata*, L. sp. 1386).

Hampe triangulaire, lisse, haute de 1-2 pieds; nue supérieurement; feuilles graminées; 3-5 épillets très noirs, pédonculés, rapprochés; épillets penchés à la maturité; capsules arrondies-ovales, terminées par un bec court, bidenté. ♃. Hautes-Alpes. Je l'ai trouvé sur le Lautaret.

35. Carex à petites fleurs (*C. parviflora*, Host. gram. 1. p. 64).

Hampe triquêtre, de 4-6 pouces; feuilles linéaires, moitié moins longues que la hampe; épillets très noirs, petits, rapprochés en tête; bractée inférieure dépassant l'épi; capsules elliptiques, terminées par un bec court et entier. ♃. Alpes. (Très rare.)

VII. *Plusieurs épis unisexuels; 2 stigmates.*

36. Carex mucroné (*C. mucronata*, All. ped. n. 2318).

Racines fibreuses; hampe grêle, haute de 6-10 pouces; feuilles fines, grêles, plus courtes que la hampe; 2-3 épillets, dont le supérieur mâle, les inférieurs femelles, munis d'une longue bractée; capsules ovales-oblongues, amincies au sommet, dentelées sur les bords. ♃. Pâturages des hautes montagnes. (Très rare.)

37. Carex gazonnant (*C. cæspitosa*, L. sp. 1388).

Racine rampante, entortillée; hampe à 3 angles très aigus; feuilles molles, longues; 1-2 épillets mâles, dépourvus de bractées; 2-3 épillets femelles, sessiles, rapprochés; bractées foliacées; écailles noires, obtuses; capsules imbriquées, hémisphériques, nervées, percées d'un petit trou au sommet. ♃. Croît dans les lieux ombragés.

38. Carex roide (*C. stricta*, Good. *C. acuta*, Leers).

Racine rampante; hampe scabre, triangulaire; feuilles roides, à gaînes se déchirant en réseau; 1-2 épis mâles, pointus, noirâtres; 2-3 épis femelles, cylindriques, écartés, le plus inférieur pédonculé; bractées foliacées; écailles noires, lancéolées; capsules nervées, ovales, terminées par une petite pointe caduque, qui laisse un petit trou. ♃. Commun dans les fossés aquatiques.

39. Carex grêle (*C. gracilis*, Curt. fl. lond. 4. t. 62. *C. acuta*, Good. *C. virens*, Thuil.).

Racines rampantes; hampe scabre, triquêtre, haute de 1-3 pieds; feuilles denticulées; 2-3 épis mâles, cylindriques; 2-4 épis femelles, grêles, penchés, munis d'une bractée foliacée; capsules oblongues, à bec très court, percé au sommet d'un petit trou; écailles aiguës. ♃. Très commun dans les marais.

40. Carex a trois nervures (*C. trinervis*, Lois. fl. gall. 731).

Racines fibreuses; hampe lisse, triquêtre, striée, haute de 3-4 pouces; feuilles roides, glauques, carénées; 1-2 épis mâles, terminaux; 3-4 épis femelles au-dessous, quelquefois androgyns; capsules glabres, elliptiques, trinervées; écailles rousses, oblongues. ♃. Bord de l'Océan. (Rare.) Le *carex echinata*, Desf. atl., qui a les capsules hispides et les écailles aristées, est indiqué aux environs de Paris.

VIII. *Plusieurs épis unisexuels ; 3 stigmates ; capsules velues.*

41. CAREX PRÉCOCE (*C. præcox*, JACQ. aust. t. 446).

Racine rampante, stolonifère ; hampe faible, nue, triquêtre, haute de 3-8 pouces ; feuilles grêles, scabres, gazonnantes, recourbées ; 1 seul épi mâle terminal, ainsi que dans les suivans ; 3-4 épis femelles, rapprochés, oblongs, presque sessiles ; bractées munies d'une gaîne dilatée ; écailles femelles, mucronées ; capsules agglomérées, pyriformes. ♃. Lieux secs, sablonneux. Le carex des ombrages, *carex umbrosa*, DC., ne se trouve point en France. Il est commun en Italie.

42. CAREX COTONNEUX (*C. tomentosa*, L. mant. 123. *C. filiformis*, THUIL.).

Racine rampante ; hampes grêles, triquêtres, lisses ; feuilles étroites, courtes ; épi mâle, jaunâtre, lancéolé ; 2-3 épis femelles, obtus, presque sessiles ; bractées embrassantes, foliacées ; capsules arrondies, tomenteuses, terminées par un petit bec à peine divisé. ♃. Croît çà et là dans les prés.

43. CAREX DES MONTAGNES (*C. montana*, L. sp. 2315).

Racine rampante ; hampe nue, triquêtre-arrondie ; feuilles courtes ; épi mâle, terminal ; 2 épis femelles, elliptiques, géminés, rapprochés ; capsules oblongues, à bec très court, pubescentes ; écailles ovales, plus courtes que les capsules. ♃. Bois des montagnes. (Rare.)

44. CAREX PILULIFÈRE (*C. pilulifera*, L. sp. 1385).

Racine fibreuse ; hampe triquêtre, nue ; feuilles scabres, gazonnantes ; épi mâle, linéaire ; 3 épis femelles, globuleux, sessiles, rapprochés ; bractées foliacées ; capsules garnies de poils très courts, arrondis, à bec court, plus courtes que les écailles. ♃. Assez commun dans les bois ombragés.

45. Carex des bruyères ( *C. ericetorum*, Poll. pal. n. 886 ).

Racines rampantes ; hampe arrondie, garnie de gaînes rougeâtres, haute de 6-12 pouces ; feuilles étroites, scabriuscules ; épi mâle, ovoïde, 2 épis femelles rapprochés du mâle, 1 autre éloigné, sessile, presque globuleux ; bractées foliacées ; capsules arrondies, obovales, plus longues que les écailles, qui sont noires et obtuses. ♃. Alpes. Se retrouve à Fontainebleau. (Rare.)

46. Carex bas ( *C. humilis*, Leyss. fl. hall. n. 952 ).

Racines demi-rampantes ; hampes arrondies, hautes de 1-2 pouces ; feuilles roulées, denticulées, plusieurs fois plus longues que la tige ; épi mâle, cylindrique, 2-3 épis femelles, grêles, dont un seulement rapproché du mâle ; bractées scarieuses, engaînantes ; capsules ovales, obtuses, hérissées. ♃. Habite çà et là sur les collines arides.

47. Carex gynobase ( *C. gynobasis*, Vill. *C. rhizantha*, Gm. syst. ).

Racines fibreuses ; hampe grêle, striée, haute de 1-3 pouces ; feuilles linéaires, courbées, scabriuscules au sommet ; épi mâle, cylindrique, 2 épis femelles, dont un sessile, rapproché du mâle, et l'autre très éloigné et longuement pédonculé ; capsules à peine pubescentes. ♃. Montagnes du Midi.

48. Carex digité ( *C. digitata*, L. sp. 1384 ).

Racine fibreuse ; hampes nues, grêles, comprimées, hautes de 6-10 pouces ; feuilles courtes, à gaîne rougeâtre ; épi mâle, à écailles rouges ; épis femelles, grêles, l'un d'eux dépassant le mâle ; tous imitant, par leur disposition, les pieds d'un oiseau ; capsules trigones, à bec court ; écailles obovales, plus courtes que les capsules. ♃. Le *carex ornithopoda*, Willd., est une variété plus petite. Le *carex pedata*, L., en est voisin. Croît sur les collines et dans les bois des montagnes.

49. Carex redressé (*C. erecta*, DC. *C. Mielichoferi*, Willd.).

Hampe triquêtre; feuilles grêles; épi mâle, terminal; 3 épis femelles, pédicellés, filiformes, éloignés, redressés; capsules trigones, renflées, hérissées de poils courts, terminés par un bec bidenté; écailles ovales, un peu mucronées, plus longues que la capsule. ♃. Alpes, Pyrénées.

50. Carex brun (*C. spadicea*, Schk. car. trad. n. 75).

Diffère de l'*erecta* par ses épis femelles, étalés, et surtout par ses capsules acérées, allongées, trigones, garnis de petits poils courts et rares. ♃. Alpes.

51. Carex a fruit rude (*C. hispidula*, Gaud. agr. helv. 2. p. 136).

Hampe grêle, de 4-8 pouces, triquêtre, scabre vers le haut; feuilles étroites, scabriuscules, épi mâle, cylindrique; 2-3 épis femelles, grêles, presque sessiles; bractées foliacées; capsules trigones, à bec scarieux, bifide; écailles ferrugineuses, plus courtes que les capsules. ♃. Hautes-Alpes du Dauphiné, de la Savoie et de la Suisse. (Rare.)

52. Carex filiforme (*C. filiformis*, L. sp. 1355).

Hampe grêle, arrondie, haute de 2-3 pieds; feuilles longues, filiformes, aussi hautes que la hampe; 2-3 épis mâles éloignés, les inférieurs grêles; 1-2 épis femelles, arrondis, sessiles, éloignés; capsules elliptiques, laineuses, bifurquées, aussi longues que les écailles, qui sont lancéolées, aristées. ♃. Habite les Alpes. Se retrouve aux environs de Paris. (Rare.)

53. Carex glauque (*C. glauca*, Scop. *Carex recurva*, Good.).

Racine rampante; hampe de 1-2 pieds; feuilles rudes, glauques, planes; 2 épis mâles, terminaux, dont l'un est presque sessile ; 2-3 épis femelles, cylindriques, pédonculés, pendans, noirâtres ; capsules un peu rudes, elliptiques, obtuses ; écailles ovales, mucronées. ♃. Commun dans les prairies un peu humides.

54. Carex hérissé (*C. hirta*, L. sp. 1389).

Racines longues, rampantes ; hampe un peu triquêtre, haute de 1-2 pieds ; feuilles radicales, lisses, les florales velues ; 2-3 épis mâles, inégaux ; 2-3 épis femelles, écartés, pédonculés ; écailles des épis mâles, velues ; capsules hérissées de poils, oblongues-acuminées, terminées par une pointe fourchue. ♃. Commun dans les sables et les prés humides.

IX. *Plusieurs épis unisexuels ; 3 stigmates ; capsules glabres ou un peu pubescentes sur les angles.*

* *Épi mâle, solitaire.*

55. Carex jaune (*C. flava*, L. sp. 1384. var. *Carex serotina*, Mér.).

Racine fibreuse ; hampe lisse, haute de 2-10 pouces ; feuilles planes ; épi mâle, cylindrique, jaune ; 2-3 épis femelles, elliptiques, dont l'inférieur pédonculé ; capsules jaunes, ovales, réfléchies, terminées par un bec crochu, bidenté. ♃. Marais ombragés.

56. Carex étendu (*C. extensa*, Schk. car. n. 61. *C. flava*, var. Huds.).

Hampe lisse, anguleuse ; feuilles carénées ; épi mâle, obtus ; 3-4 épis femelles, ovoïdes, presque sessiles ; bractées très longues, engaînantes ; capsules dressées, elliptiques, nervées, terminées aux deux bouts par une pointe bifide ; écailles mucronées. ♃. Lieux montueux et humides, bords de la mer.

57. Carex noirci (*C. nigra*, All. ped. n. 2310).

Hampe triquêtre, haute de 6-12 pouces ; feuilles carénées ; fleurs très noires ; épi mâle, terminal ; 2 épis femelles, presque sessiles, très rapprochés, ovales ;

capsules ovales-oblongues, comprimées, aussi longues que les écailles. ♃. Hautes sommités des Alpes. Le *carex firma*, Host., ne croît point en France.

58. Carex de Bastard (*C. Bastardiana*, DC. *Carex alba*, Bast. ess.).

Hampes grêles, scabriuscules, hautes de 5-10 pouces; feuilles gazonnantes, scabres, planes; épi mâle, terminal; 2 épis femelles, pauciflores, sessiles, ovales, agglomérées avec le mâle; bractée foliacée; écailles lancéolées, acérées; capsules ovales, triangulaires, velues sur les angles. ♃. Découvert en Anjou par M. Bastard.

59. Carex luisant (*C. nitida*, DC. *C. alpestris*, Lam.)

Hampe courte, nue, grêle; feuilles roides, plusieurs fois plus courtes que la hampe; épi mâle, terminal; 3 épis femelles, éloignés, l'inférieur pédonculé; capsules glabres, lancéolées, bidentées; écailles aussi longues que les capsules. ♃. Montagnes arides.

60. Carex a épis courts (*C. brachystachys*, Schranck. DC.).

Hampe courte, grêle; feuilles capillaires, roulées en dessus, allongées; épi mâle terminal; 4 épis femelles, allongés, courts, filiformes, les inférieurs pédicellés; capsules glabres, lancéolées, bidentées; écailles oblongues, mucronées, plus courtes que la capsule. ♃. Alpes. (Très rare.)

61. Carex poilu (*C. pilosa*, All. ped. n° 2323).

Racine rampante, stolonifère; hampe de 1-2 pieds; feuilles larges, dentées, ciliées, velues sur les nervures; épi mâle, gros, rougeâtre; 2-3 épis femelles, grêles, pauciflores, mâles au sommet; bractée engaînante, foliacée, plus courte que l'épi; capsules ovales, terminées en bec bidenté. ♃. Environs de Paris. (Très rare.) Pyrénées.

62. CAREX FERRUGINEUX (*C. ferruginea*, SCHK. car. trad. n° 77).

Très variable; hampe grêle, dressée; feuilles planes, scabriuscules; fleurs ferrugineuses; épi mâle, oblong, pointu; 2-3 épis femelles, linéaires, écartés; capsules oblongues, comprimées, toujours à angles ciliés, plus longues que les écailles, terminées par un bec membraneux, bidenté. ♃. Commun dans les hautes montagnes.

63. CAREX DES FRIMAS (*C. frigida*, ALL. ped. n° 2334).

Hampe de 10-18 pouces, scabriuscule au sommet; feuilles planes, scabres; épi mâle, brun, grêle, obtus; 3 épis femelles, longuement pédicellés, noirâtres inférieurement; capsules noires, lancéolées, trigones, à angles ciliés, terminées par un bec bidenté. ♃. Hautes sommités des Alpes et des Pyrénées.

64. CAREX BLANC (*C. alba*, SCOP. carn. 1148).

Hampes grêles, hautes de 6-10 pouces; feuilles grêles, filiformes, presque cylindriques; fleurs blanches, à écailles argentées; épi mâle, sessile, 2-3 épis femelles, pauciflores, pédonculés; capsules obovales, globuleuses, sillonnées, tronquées, terminées par un bec; bractées membraneuses, engaînantes. ♃. Bois des Alpes. J'ai trouvé cette belle espèce au bourg d'Oysans.

65. CAREX APPAUVRI (*C. depauperata*, GOOD. trans. I. p. 181).

Racines fibreuses; hampes grêles, feuillées, articulées, hautes de 10-18 pouces; feuilles aiguës, scabres, les inférieures à gaîne rouge très longue; épi mâle, blanchâtre, filiforme; 3-4 épis femelles, pauciflores, à pédoncules longs; bractée engaînante, foliacée; capsules grosses, peu nombreuses, ventrues, triangulaires, bidentées, à bec membraneux. ♃. Ce beau carex est assez commun aux environs de Paris et en Poitou.

66. Carex de Micheli (*C. Michelii*, Willd. sp. 4. p. 277).

Peut-être une variété du précédent; il s'en distingue par sa tige moins grande, ses feuilles plus courtes, par l'épi mâle, ovoïde, accompagné seulement de deux épis femelles, et par les bractées courtes, grêles. ♃. Environs de Paris. (Rare.)

67. Carex à col court (*C. brevicollis*, DC. suppl. 1752c.).

Hampe presque nue, lisse, haute de 8-12 pouces; feuilles planes, atteignant seulement la moitié de la hampe; épi mâle, oblong, roussâtre; 1-3 épis femelles, pédonculés; bractées à gaînes longues; capsules grosses, ovoïdes, à bec très court; écailles rousses, luisantes, un peu aristées. ♃. Environs de Belley. (DC.) Languedoc. (Rare.)

68. Carex capillaire (*C. capillaris*, L. sp. 1386).

Racine fibreuse; hampe grêle, triquêtre, haute de 2-4 pouces; feuilles courtes, très grêles; épi mâle, blanchâtre, grêle; 2-3 épis femelles, pauciflores, à pédicelles longs, grêles, pendans à la maturité; capsules elliptiques, éloignées, terminées en bec; écailles ovales, plus courtes que les capsules. ♃. Hautes Alpes.

69. Carex très grand (*C. maxima*, Scop. carn. 2. n° 1166).

Tiges fortes, triquêtres, hautes de 3-5 pieds; feuilles très larges, engaînantes, épaisses; très longues, rudes sur les bords; épi mâle, allongé, blanchâtre; 5-6 épis femelles, très longs (surtout l'inférieur), très grêles; capsules un peu renflées, terminées par une pointe courte. ♃. Croît dans les bois ombragés.

70. Carex maigre (*C. strigosa*, Good. trans. l. sp. 169).

Tige triquêtre, haute de 10-18 pouces; feuilles scabres, planes; épi mâle, grêle, pointu; 2-4 épis femelles, alternes, grêles, pédicellés, pendans à la maturité; bractées aussi longues que l'épi; capsules oblongues-lancéolées, nerveuses, tronquées obliquement au sommet. ♃. Croît dans les bois en Alsace. (Rare.)

71. Carex fauve (*C. fulva*, Good. tr. l. 2. p. 177).

Racines rampantes; hampe triquêtre, haute de 8-12 pouces; feuilles planes, à gaîne fendue; épi mâle terminal; 2-5 épis femelles, éloignés, globuleux, sessiles; bractées foliacées; capsules ovales-elliptiques, terminées par un bec bifide, plus longues que les écailles, qui sont ovales. ♃. Habite çà et là dans les prés humides. (Très rare.)

72. Carex a deux nervures (*C. binervis*, Smith. fl. brit.).

Hampe triquêtre, haute de 2-3 pieds; feuilles planes, carénées, scabres; épi mâle, atténué; 3-5 épis femelles, dont les deux inférieurs ont le pédoncule engaîné; bractées allongées, foliacées, à gaînes munies d'une languette; capsules à deux nervures plus longues que les écailles, terminées par une pointe bifide. ♃. Prés humides.

73. Carex distant (*C. distans*, L. sp. 1387).

Racines fibreuses; hampe lisse, haute de 1-2 pieds; feuilles scabriuscules; épi mâle, lancéolé; 3 épis femelles, ovales, éloignés, celui du haut sessile; bractées foliacées, munies d'une languette; capsules ovales-acuminées, bifides; écailles rousses, mucronées. ♃. Prés humides.

74. Carex a deux languettes (*C. biligularis*, DC. cat. monsp. 88).

Ressemble aux deux précédens, dont il se distingue parce que le sommet des gaînes forme deux languettes scarieuses, courtes, roussâtres, et par les épis femelles inférieurs penchés, longuement pédicellés. ♃. Croît en Anjou. (Bast.) Au Mans. (Desf.)

75. Carex des tourbières (*C. limosa*, L. sp. 1386).

Racine stolonifère, rampante; hampe un peu trigone, rude, haute de 6-10 pouces; feuilles étroites; épi mâle, lancéolé; 1-2 épis femelles, pédonculés, penchés; bractées foliacées, membraneuses; capsules elliptiques, comprimées, à bec très court, aussi longues que les écailles, qui sont ovales, mucronées. ♃. Marais tourbeux. (Rare.)

76. Carex pale (*C. palescens*, L. sp. 1386).

Racine fibreuse; hampe de 10-15 pouces, triquêtre, scabre; feuilles pubescentes, surtout à la base; épi mâle, d'un jaune pâle; 2-3 épis femelles, obtus, rapprochés, pédonculés, penchés; bractées foliacées; capsules obtuses, obovales; écailles pointues, aussi longues que les capsules. ♃. Prés humides.

77. Carex panic (*C. panicea*, L. sp. 1337).

Racine rampante; hampe nue, trigone, lisse; feuilles glauques, carénées; épi mâle, pédonculé; 2-3 épis femelles, un peu éloignés, dont le supérieur engaîné; capsules alternes, renflées, ovales-obtuses, percées d'un petit trou au sommet; écailles plus courtes que les capsules. ♃. Prairies marécageuses.

78. Carex drymeja (*C. drymeja*, L. suppl. 414. *C. patula*, DC. fl. fr.)

Hampe flasque, feuillée, triquêtre, haute de 2-3 pieds; feuilles planes, scabriuscules; épi mâle, filiforme; 3-5 épis femelles, grêles, allongés, pendans, à pédoncules engaînés; bractées foliacées; capsules ovales, à bec bifide, de la longueur des écailles, qui sont ovales, membraneuses, mucronées. ♃. Commun dans les bois humides.

79. Carex a feuilles de souchet (*C. pseudo-cyperus*, L. sp. 1387).

Racines fibreuses; tiges droites, à 3 angles rudes, aigus; feuilles larges, rudes, réticulées, veinées, plus longues que la tige, les florales très longues; épi mâle, d'un roux gris; 3-5 épis femelles, axillaires, rapprochés, pédonculés, pendans; bractée embrassante; capsules rapprochées, sillonnées, terminées par un bec bifide; écailles sétacées, hispides. ♃. Cette grande et belle espèce habite au bord des fossés.

** *2 épis mâles au moins.*

80. Carex épi d'orge (*C. hordeistichos*, Vill. dauph. 2. p. 221).

Racines fibreuses; hampe noueuse, flexueuse, rude, triangulaire, haute de 6-10 pouces; feuilles planes, denticulées, velues, hispides; 2-3 épis mâles, grêles; 3-4 épis femelles, très éloignés, imitant un épi d'orge; capsules jaunes, ovales, comprimées, bidentées, ciliées et denticulées sur les angles. ♃. Cette belle espèce croît à Bondy et Saint-Gratien, près Paris : elle se trouve aussi en Dauphiné.

81. Carex en vessie (*C. vesicaria*, Good. trans. l. 2. p. 205).

Racines rampantes, articulées; hampe triquêtre, à angles aigus, roide, haute de 2-3 pieds; feuilles longues, planes; 2-3 épis mâles, linéaires-lancéolés; 2-4 épis femelles, axillaires, cylindriques, pédonculés; capsules renflées, coniques, nervées, à bec court, bifides; écailles aiguës, plus longues que les capsules. ♃. Croît dans les marais.

82. Carex ampoulé (*C. ampullacea*, Good. *C. longifolia*, Thuil.).

Racines rampantes; hampe fistuleuse, glabre, anguleuse, haute de 1-2 pieds; feuilles longues, glauques, carénées; 2 épis mâles, pointus; 2 épis femelles, longs, cylindriques, dressés; capsules renflées, globuleuses, terminées par un bec fourchu ; écailles lancéolées, plus courtes que les capsules. ♃. Croît dans les marais.

83. Carex des marais (*C. paludosa*, Good: trans. l. 2. p. 202).

Racines stolonifères, rampantes; hampe de 2-4 pieds, triquètre; feuilles radicales se déchirant en leurs gaînes en petits filamens réticulés, les supérieures longues, embrassantes; 1-5 épis mâles; 3 épis femelles, sessiles ou pédonculés, oblongs; capsules ovales-oblongues, nervées, bidentées, aussi longues que les écailles, qui sont aristées, lancéolées. ♃. Commun dans les marais.

84. Carex de Koch (*C. Kochiana*, DC. *C. rivularis*, Koch).

Diffère du *paludosa* parce qu'il n'a jamais que deux épis mâles à écailles très acérées, par ses épis femelles à écailles acérées, dentées au sommet, et par ses capsules lancéolées. ♃. Croît en Alsace; se retrouve dans la Lozère.

85. Carex des rives (*C. riparia*, Curt. *C. crassa*, Hort.).

Racines rampantes; hampes grosses, hautes de 3-4 pieds, scabres, triquètres; feuilles larges, très tranchantes sur les bords, les inférieures à gaînes très longues, striées en réseau; 1-4 épis mâles, roussâtres, pointus; 3-4 épis femelles, axillaires, dressés, les inférieurs pédonculés; capsules ventrues, coniques, nervées, à bec petit, bifurqué; écailles aristées. ♃. Commun au bord des rivières et des étangs.

## FAMILLE 107. GRAMINÉES (*Gramineæ*, Juss.).

Fleurs hermaphrodites ou monoïques, en épis ou en panicules, formées d'écailles foliacées ou membraneuses, disposées sur un ou plusieurs rangs. L'écaille extérieure a été appelée *glume*, *lépicène* ou *calice*; ordinairement elle est partagée en 2 valves opposées, renfermant une ou plusieurs fleurs, ce qui constitue un épillet. L'écaille intérieure est souvent aussi bivalve; elle a été appelée *balle* ou *corolle*. Les valves de la glume et la balle sont appelées *paillettes*, et la pointe roide qui les surmonte quelquefois, a reçu le nom de *barbe* ou d'*arête*. Ordinairement 3 étamines à anthères fourchues au sommet; ovaire simple, libre, souvent entouré par une espèce de nectaire (*glumellule* ou *lodicule*). Le fruit est un cariopse; embryon petit; périsperme farineux. Plantes herbacées, à tiges fistuleuses, entrecoupées de nœuds d'où part une feuille engaînante, longue, rubanée.

Palisot de Beauvois, dans son *Essai d'une nouvelle Agrostologie*, a considérablement augmenté les genres de cette famille; mais comme ils ne sont point adoptés par la plupart des botanistes, nous nous en tiendrons à peu près aux divisions indiquées par M. De Candolle. M. Kunth partage les Graminées en dix tribus, qui, quoique sans doute fort bien établies, ne peuvent guère être admises que dans un *species* général. M. Raspail s'occupe aussi, depuis plusieurs années, d'un nouveau travail sur cette famille : nous regrettons beaucoup qu'il ne soit point encore publié; car probablement nous eussions pu profiter des observations de ce savant, qui se livre d'une manière particulière à l'étude des Graminées de France.

### † Fleurs mâles et femelles placées dans des épillets distincts.

### Genre MAÏS (*Zea*, LINNÉ).

Fleurs monoïques; *fleurs mâles* paniculées, terminales, à glumes biflores; *fleurs femelles* en gros épis axillaires recouverts de gaînes foliacées; stigmates très longs; graines arrondies, lisses, disposées par séries. On cultive partout le *blé de Turquie*, *zea maïs*, L. Cette grande graminée est originaire de l'Amérique équinoxiale.

### Genre HOUQUE (*Holcus*, Linné).

Epillets biflores; les uns *mâles*, membraneux et sans arête; les autres *hermaphrodites*, coriaces, aristés; fleurs paniculées. On cultive dans le Midi, la houque d'Alep, *holcus Alepensis*, et le sorgho, *holcus sorgho*. Ce sont de grandes graminées à grosses tiges, originaires de l'Orient.

### Genre ANDROPOGON (*Andropogon*, Linné).

Epillets uniflores; les uns *mâles*, pédicellés et dépourvus d'arêtes; les autres *hermaphrodites*, sessiles, aristés; glume poilue en dehors; fleurs paniculées ou en épis digités.

*Espèce* 1. Andropogon grillon (*Andropogon gryllus*, L. sp. 1480).

Chaume de 2-3 pieds, garni de feuilles étroites, un peu velues; fleurs en panicule lâche; épillets composés de 3 fleurs, munies de poils jaunes à leur base; l'intermédiaire est hermaphrodite et porte 2 arêtes. ♃. Croît dans les provinces méridionales.

2. Andropogon pied de poule (*A. ischæmon*, L. sp. 1483).

Racine rampante, chaume à articulations rougeâtres; fleurs paniculées, à 6-10 épis digités; pédicelles velus; épillets composés de 2 fleurs, dont l'une hermaphrodite et à une seule arête. ♃. Croît dans les lieux secs, surtout dans le Midi.

3. Andropogon double épi (*A. distachyon*, L. sp. 1481).

Chaume de 2-3 pieds, muni de feuilles étroites; 2 épis grêles terminaux; pédicelles velus; fleurs géminées, l'une sessile, hermaphrodite, l'autre mâle, pédicellée, légèrement aristée. ♃. Montagnes de la Provence et de l'Auvergne. Il est commun dans l'Oysans.

4. Andropogon hérissé (*A. hirtum*, L. sp. 1482).

Peut-être une variété du précédent; il n'en diffère guère que par ses épis plus courts, à glumes très velues, tandis qu'elles sont glabres dans l'autre. ♃. Départemens méridionaux. L'*andropogon contortum*, Allion., qui a l'épi solitaire comprimé, ne se trouve qu'en Italie et en Piémont.

5. Andropogon de Provence (*A. Provinciale*, Lam. D. 1. p. 376).

Chaume de 3-4 pieds, garni de feuilles scabres, à gaîne poilue à l'entrée; 4-5 épis digités, redressés; pédicelles velus; fleurs géminées, l'une sessile, hermaphrodite, aristée; glumes verdâtres. ♃. Provence. (Rare.)

†† Epillets sessiles sur un axe commun.

Genre FROMENT (*Triticum*, Linné).

Rachis denté; épillets sessiles dans chaque dent du rachis; glume bivalve, multiflore; balle bivalve.

*Espèce* 1. Froment cultivé (*Triticum sativum*, Lam. *Trit. hybernum* et *æstivum*, L.).

Cette plante précieuse est cultivée partout. Il y en a un très grand nombre de variétés, que l'on peut rapporter à 4 races. La première comprend toutes celles qui ont l'épi glabre et sans arêtes; la seconde, celles qui ont l'épi glabre et aristé; la troisième, celles qui ont l'épi velu et sans arêtes; enfin, la quatrième, celles qui ont l'épi velu et aristé.

On cultive encore, sous le nom de *blé d'Egypte*, le *triticum compositum*, L. f.

L'*épeautre* (*triticum spelta*, L.), est cultivé dans quelques parties du Midi, ainsi que le *blé locular*, (*triticum monococcum*, L.).

2. Froment rampant (*T. repens*, L. sp. 118).

Racines nombreuses, longues, articulées; chaume de 2-3 pieds; épi simple, roide; épillets renfermant

3-8 fleurs aiguës, dépourvues d'arête. ♃. Trop commun dans les lieux cultivés. Sa racine, appelée *chiendent*, est très employée.

3. Froment glauque (*T. glaucum*, DC. Desf.).

Racines un peu rampantes; chaume muni de feuilles planes, glauques; épi interrompu, à épillets alternes; axe scabre; glumes inégales, obtuses, à 7 nervures; fleurs fertiles, aristées. ♃. Croît en France.

4. Froment a feuilles de jonc (*T. junceum*, L. sp. 128).

Diffère du précédent par ses feuilles à bords roulés, et par ses glumes à valves tronquées et obtuses au sommet, à 9 nervures. ♃. Départemens méridionaux.

5. Froment roide (*T. rigidum*, Schr. fl. g. t. p. 392).

Racines un peu rampantes; chaume de 1-2 pieds, muni de feuilles un peu roulées en dessus; épillets alternes, très rapprochés dans le haut; fleurs sans arêtes; glumes obtuses, inégales, à 5-7 nervures. ♃. Alsace, environs de Paris.

6. Froment pointu (*T. acutum*, DC. cat. h. m. 153).

Racines rampantes; chaume de 1-2 pieds, muni de feuilles roides, roulées sur leurs bords, piquantes au sommet; épillets alternes; rachis lisse; glumes aiguës, marquées de 5-7 nervures. ♃. Languedoc, Bretagne. Est-il bien distinct du *junceum*?

7. Froment piquant (*T. pungens*, Lois. not. 29).

Racines rampantes; chaume de 1-3 pieds, garni de feuilles roulées au sommet, pointues, un peu piquantes; rachis scabre; épillets alternes; glumes à valves pointues, égales, à 5-7 nervures; point d'arêtes. ♃. Anjou, Poitou, Bretagne, Provence.

8. Froment canin (*T. caninum*, Schreib. *Elym. caninus*, L. sp. 124).

Racines fibreuses, non rampantes; chaume de 2-3

pieds; feuilles glabres, planes, scabriuscules sur les bords; épi long, à épillets alternes; glumes à valves, à 5 nervures et à arête courte; balles surmontées d'arêtes longues, soyeuses. ♃. Commun dans les buissons. Cette espèce et les six précédentes font partie du genre *Agropyrum*, P. DE BEAUV.

9. FROMENT PENNÉ (*T. pinnatum*, MOENCH. *Bromus pinnatus*, L. sp. 115).

Racines fibreuses; chaume de 2-3 pieds, à articulations velues; feuilles scabres, pointues, glauques; épillets sur 2 rangs opposés, presque sessiles, contenant 9-12 fleurs cylindriques, pubescentes, aristées. ♃. Croît dans les bois et les buissons. Le *triticum gracile*, L., est une variété à épillets glabres, recourbés. Cette espèce et les suivantes sont du genre *Brachypodium*, P. DE BEAUV.

10. FROMENT DES BOIS (*T. sylvaticum*, MOENCH. *Bromus sylvaticus*, LAM.).

Racines fibreuses; chaume grêle, de 2-3 pieds; feuilles longues, velues, molles; épillets alternes, sessiles, velus, très aigus; glume contenant 10-12 fleurs; arêtes longues, dressées. ♃. Commun dans les bois et les buissons.

11. FROMENT CILIÉ (*T. ciliatum*, DC. *Bromus distachyos*, L. sp. 115).

Chaume de 12-15 pouces, à articulations coudées, pubescentes; feuilles velues; glume inégale; valve interne, des balles ciliées; arêtes longues, droites. ⊙. Lieux montueux du Midi, environs de Paris.

12. FROMENT A FEUILLES DE DATTIER (*T. phœnicoides*, L. mant. 33).

Racines rampantes; chaumes garnis de feuilles glauques, roulées, piquantes; épillets peu nombreux ou solitaires; valve interne des balles ciliée; arête courte. ♃. Bord de la Méditerranée.

13. Froment gazonnant (*T. cæspitosum*, DC. *Festuca cæspitosa*, Desf.).

Diffère du *phœnicoides* par ses chaumes rameux à leur base, par ses feuilles plus menues et étalées, et par ses épillets, qui sont alternes, contenant seulement 6-12 fleurs. ♃. Commun dans le Midi.

14. Froment poa (*T. poa*, DC. *T. tenellum*, L. sp. 127).

Chaumes filiformes, hauts de 6-12 pouces; feuilles courtes, très fines; épi grêle, à épillets alternes, espacés, contenant 3-5 petites fleurs; valves de la glume et de la balle un peu obtuses; point d'arêtes. ⊙. Croît çà et là dans le Midi et le centre de la France.

15. Froment rottbolle (*T. rottbolla*, DC. *T. unilaterale*, Vill., Vivian.).

Chaumes rameux à la base, hauts de 3-6 pouces; feuilles glabres, pointues; épi formé de 8-10 épillets alternes, obtus, rapprochés, contenant 5-10 fleurs; point d'arêtes; rachis flexueux. ⊙. Bords de la Méditerranée et de l'Océan, jusqu'en Bretagne.

16. Froment unilatéral (*T. unilaterale*, L. mant. 35).

Facies du *triticum poa*, dont il est certainement distinct par ses épillets unilatéraux, par sa surface pubescente, et par ses glumes très pointues; point d'arêtes. ⊙. France méridionale.

17. Froment festuque (*T. festuca*, DC. *T. unilaterale*, Lam. D. 2. p. 561).

Chaume de 1-2 pieds, à articulations rougeâtres; feuilles étroites; épi long, à épillets distans, droits, lancéolés, presque toujours unilatéraux; glumes striées; point d'arêtes. ⊙. Croît dans le Maine, l'Anjou, la Touraine. Peut-être une variété du *triticum poa*.

18. Froment délicat (*T. tenuiculum*, Lois. *T. festucoides*, Bertol.).

Chaume grêle, haut de 4-8 pouces, à articulations rouges; feuilles fines; épis à 6-10 épillets, sessiles, alternes; valves de la glume inégales, obtuses, renfermant 6-7 fleurs, surmontées par une très petite arête. ⊙. Habite l'Anjou et la Bretagne. (Rare.)

19. Froment nard (*T. nardus*, DC. *T. Hispanicum*, Willd.).

Chaume grêle, haut de 4-10 pouces; feuilles capillaires; épi long, linéaire, à épillets unilatéraux, renfermant 3-4 fleurs, surmontées d'une arête longue; valves des glumes inégales, pointues. ⊙. France méridionale : environs de Paris, etc. Je ne crois pas que l'on ait encore trouvé en France le *triticum genuense* : il est assez commun en Italie.

Genre IVRAIE (*Lolium*, Linné).

Epillets solitaires sur chaque dent du rachis, présentant un de leurs côtés à ce rachis; glume bivalve, multiflore; balle à deux valves, dont l'interne est bidentée.

*Espèce* 1. Ivraie vivace (*Lolium perenne*, L. sp. 122).

Chaumes grêles, de 10-18 pouces; feuilles étroites; épi long, filiforme, à épillets glabres, alternes, comprimés, contenant 6-10 fleurs mutiques. ♃. Très commun au bord des chemins et dans les pâturages gras.

2. Ivraie menue (*L. tenue*, L. sp. 122).

Se distingue de la précédente par ses chaumes plus grêles, et surtout par ses épillets, qui ne sont composés que de 2-4 fleurs. ♃. Au bord des bois et des chemins.

3. Ivraie enivrante (*L. temulentum*, L. sp. 122).

Chaumes roides, scabres, hauts de 3-4 pieds; feuilles larges, rudes au toucher; épi droit, roide; épillets un peu ventrus, composés de 4-6 fleurs; valves des balles aristées. ⊙. Croît dans les moissons.

4. Ivraie multiflore (*L. multiflorum*, Lam. *L. arvense*, With.).

Diffère de la précédente par son chaume glabre dans le haut, ses feuilles lisses, son épi plus long, à épillets planes, renfermant 18-20 fleurs. ⊙. Croît çà et là dans les moissons.

Genre SEIGLE (*Secale*, Linné).

Rachis denté, portant un seul épillet sur chaque dent; glume bi ou triflore; balle à deux valves, dont l'extérieure aristée au sommet; épillets comme imbriqués. (Voyez *Atl.*, pl. 27.)

*Espèce* 1. Seigle cultivé (*Secale cereale*, L. sp. 124).

Cette plante est cultivée partout, et trop connue pour qu'il soit besoin de la décrire ici. ⊙.

2. Seigle velu (*S. villosum*, L. sp. 124).

Chaume glabre, haut de 2-3 pieds, à articulations d'un rouge foncé; feuilles velues sur leur limbe; épi épais, oblong; glumes tronquées; balles velues, aristées. ⊙. Languedoc, Dauphiné. (Rare.)

Genre ELYME (*Elymus*, Linné).

Rachis denté, portant 2-3 épillets sur chaque dent; glume à 2 valves, quelquefois étalées, renfermant 2-4 fleurs, dont les supérieures quelquefois mâles; balles bivalves.

*Espèce* 1. Elyme d'Europe (*Elymus Europæus*, L. mant. 35).

Chaume de 1-2 pieds; feuilles planes, très légèrement pubescentes; épi long, à épillets ternés sur les dents du rachis; glumes scabres, sétacées; balles aristées. ♃. Croît au bord des routes, dans le centre et le Midi.

2. Elyme des sables (*E. arenarius*, L. sp. 122).

Chaume articulé, de 2-4 pieds; feuilles glauques; très longues; épi long, blanchâtre, velu, à épillets géminés et dépourvus d'arêtes. ♃. Sables maritimes. Les *elymus hystrix* et *caput medusæ*, L., sont d'Espagne.

Genre ORGE (*Hordeum*, Linné).

Rachis denté, portant 3 épillets sur chaque dent, dont les 2 latéraux sont ordinairement mâles, pédicellés, celui du milieu sessile et hermaphrodite; glume à 2 valves, souvent étalées, renfermant une seule fleur; balle bivalve.

*Espèce* 1. Orge commune (*Hordeum vulgare*, L. sp. 125).

Chaume de 1-3 pieds, feuillé jusqu'au haut; feuilles rudes; épi long, assez gros; les fleurs sont toutes hermaphrodites et longuement aristées. ⊙. Cultivé partout. L'*hordeum celeste*, L., est une variété à graines libres. On cultive aussi très souvent l'orge à 6 rangs, *hordeum hexastichon*, L., qui a 6 rangées égales; l'orge à 2 rangs, *hordeum distichum*, L., l'orge pyramidale, *hordeum zeocriton*, L., qui a l'épi pyramidal, court et dépourvu d'arêtes comme le précédent. Ces dernières espèces sont quelquefois cultivées ensemble.

2. Orge queue de souris (*H. murinum*, L. sp. 126).

Chaumes en gazon, couchés à la base, garnis de feuilles molles, rudes; épi long; fleurs latérales mâles; valves de la balle aristées, l'une d'elles ciliées; valves de la glume ciliées, lancéolées. ♃. Très commune au bord des murs, dans les décombres, etc.

3. Orge des prés (*H. pratense*, Huds. *H. secalinum*, Schr.).

Chaume grêle, haut de 1-2 pieds; feuilles inférieures velues; épi comprimé; fleurs latérales mâles; valves de la glume hispides, munies de longues arêtes; valves de la balle hispides, courtement aristées. ♃. Commune dans les prés.

4. Orge faux-seigle (*H. secalinum*, Roth. non Schr.).

Diffère de la précédente par ses feuilles inférieures, glabres, par les valves de la balle glabres, et par les arêtes des fleurs latérales plus courtes. ♃. Croît dans les prés. Est-ce bien une espèce distincte?

5. Orge maritime (*H. maritimum*, Vahl. *H. geniculatum*, All.).

Chaumes couchés à la base, genouillés; épi un peu comprimé; fleurs latérales, mâles, pubescentes; valves des balles glabres, munies d'arêtes courtes sur les latérales, longues sur la fleur du milieu; glumes rudes, les latérales lancéolées. ♃. Bords de l'Océan et de la Méditerranée.

6. Orge a crinière (*H. jubatum*, Lois. DC. *H. crinitum*, Desf.).

Chaume glabre, haut de 6-12 pouces; feuilles étroites; épi court; 2 fleurs fertiles, géminées, naissant à chaque nœud, entourées d'un involucre à 4 valves linéaires, surmontées de longues arêtes. ☉. Provence, Italie, Espagne.

### Genre ÉGILOPE (*Ægilops*, Linné).

Epillets composés de 3 fleurs, dont les 2 latérales fertiles et l'intermédiaire stérile; glume à 2 valves coriaces, portant 3-4 arêtes roides; balle à 2 valves, dont l'extrémité se divise au sommet en 3-4 arêtes.

*Espèce* 1. Egilope ovoïde (*Ægilops ovata*, L. sp. 1489).

Chaumes rameux, coudés, hauts de 4-6 pouces; feuilles ciliées; épi gros, ovoïde, court, à arêtes longues; glumes striées, velues, munies de 3 arêtes. ♂. Croît au bord des chemins, dans le centre et le Midi.

2. Egilope allongé (*Æ. triuncialis*, L. sp. 1489).

Chaumes articulés, feuillés, hauts de 8-12 pouces; épis longs, grêles, pauciflores; balles des épillets inférieurs à 2 arêtes; épillets supérieurs à barbes très longues. ♃. Lieux arides du centre et du Midi. L'*ægilops caudata*, L., croît dans l'Archipel; l'*ægilops squarrosa*, croît en Italie.

Genre ROTTBOLLE (*Rottbolla*, Linné).

Glume tantôt univalve et renfermant une fleur hermaphrodite, tantôt bivalve et renfermant 2 fleurs, dont une mâle; balle à 2 valves inégales, plus petites que la glume; 2 stigmates; point d'arêtes.

*Espèce* 1. Rottbolle courbée (*Rottbolla incurvata*, L. fl. dan. *Ægilops incurvata*, L. sp.).

Chaumes rameux et couchés à la base; feuilles planes, les radicales longues; épi rond, arqué, terminé en pointe; fleurs disposées dans les enfoncemens du rachis; glumes redressées, subulées. ☉. Bords de l'Océan et de la Méditerranée. Cette espèce et la suivante sont du genre *Ophiurus*, P. de Beauv.

2. Rottbolle droite (*R. erecta*, Sav. bot. etr.).

Se distingue de la précédente par sa tige droite, son épi comprimé, droit, et par les valves des glumes étalées après la fructification. ☉. Bords de la Méditerranée.

3. Rottbolle subulée (*R. subulata*, Sav. bot. etr.).

Chaumes rameux, hauts de 6-10 pouces; feuilles

presque lisses; épi subulé, épais à la base, glabre; glume univalve, étalée pendant la fructification; valves de la balle égalant presque la glume. ⊙. Provence, Toscane. (Rare.)

Genre NARD (*Nardus*, LIN. *Monerma*, P. DE B.).

Glume uniflore, à 2 valves très pointues, renfermant une fleur à stigmate unique; fleurs nichées dans le rachis comme dans les rottbolles.

*Espèce* 1. NARD ROIDE (*Nardus stricta*, L. sp. 77).

Chaumes nus, fasciculés, hauts de 3-8 pouces, roides; feuilles grisâtres, rigides, capillaires; épi simple; fleurs unilatérales, rapprochées; glumes un peu aristées. ♃. Lieux secs et sablonneux.

2. NARD ARISTÉ (*N. aristata*, L. syst. 145).

Très distinct à son épi flexueux, quelquefois arqué, et à ses glumes munies de longues arêtes. ♃. Lieux arides du Midi.

Genre STURMIE (*Sturmia*, SMITH. *Mibora*, P. DE B.).

Glume uniflore, à 2 valves égales, oblongues-obtuses, tronquées; balle pubescente, membraneuse, urcéolée, très petite, déchirée sur les bords; fleurs en épi presque unilatéral.

*Espèce*. STURMIE DU PRINTEMPS (*Sturmia verna*, PERS. *Agrostis minima*, L.).

Chaumes de 1-4 pouces, nombreux, formant de petits gazons; épi violâtre, filiforme; rachis flexueux; fleurs alternes. ⊙. Au premier printemps, dans les lieux sablonneux.

Genre SESLÉRIE (*Sesleria*, SCOP. *Cynosurus*, LIN.).

Glumes biflores, à 2 valves acérées; balle à 2 valves, dont l'une surmontée d'une soie et l'autre bidentée; style à 2 stigmates longs; fleurs en épi serré.

*Espèce* 1. SESLÉRIE BLEUE (*Sesleria cærulea*, L. sp. 106).

Chaumes de 8-15 pouces, rameux, presque nus; feuilles obtuses, rudes sur les bords; épi ovoïde, bleuâtre. ♃. Commune au printemps, dans les lieux secs et montueux.

2. SESLÉRIE CYLINDRIQUE (*S. cylindrica*, DC. synop. 1646*. *Fest. argentea*, SAV.).

Diffère de la *cærulea* par son épi cylindrique, allongé, ses feuilles très pointues, et parce que les dents qui terminent les valves sont plus aiguës. ♃. Croît en Provence, en Italie.

3. SESLÉRIE ALLONGÉE (*S. elongata*, HOST. gr. 2. p. 69. t. 97).

Peut-être une variété de la précédente, dont elle ne diffère que par son épi plus long, un peu plus grêle, et par les valves des glumes, terminées en pointe plus acérée. ♃. Croît en Alsace?

4. SESLÉRIE A PETITE TÊTE (*S. microcephala*, DC. *Cynosurus microcephalus*, HOFF.).

Chaume de 6-10 pouces, grêle; feuilles linéaires, à gaîne membraneuse, lobée; épi bleuâtre, en tête arrondie; valve extérieure de la glume surmontée de 5 arêtes; valve intérieure biaristée. ♃. Hautes-Alpes? (Rare.)

5. SESLÉRIE A TÊTE BLANCHE (*S. leucocephala*, DC. *Cynosurus sphærocephalus*, HOPP.).

Se distingue de la précédente, par son épi en tête plus grosse et blanche, et par ses glumes, dont l'intérieure est entière et l'extérieure tridentée. ♃. Alpes? (Très rare.)

Genre CYNOSURE (*Cynosurus*, LINNÉ).

Glume multiflore, à 2 valves; balle à 2 valves, l'une

entière, l'autre bifide; 2 stigmates; une bractée foliacée à la base de chaque fleur.

*Espèce* 1. CYNOSURE CRÉTÉ (*Cynosurus cristatus*, L. sp. 105).

Chaumes glabres, feuillés, hauts de 12-18 pouces; feuilles pliées en gouttière; épi long; à épillets comprimés; bractées pinnatifides. ♃. Commun dans les prés et les bois secs.

2. CYNOSURE HÉRISSÉ (*C. echinatus*, L. sp. 105. *Chrysurus echinatus*, P. DE B.)

Chaume de 2-3 pieds; feuilles glabres; épi court, ovoïde, unilatéral, à arêtes longues; bractées pinnatifides, aristées. ♃. Provinces méridionales.

## Genre ÉCHINAIRE (*Echinaria*, DESF.).

Glume bi ou triflore, à 2 valves membraneuses; balle à 2 valves, dont l'extérieure divisée en 4-5 lanières roides, et l'intérieure en 2-3 plus petites; fleurs en têtes arrondies.

*Espèce*. ECHINAIRE EN TÊTE (*Echinaria capitata*, DESF. atl. 2. p. 385. *Cenchrus capitatus*, L.).

Chaumes grêles, hauts de 6-10 pouces; feuilles glabres; épi ovale, arrondi, hérissé. ⊙. France méridionale.

## Genre TRACHYNOTE (*Trachynotia*, MICHAUX).

Glume uniflore, à 2 valves étroites, carénées, dont l'une courtement aristée; balle à 2 valves, semblables à celles de la glume.

*Espèce* 1. TRACHYNOTE ROIDE (*Trachynotia stricta*, AIT. kew. 1. p. 104. *Spartina stricta*, ROTH.).

Chaumes roides, hauts de 2-3 pieds; feuilles glabres, roides, un peu piquantes; 2 épis terminaux, roides, pointus; fleurs unilatérales, un peu écartées. ♃. Environs de La Rochelle. (DC.)

2. TRACHYNOTE A FLEURS ALTERNES (*Trachynotia alterniflora*, DC. *Spartina alterniflora*, LOIS. fl. g.).

Chaume lisse, de 1-2 pieds; feuilles un peu roulées au sommet; panicule grêle, allongée; rachis flexueux; épillets alternes, écartés contre l'axe. ♃. Environs de Bayonne.

††† épillets uniflores; fleurs paniculées ou en épis digités.

Genre ANTHOXANTHE (*Anthoxanthum*, LINNÉ).

Glume uniflore, bivalve; balle à 2 valves aiguës, pourvues d'une petite arête sur le dos; 2 étamines; fleurs en panicule spiciforme.

*Espèce.* ANTHOXANTHE ODORANTE (*Anthoxanthum odoratum*, L. sp. 40).

Chaume de 12-18 pouces; épis de forme ovale, très allongée, d'un jaune verdâtre. ♃. Très commune dans les prés et les bois.

Genre CRYPSIS (*Crypsis*, LAM.)

Glume uniflore, bivalve; balle à 2 valves inégales, lancéolées, plus longues que la glume, sans arêtes; 2-3 étamines; fleurs en panicule spiciforme.

*Espèce* 1. CRYPSIS CHOIN (*Crypsis schœnoides*, LAM. *Phleum schœnoides*, L.).

Chaumes articulés, couchés, rameux; feuilles glauques; panicule ovale, entourée d'une gaîne foliacée. ♃. Lieux humides du Languedoc.

2. CRYPSIS PIQUANTE (*C. aculeata*, LAM. *Anthoxanthum aculeatum*, L. suppl.).

Chaumes feuillés, rameux, articulés; feuilles glauques, courtes, très aiguës, à gaîne lâche, striée; épis arrondis, courts, entourés de feuilles piquantes, engaînantes. ⊙. Languedoc, Provence.

Genre VULPIN (*Alopecurus*, Linné).

Glume uniflore, bivalve; balle univalve, portant une arête à sa base; fleurs en panicule spiciforme.

*Espèce* 1. Vulpin bulbeux (*Alopecurus bulbosus*, L. sp. 1665).

Chaume grêle, haut de 10-15 pouces; feuilles glabres, pointues; épi grêle, cylindrique; valves de la glume velues, non réunies à la base; racine bulbeuse. ♃. Croît dans les prés salés. (Rare.)

2. Vulpin des prés (*Alopecurus pratensis*, L. sp. 88).

Racine fibreuse; chaume haut de 2-3 pieds; feuilles un peu rudes, les inférieures longues; épi allongé, cylindrique; valves de la glume velues, saillantes; balle glabre, plus courte que la glume. ♃. Commun dans les prés.

3. Vulpin des champs (*A. agrestis*, L. sp. 89).

Chaumes rameux à la base, un peu coudés; épi grêle, allongé, filiforme, purpurin; valves de la glume glabres, munies de longues arêtes, tortillées. ♃. Commun dans les blés.

4. Vulpin géniculé (*A. geniculatus*, L. sp. 89).

Chaumes nombreux, coudés à la base, colorés vers le haut; feuilles radicales courtes, supérieures presque nulles; épi cylindrique, serré; glumes velues au sommet, quelques unes sans arêtes. ♃. Croît au bord des mares, des fossés, etc.

Genre POLYPOGON (*Polypogon*, Desf.).

Glume uniflore, à 2 valves, munies chacune d'une arête; balle à 2 valves, moins longues que la glume, et dont une est surmontée d'une arête.

*Espèce* 1. POLYPOGON DE MARSEILLE (*Polypogon Massiliense*, DESF. *Alopecurus paniceus*, L.).

Chaumes un peu flexueux, glabres, hauts de 10-15 pouces; feuilles supérieures à gaîne membraneuse; épi terminal, un peu rameux; glumes pubescentes, ciliées sur les bords. ♃. Bords de l'Océan et de la Méditerranée. Le *polypogon Lagascæ* croît en Espagne.

2. POLYPOGON MARITIME (*P. maritimum*, PERS. ench.).

Diffère du précédent par sa taille plus petite, par ses glumes fendues jusqu'au milieu, fortement ciliées et hérissées. ⊙. Il n'est peut-être qu'une variété : il habite les mêmes lieux.

### Genre PHALARIS (*Phalaris*, LINNÉ).

Glume uniflore, à 2 valves carénées, égales; balle à 2 valves concaves, inégales, pointues, plus petites que la glume; fleurs en panicule spiciforme.

*Espèce* 1. PHALARIS DES CANARIES (*Phalaris Canariensis*, L. sp. 79).

Chaumes droits, feuillés, articulés, hauts de 2-3 pieds; feuilles assez larges; épi ovale, panaché de blanc et de vert; glumes entières, prolongées en ailes sur le dos, de même que dans les suivans; balles glabres, sans arêtes. ⊙. France méridionale. On le cultive quelquefois sous le nom de *graine de Canarie*. Le *phalaris aquatica*, L., a la carène dentelée et très aiguë. Il constitue peut-être une espèce distincte.

2. PHALARIS BULBEUX (*P. bulbosa*, L. sp. 79).

Chaume à base bulbeuse; épi long, cylindrique; glumes légèrement mucronées au sommet. ♃. Croît en Provence. (Rare.)

3. PHALARIS UTRICULÉ (*P. utriculata*, L. sp. 80).

Chaumes feuillés, articulés, hauts de 10-15 pouces; gaîne de la feuille supérieure renflée, roulée; balles munies d'arêtes sur le dos. ⊙. Prés humides du Midi.

4. Phalaris paradoxal (*P. paradoxa*, L. f. dec. t. 18).

Diffère du précédent par son épi plus long, panaché de blanc et de vert, à peine sorti de la gaîne, par ses fleurs inférieures avortées et comme rongées, et enfin par ses glumes très pointues. ⊙. Provence, Italie.

5. Phalaris cylindrique (*P. cylindrica*, DC. *Phal. bulbosa*, Bell.).

Racine fibreuse; chaumes droits, glabres, feuillés; épi cylindrique; glumes blanches, rayées de vert, glabres, obtuses, entières, membraneuses sur les bords; balle petite, à valves obtuses. ♃? Environs de Toulon.

6. Phalaris des Alpes (*P. Alpina*, Willd. *Phleum phalaroideum*, Vill.).

Chaume haut de 1-2 pieds; feuilles glabres; épi serré, cylindrique; valves de la glume violâtres, mucronées, garnies de longs cils sur le dos. ♃. Alpes du Dauphiné, du Piémont, Jura.

7. Phalaris phléole (*P. phleoides*, L. sp. 86).

Chaume presque nu, haut de 3-4 pieds, glabre; feuilles radicales courtes, caulinaires presque nulles, à gaîne longue; panicule en forme d'épi long et grêle; valves de la glume ciliées sur le dos, ainsi que dans le suivant. ♃. Croît au bord des bois et des champs.

8. Phalaris des sables (*P. arenaria*, Koel. *Phleum arenarium*, L.).

Chaumes de 2-8 pouces, quelquefois rameux; feuilles à gaînes renflées; épi ovale-cylindrique, souvent en partie engaîné; glumes à valves lancéolées, acérées. ⊙. Sables maritimes.

### Genre PHLÉOLE (*Phleum*, Linné).

Glume uniflore, à 2 valves linéaires, tronquées au sommet, munies de 2 pointes; balle à 2 valves, plus petites que la glume, et sans arêtes; fleurs en panicule spiciforme.

*Espèce* 1. Phléole des prés (*Phleum pratense*, L. sp. 87).

Chaume feuillé, haut de 3-4 pieds, rameux à la base; feuilles planes; épi cylindrique, allongé; valves de la glume ciliées à la base. ♃. Commun dans les prés.

2. Phléole noueuse (*P. nodosum*, L. sp. 88).

Racine bulbeuse; chaumes longs de 10-18 pouces, couchés dans leur partie inférieure; feuilles larges; épi cylindrique; valves de la glume légèrement ciliées. ♃. Commun au bord des mares et des fossés.

3. Phléole rude (*P. asperum*, Vill. *Phalaris aspera*, Lam.).

Racine fibreuse; chaume rameux à la base, haut de 10-15 pouces; feuilles glabres; épi vert, cylindrique, rude au toucher; glumes gibbeuses, très rudes, prolongées en une petite pointe courte. ⊙. Alsace, Dauphiné : commune aux environs de Lyon.

4. Phléole des Alpes (*P. Alpinum*, L. sp. 88).

Chaume feuillé, haut de 1-3 pieds; fleurs en épi violet, cylindrique, hérissé; glumes ciliées sur le dos et prolongées en arêtes courtes. ♃. Pâturages des montagnes.

5. Phléole changée (*P. commutatum*, Gaud. agr. helv. 1. p. 40).

Diffère de l'*alpinum* par son épi ovale, à arêtes aussi longues que les valves de la glume, qui sont en outre garnies de quelques poils rares sur toute leur surface. ♃. Croît dans les Pyrénées et les Alpes du Piémont.

6. Phléole de Gérard (*P. Gerardi*, All. *Alopecurus Gerardi*, Vill.).

Chaume garni de feuilles à gaînes renflées; épi en tête arrondie, ciliée, velue; glume munie de 2 arêtes. ♃. Alpes du Dauphiné, du Piémont, des Pyrénées. Je l'ai cueillie sur le Lautaret.

Genre LÉERSIE (*Leersia*, Schr.).

Point de glume; une seule fleur; balles à deux valves fermées, ciliées, dont l'une plus grande, carénée; fleurs paniculées.

*Espèce* 1. Léersie a fleurs de riz (*Leersia oryzoides*, Willd. *Phalaris oryzoides*, L.).

Chaumes à articulations velues, hauts de 2-3 pieds; feuilles rudes sur les bords; panicule lâche, à pédoncule flexueux; valves de la balle ovales-oblongues, ciliées sur le dos. ♃. Cette belle espèce croît dans les lieux humides de la Normandie, de l'Alsace, des environs de Paris, etc. Le genre *riz* (*oryza*, L.) n'est pas indigène d'Europe: on cultive en Piémont le riz commun, *oryza sativa*, L.

Genre TRAGUS (*Tragus*, Desfont.).

Glume uniflore, à une seule valve ovale, concave, roide, munie sur le dos d'aspérités crochues; balle à deux valves inégales; fleurs en panicule.

*Espèce*. Tragus en grappe (*Tragus racemosus*, Desf. *Cenchrus racemosus*, L.).

Chaumes rameux, étalés, longs de 6-10 pouces; feuilles courtes, ciliées; panicule simple, longue, à épillets à trois fleurs, dont deux latérales. ⊙. Lieux sablonneux d'une grande partie de la France.

Genre HELOCHLOA (*Helochloa*, Host.).

Glume à deux valves uniflores, entières; balle à deux

valves aiguës, adhérant intimement à la tige; fleurs en panicule spiciforme.

*Espèce.* HELOCHLOA FAUX-VULPIN (*Helochloa alopecuroides*, HOST. *Crypsis alopecuroides*, SCHRAD.).

Chaumes nombreux, très articulés, ascendans, feuillés; feuilles rudes sur les bords; épi cylindrique, serré, souvent un peu violâtre. ⊙. Provinces de l'ouest, environs de Paris.

Genre LAGURUS (*Lagurus*, LINNÉ).

Glume uniflore, à deux valves poilues, très aiguës; balle coriace, portant 3 arêtes, dont 2 terminales et une troisième dorsale.

*Espèce.* LAGURUS OVALE (*Lagurus ovatus*, L. sp. 119).

Chaume de 6-12 pouces; feuilles assez larges, à gaîne pubescente; épi ovale-oblong, très velu, blanchâtre ou roussâtre. ⊙. Provinces méridionales. Se retrouve au bord de l'Océan jusqu'à Cherbourg.

Genre SUCRE (*Saccharum*, LINNÉ).

Glume uniflore, à 2 valves recouvertes en dehors de longs poils soyeux; balle à deux valves glabres; épi cylindrique, ou panicule lâche. (V. *Atl.*, pl. 25.)

*Espèce* 1. SUCRE CYLINDRIQUE (*Saccharum cylindricum*, LAM. *Lagurus cylindricus*, L.).

Racine rampante; chaumes de 3-4 pieds, feuillés; feuilles radicales, longues, scabres sur les bords, les caulinaires un peu roulées; épi gros, allongé, cylindrique, soyeux, argenté. ♃. Bords de la mer en Provence.

2. SUCRE DE RAVENNE (*S. Ravennæ*, MURR. *Andropogon Ravennæ*, L. *Erianthus ravennæ*, P. DE B.).

Chaumes feuillés, hauts de 3-5 pieds; feuilles planes, presque aussi longues que la tige; fleurs en belle panicule rameuse, soyeuse. ♃. Environs de Cette en Provence.

Genre STIPE (*Stipa*, Linné).

Glume uniflore, à deux valves aiguës, acérées, très longues; balle à 2 valves, dont l'extérieure porte au sommet une arête extrêmement longue, articulée à sa base, caduque; fleurs en panicule.

*Epèce* 1. Stipe plumeux (*Stipa pennata*, L. sp. 115).

Chaumes rameux, hauts de 2-3 pieds, feuilles très longues, roulées, filiformes; panicule serrée; fleurs peu nombreuses, ayant une arête longue de 6-10 pouces, et garnies de soies plumeuses. ♃. Lieux sablonneux et montueux.

2. Stipe jonc (*S. juncea*, L. sp. 116).

Chaumes hauts de 3-4 pieds; feuilles longues, étroites, roulées sur les bords, glauques, pubescentes en dedans; fleurs en panicule éparse, arête nue et longue de 4-8 pouces. ♃. Lieux pierreux du Midi.

3. Stipe chevelu (*S. capillata*, L. sp. 116).

Ne diffère du précédent que par ses feuilles plus velues, moins roulées, et ses glumes roussâtres. Ce n'est certainement qu'une variété. ♃. Croît dans les lieux sablonneux et montueux.

4. Stipe tortillé (*S. tortilis*, Desf. *Agrostis spica venti*, Lapeyr.!!!).

Diffère de la *juncea* par sa taille moins élevée, sa panicule serrée, enveloppée à sa base par la feuille supérieure, qui l'engaîne en partie. ♃. Croît sur les rochers, en Roussillon et dans les Pyrénées. Je l'ai retrouvée au bourg d'Oysans.

5. Stipe à arête courte (*S. aristella*, L. syst. 3. p. 229).

Chaumes hauts de 1-2 pieds; feuilles radicales un peu carénées; les caulinaires planes, glabres; panicule serrée ; arête dépassant seulement la fleur du double de sa longueur. ♃. Habite les lieux pierreux du Languedoc et de la Provence.

### Genre PASPALE (*Paspalum*, DC.).

Glume uniflore, à deux valves membraneuses ; balle à deux valves persistantes, sous forme d'enveloppe crustacée ; fleurs en épis linéaires, ordinairement digités.

*Espèce* 1. PASPALE SANGUIN (*Paspalum sanguinale*, LAM. *Panicum sanguinale*, L.).

Chaume couché à la base, garni de feuilles pubescentes, à gaîne chargée de petits tubercules pilifères ; épis au nombre de 5-10 ; valves de la glume purpurines, terminées en pointe. ⊙. Habite les terrains sablonneux et cultivés. Le *paspalum ciliare*, DC., a les glumes toutes couvertes de poils mous, soyeux, couchés. Il croît en Provence, en Italie.

2. PASPALE DOUTEUX (*P. ambiguum*, DC. *Digitaria filiformis*, KOEL.).

Diffère du précédent par les valves de ses glumes un peu pubescentes, ses épis moins nombreux, plus étalés, sa taille moins grande et sa surface plus glabre. ⊙. Lieux cultivés.

3. PASPALE PIED DE POULE (*P. dactylon*, DC. *Panicum dactylon*, L.).

Chaumes radicans, nombreux, diffus, chargés de nœuds produisant des drageons perpendiculaires, munis de feuilles courtes, glauques, distiques ; 4-5 épis insérés sur la même base. ♃. Commun dans les lieux sablonneux. Sa racine est employée en médecine sous le nom de *gros chiendent*.

### Genre PANIC (*Panicum*, LINNÉ).

Glume uniflore, à deux valves, ayant en outre à sa base une troisième valve ; balle à deux valves persistantes, sous forme d'enveloppe crustacée.

*Espèce* 1. Panic rampant (*Panicum repens*, L. sp. 87).

Chaume ascendant, rampant à sa base, rameux, long d'un pied ; feuilles planes, garnies de poils soyeux près de leur gaîne ; fleurs verdâtres, en panicule lâche ; glume accessoire, courte, cymbiforme ; valves de la glume égales, ovales, pointues. Le *panicum capillare*, L., qui a la gaîne hérissée de longs poils blancs, et la panicule divisée en un grand nombre de rameaux capillaires, est indiqué par M. Balbis, comme indigène des environs de Nice. Le *millet* (*panicum miliaceum*, L.), qui est originaire de l'Inde, est cultivé pour la nourriture des oiseaux.

2. Panic pied de coq (*P. crus-galli*, L. sp. 83).

Chaume feuillé, rameux à la base ; feuilles larges, glabres ; panicule spiciforme, décomposée ; épillets alternes, les inférieurs plus longs, écartés, les supérieurs plus courts, rapprochés ; glumes hispides, aristées. ⊙. Habite les terrains cultivés.

3. Panic vert (*P. viride*, L. sp. 83).

Chaumes rameux à la base, pourvus de feuilles dont les gaînes sont glabres, et l'ouverture munie de poils soyeux ; fleurs en grappes verticillées 2 par 2, et entourées à leur base de poils nombreux, légèrement scabres ; semences à stries transversales, nombreuses. ♃. Commun dans les champs sablonneux.

4. Panic glauque (*P. glaucum*, L. sp. 83).

Diffère du précédent par sa couleur glauque, par ses fleurs entourées de poils roux. ⊙. Lieux cultivés en Provence, en Alsace, en Dauphiné.

5. Panic verticillé (*P. verticillatum*, L. sp. 82).

Chaumes un peu diffus et rameux à la base, garnis de feuilles planes, rudes sur les bords, à gaînes un peu velues, portant à leur ouverture un paquet de poils soyeux ; fleurs en grappes verticillées par 4, un peu écartées; chaque fleur munie d'une involucelle à deux arêtes scabres, accrochantes. ⊙. Commun dans les champs sablonneux. Le *panicum undulatifolium*, Lam., croît communément en Piémont, il est voisin du *panicum Burmanni* et du *panicum hirtellum*, L. Le *millet des oiseaux*, *panicum italicum*, L., est originaire de l'Inde. On le cultive.

## Genre AGROSTIS (*Agrostis*, Linné).

Glume uniflore; à deux valves; balle à deux valves glabres, plus grandes, ou plus petites que la glume; l'une d'elles quelquefois aristée sur le dos; fleurs assez petites, en panicule lâche ou serrée.

* *Une arête sur une des valves de la balle.*

*Espèce* 1. Agrostis paradoxale (*Agrostis paradoxa*, L. sp. 62).

Chaumes glabres, hauts de 2-4 pieds, feuillés; fleurs en panicule très lâche, à rameaux étagés; glumes lisses, plus longues que les balles; semences noires, luisantes. ♃. Départemens méridionaux.

2. Agrostis ventrue (*A. lendigera*, DC. *Milium lendigerum*, L. *Gastridium lendigerum*, Desf.).

Chaumes rameux, droits, feuillés; feuilles inférieures roulées; les supérieures planes, se terminant en pointe; panicule serrée; glumes oblongues, acuminées, luisantes; arêtes de la balle plus longues que la glume. ⊙. Croît çà et là dans les champs.

3. Agrostis mutique (*A. mutica. Gastridium muticum*, Spreng. s. veg. I. p. 250).

Très voisine de la précédente, elle ne s'en distingue que par sa panicule plus serrée; ses glumes oblongues, pointues, un peu scabres, et surtout par l'arête des balles qui est à peine distincte. ⊙. Environs de Toulon.

4. Agrostis bleuatre (*A. cærulescens*, DC. *Milium cærulescens*, Desf. atl. 1. t. 12).

Chaumes grêles, nus vers le haut; feuilles roulées, glauques; panicule très lâche, à rameaux flexueux; glumes à valves oblongues, pointues, membraneuses au sommet, bleuâtres à la base; arête caduque, plus courte que la glume. ♃. Provinces méridionales, Espagne.

5. Agrostis épi du vent (*A. spica-venti*, L. sp. 91).

Chaumes droits, feuillés, hauts de 2-4 pieds, penchés au sommet; fleurs en panicule très longue, étalée; pédoncules disposés en demi-verticilles, dont les inférieurs plus courts et plus écartés; fleurs très petites et très nombreuses; arêtes capillaires très longues. ☉. Commune dans les moissons.

6. Agrostis interrompue (*A. interrupta*, L. sp. 90).

Chaumes de 2-3 pieds, droits au sommet, panicule très longue, filiforme, composée de demi-verticilles interrompus, les supérieurs redressés en forme d'épi; arêtes droites, longues. ☉. Croît çà et là dans les moissons.

7. Agrostis pale (*A. pallida*, DC. suppl.).

Peut-être une variété de la précédente: elle s'en distingue par son chaume haut de 8-10 pouces, ses feuilles un peu roulées, sa panicule jaunâtre, et surtout par ses arêtes courtes. ☉. Croît en Provence.

8. Agrostis faux-millet (*A. miliacea*, L. sp. 91).

Chaumes feuillés, hauts de 1-2 pieds; feuilles glabres, assez longues; fleurs très petites et très nombreuses, rougeâtres, à pédoncules demi-verticillés; arêtes droites, roides, à peine doubles de la longueur des épillets. ☉. Lieux sablonneux du Midi.

9. Agrostis canine (*A. canina*, L. sp. 92).

Chaume rameux, genouillé, ascendant; fleurs violettes, en panicule resserrée; arêtes recourbées, plus longues que les épillets. ☉. Lieux humides, sablonneux.

10. Agrostis rouge (*A. rubra*, L. sp. 92).

Chaumes droits, garnis de feuilles scabriuscules sur les bords, avec une membrane déchirée à l'ouverture de la gaîne; panicule resserrée avant la floraison, étalée pendant ce temps, et resserrée ensuite; arêtes tordues, recourbées; fleurs rougeâtres. ☉. Commune dans les prés, au bord des chemins.

11. Agrostis sétacée (*A. setacea*, Smith, fl. brit. 79).

Chaume presque droit, haut de 10-15 pouces; feuilles scabriuscules, glauques; les radicales filiformes, les supérieures un peu moins étroites: valves de la glume pointues, un peu rudes sur le dos; balle terminée par deux dents filiformes; arêtes genouillées. ♃. Habite les provinces de l'Ouest.

12. Agrostis glauque (*A. glaucina*, Bast. suppl. 25).

Diffère de la précédente par ses feuilles radicales planes, très glauques; ses fleurs violettes très petites, à glumes lisses, et par ses balles entières au sommet. ♃. Habite l'Anjou et le Poitou.

13. Agrostis filiforme (*A. filiformis*, Vill. dauph. 2. p. 78).

Chaume grêle, haut de 10-15 pouces; feuilles très fines, capillaires, lisses; panicule grêle, peu fournie, à pédoncules géminés, serrés contre l'axe; glumes violettes, à valves acérées; arête un peu plus longue que la fleur. ♃. Prairies des Hautes-Alpes.

14. Agrostis des Alpes (*A. Alpina*, Leyss. hal. n. 2. *A. festucoides*, Vill.).

Chaumes grêles, hauts de 6-10 pouces; feuilles linéaires, carénées; fleurs en panicule étalée, seulement après la fécondation; glumes pubescentes, violettes, aiguës ; arêtes plus longues que les épillets. ☉. Pâturages des hautes montagnes. On doit y rapporter, comme variété, l'*agrostis rupestris*, All., qui a la panicule toujours étalée, et les feuilles plus fines.

15. Agrostis douteuse (*A. dubia*, Leers, herb. t. 4. f. 4).

Chaumes grêles, coudés, longs de 3-4 pieds, ascendans; feuilles radicales, capillaires, les supérieures planes; panicule lâche, étalée, pauciflore, verticillée; glumes lisses, à valves inégales; arête très courte, manquant quelquefois. ☉. Environs de Paris. Peut-être une variété de la *vulgaris*.

16. Agrostis des vignes (*A. vinealis*, Schr. sp. 58).

Chaume roide, de 12-15 pouces, feuilles assez larges; panicule violette, étalée; arêtes longues, manquant quelquefois. ☉. Croît sur les collines aux environs de Paris. Peut-être encore une variété de la *vulgaris*.

** *Valves de la balle sans arête.*

17. Agrostis vulgaire (*A. vulgaris*, Hoffm. *Agrostis capillaris*, L.).

Variable : chaume presque droit, coudé à la base; panicule étalée; pédicelles déliés, capillaires; valves de la glume égales, un peu rudes, terminées en pointe acérée; valves de la balle inégales, tronquées au sommet. ♃. Commune dans les prés, au bord des chemins. On doit rapporter ici, comme variétés, l'*agrostis pumila*, L., qui ne diffère que par sa petitesse; l'*agrostis alba*, L., qui a les fleurs blanches et la panicule moins étalée; l'*agrostis stolonifera*, L., qui a les tiges couchées, stolonifères, et la panicule jaunâtre; l'*agrostis verticillata*, Vill., qui a les fleurs d'un jaune violâtre et la panicule verticillée; l'*agrostis divaricata*, Thuil., qui a la panicule violette, très divariquée.

18. AGROSTIS PIQUANTE (*A. pungens*, SCHREB. gram. 2. p. 46).

Chaume couché à la base, ascendant, radicant inférieurement; feuilles alternes, distiques, glauques; panicule resserrée, spiciforme; glumes lisses, ovoïdes, presque égales; feuilles roulées, piquantes. ♃. Sables maritimes du Roussillon, du Languedoc, de la Provence.

19. AGROSTIS MARITIME (*A. maritima*, LAM. D. 1. p. 61).

Peut-être une variété de la précédente, dont elle se distingue par ses feuilles plus longues, non écartées, plus distiques, par sa panicule plus serrée et par ses glumes à valves rudes, carénées. ♃. Environs de Narbonne et bords de l'Océan.

20. AGROSTIS ÉLÉGANTE (*A. elegans*, LOIS. not. 15).

Chaumes droits, grêles, hauts de 4-6 pouces; panicule à rameaux déliés très capillaires, d'abord serrés et ensuite étalés; fleurs extrêmement petites; valves de la glume ovales obtuses; balle d'une seule valve. ⊙. Landes de Dax. (LOIS.)

21. AGROSTIS MINCE (*A. exilis*, LOIS. ann. soc. I. p. 1827).

Chaume très grêle; feuilles linéaires très fines; panicule lâche, à rameaux capillaires, verticillés; glume à valves un peu pointues; balle d'une seule valve, égalant presque la glume; fleurs verdâtres, mêlées de pourpre. ♃. Croît en Provence et en Piémont.

22. AGROSTIS DU PRINTEMPS (*A. vernale. Milium vernale*, MARCHS. fl. cauc.).

Chaume droit; feuilles linéaires-lancéolées, courtes, à languette saillante, lancéolée-aiguë; panicule un peu lâche, à rameaux presque verticillés; glumes un peu rudes; fleurs verdâtres. ⊙. Croît en Corse.

23. Agrostis étalée (*A. effusa*, Lam. *Milium effusum*, L.).

Chaume droit; feuilles larges, à bords rudes; panicule lâche; pédicelles à demi verticillés, inégaux, divergens; valves des glumes inégales, l'extérieure plus grande, glabre, presque obtuse. ♃. Commune dans les bois.

Genre CALAMAGROSTIS (*Calamagrostis*, Koel.).

Glume bivalve, uniflore; balle à deux valves, garnies soit à leur base, soit sur toute leur surface, de poils longs et soyeux; fleurs en panicule serrée ou étalée.

*Espèce* 1. Calamagrostis des sables (*Calamagrostis arenaria*, Roth. *Arundo arenaria*, L.).

Racines longues, articulées, rampantes; chaume droit, haut de 1-2 pieds; feuilles glauques, roulées, piquantes, aussi longues que le chaume; panicule spiciforme, jaunâtre; glumes à valves égales; balles laineuses à la base. ♃. Bords de la Méditerranée et de l'Océan.

2. Calamagrostis argentée (*C. argentea*, DC. *Agrostis calamagrostis*, L.).

Chaumes rameux à la base, hauts de 3-4 pieds; feuilles longues, scabriuscules sur les bords; fleurs en panicule dense, longue; glumes argentées; valve extérieure de la balle velue et aristée. ♃. Lieux chauds et sur des montagnes.

3. Calamagrostis des bois (*C. sylvatica*, DC. *Arundo sylvatica*, Schrad.).

Chaume roide, haut de 2-3 pieds; feuilles étroites, pointues; panicule droite, étalée, à pédicelles scabres, fasciculés; glumes à 2 valves grêles, lancéolées, scabriuscules; balle à 2 valves bifides au sommet, dont l'extérieure plus grande, portant une arête genouillée. ♃. Habite les bois montueux.

4. Calamagrostis des montagnes (*C. montana*, DC. *Arundo montana*, Gaud.).

Se distingue de la précédente par sa balle, garnie tout autour de poils aussi longs qu'elle ; près de la valve interne se trouve en outre un petit pinceau de poils que M. De Candolle regarde comme une fleur avortée. ♃. Croît dans les bois des montagnes.

5. Calamagrostis a fleurs pointues (*C. acutiflora*, DC. *Arundo acutiflora*, Schrad.).

Chaume de 2-3 pieds ; feuilles planes, pointues ; panicule longue, étalée ; des poils longs et nombreux à la base des balles ; arêtes dépassant très peu les glumes. ♃. Croît dans le Jura. Diffère très peu de la précédente.

6. Calamagrostis des rivages (*C. littorea*, DC. *Arundo littorea*, Schr.).

Racine un peu rampante ; chaume roide, haut de 1-2 pieds ; feuilles glauques, linéaires ; panicule un peu lâche ; valves des glumes allongées, presque linéaires, violâtres ; valve extérieure de la balle tridentée, l'autre aristée. ♃. Croît dans le Midi, au bord des fleuves.

7. Calamagrostis de Haller (*C. Halleriana*, DC. *Arundo calamagrostis*, Hall.).

Se distingue de la *littorea* par son chaume un peu rude, ses feuilles un peu pubescentes, et surtout par son arête très courte, qui naît du dos et non du sommet de la valve externe de la balle. ♃. Croît dans les Alpes, les Vosges et la Lorraine.

8. Calamagrostis colorée (*C. colorata*, Sibth. *Phalaris arundinacea*, L.).

Chaumes de 3-4 pieds ; feuilles glabres, les inférieures un peu roulées ; panicules d'un violet rougeâtre, à épillets presque sessiles ; valves des glumes égales ; balles luisantes, dépourvues d'arêtes, munies de deux houpes soyeuses. ♃. Commune au bord des ruisseaux.

9. CALAMAGROSTIS LANCÉOLÉE (*C. lanceolata*, ROTH. *Arundo calamagrostis*, L. sp. 121).

Racines traçantes; chaumes rudes, très garnis de feuilles à la base; feuilles larges à leur base, roulées et finissant en pointe au sommet; panicule verte; glumes à valves longues, inégales, hispides sur le dos; balle entourée de longues soies. ♃. Croît dans les bois. L'*arundo epigejos*, L., est une légère variété locale à feuilles linéaires.

†††† Épillets multiflores; fleurs paniculées.

Genre ROSEAU (*Arundo*, LINNÉ).

Glume multiflore, à deux valves; balle très velue en dehors, à deux valves; fleurs paniculées.

*Espèce* 1. ROSEAU À BALAIS (*Arundo phragmites*, L. sp. 120).

Racines longues, rampantes; chaumes de 4-8 pieds, simples; feuilles glabres, larges, très longues, aiguës; panicule très ample, lâche; fleurs nombreuses; pédicelles longs, les inférieurs verticillés; épillets de 3-5 fleurs; valves des glumes inégales. ♃. Commun au bord des étangs et des fossés. Sa racine a été vantée contre la syphilis.

2. ROSEAU CULTIVÉ (*A. donax*, L. sp. 120).

Tiges simples, très grosses, hautes de 6-15 pieds, ligneuses, à articulations nombreuses; feuilles larges; fleurs en belle panicule purpurine. ♃. Croît en Provence, Italie. On emploie la racine. L'*Ar. mauritanica*, DESF., est indiqué aux environs de Narbonne.

Genre LAMARCKIE (*Lamarckia*, KOEL.).

Epillets stériles et fertiles; les stériles sont ternés, pendans, mutiques, et forment à la base des épillets fertiles, qui sont géminés, une espèce d'involucre; glume à 2 valves, renfermant 2-3 fleurs; balle à 2 valves, dont l'extérieure porte une longue arête.

*Espèce.* LAMARCKIE DORÉE (*Lamarckia aurea*, MOENCH. *Cynosurus aureus*, L. *Chrysurus cynosuroides*, PERS.).

Chaumes articulés, hauts de 5-10 pouces; fleurs en panicule unilatérale, luisante, jaune. ☉. Provence, îles d'Hyères, Italie.

Genre DANTHONIE (*Danthonia*, DC.).

Glume multiflore, à 2 valves très grandes, concaves; balle à 2 valves, dont l'extérieure fendue au sommet, et portant dans la fissure une arête plus ou moins longue.

*Espèce* 1. DANTHONIE INCLINÉE (*Danthonia decumbens*, DC. *Festuca decumbens*, L.).

Chaumes rameux, dressés ou inclinés, haut de 1-2 pieds; feuilles un peu roulées; à gaînes un peu velues; panicule spiciforme, à fleurs grosses, violettes, peu nombreuses; arête presque nulle. ♃. Commune sur les collines sèches. Cette espèce ayant la valve externe tridentée et l'arête courte, M. R. Brown en a formé un genre sous le nom de *triodia*.

2. DANTHONIE DE PROVENCE (*D. provincialis*, DC. *Avena calycina*, VILL.).

Chaume grêle, coudé à la base, ascendant; feuilles étroites, les radicales filiformes; panicule pauciflore, un peu violette; arêtes longues, tortillées; glume renfermant 5-6 fleurs. ♃. Provence, Dauphiné.

Genre AVOINE (*Avena*, LINNÉ).

Glume renfermant 2 ou un plus grand nombre de fleurs, à 2 valves; toutes les fleurs hermaphrodites ou quelquefois mâles par avortement; balle à 2 valves, dont l'extérieure porte sur son dos une arête genouillée. (Voyez *Atl.*, pl. 26, f. 2.)

* *Fleurs polygames.*

*Espèce* 1. AVOINE ÉLEVÉE (*Avena elatior*, L. sp. 117).

Racine rampante, quelquefois moniliforme ; chaumes de 3-5 pieds ; feuilles planes, douces au toucher ; panicule étalée, composée de pédicelles déliés, la plupart rameux, disposés en demi-verticilles ; épillets biflores ; fleurs mâles à arêtes saillantes ; fleurs hermaphrodites presque mutiques. ♃. Commune dans les prés. L'*avena bulbosa*, WILLD., en est une variété à racines bulbeuses.

2. AVOINE LAINEUSE (*A. lanata*, KOEL. *Holcus lanatus*, L.).

Chaume de 2-4 pieds, velu vers le haut ; feuilles molles, pubescentes, à gaînes larges, lanugineuses ; panicule resserrée ; glume biflore, très velue. ♃. Commune dans les prés.

3. AVOINE MOLLE (*A. mollis*, KOEL. *Holcus mollis*, L.).

Racine rampante ; chaume à articulations velues ; feuilles glabres, un peu rudes, à gaînes un peu velues ; panicule resserrée ; glumes légèrement ciliées sur les bords et sur la carène. ♃. Commune dans les bois et les prés.

4. AVOINE ODORANTE (*A. odorata*, KOEL. *Holcus odoratus*, L.).

Chaume haut, de 6-18 pouces, feuillé ; feuilles glabres, la supérieure remplacée par une gaîne foliacée ; panicule lâche ; glumes luisantes, concaves, triflores. ♃. Prairies humides du Midi. Se retrouve en Alsace et en Belgique.

** *Toutes les fleurs hermaphrodites.*

5. AVOINE JAUNATRE (*A. flavescens*, L. sp. 118).

Chaumes dressés ; feuilles étroites, planes, pubescentes en dessus, à gaînes longues, glabres ; panicule un peu lâche, jaunâtre ; glume contenant 2-5 fleurs ;

valves externes des balles terminées par 2 petites soies, et portant sur leur dos une arête pliée et recourbée, ainsi que dans les trois suivantes. ♃. Commune dans les prés secs. L'*avena sesquitertia*, L., est une variété locale, à panicule argentée mêlée de violet.

6. AVOINE RUDE (*A. strigosa*, SCHREB. *Avena nervosa*, LAM.).

Chaumes hauts de 1-2 pieds; feuilles planes, légèrement velues en leur gaîne; panicule oblongue, lâche, presque unilatérale; glume biflore; valve externe de la balle striée au sommet. ⊙. Provinces méridionales.

7. AVOINE GRÊLE (*A. tenuis*, MOENCH. *Avena triaristata*, VILL.).

Chaume grêle, haut de 6-15 pouces, à articulations purpurines; feuilles glabres, les radicales planes; panicule grêle, lâche; glumes à 2-4 fleurs; valve extérieure de la balle lisse. ⊙. Croît en Dauphiné et en Piémont.

8. AVOINE DE LOEFLING (*A. Lœflingiana*, L. sp. 118. *Trisilum hispanicum*, PERS.).

Chaumes rameux à la base; feuilles légèrement pubescentes; panicule panachée de blanc et de vert, ramassée, spiciforme; valve externe de la balle lisse, terminée par une longue arête fourchue. ♃. Croît en Roussillon, en Piémont, en Espagne.

9. AVOINE FRAGILE (*A. fragilis*, L. sp. 119).

Chaumes rameux et coudés à la base; feuilles molles, velues; fleurs en épi fragile, articulé, à épillets sessiles, alternes; valve externe de la balle entière au sommet, ainsi que dans toutes les suivantes. ⊙. Provence, Languedoc, Dauphiné.

10. AVOINE DES PRÉS (*A. pratensis*, L. sp. 119).

Chaumes de 1-2 pieds; feuilles roulées, glabres; glume à 5-8 fleurs. ♃. Croît dans les prés et les bois.

11. Avoine aira (*A. airoides*, Koel. *Aira subspicata*, L. sp. 95).

Chaume de 4-8 pouces, cotonneux au sommet; feuilles glabres; panicule resserrée, spiciforme, panachée de jaune et de violet; glumes à 2-3 fleurs. ♃. Alpes, Pyrénées. (Rare.)

12. Avoine sétacée (*A. setacea*, Vill. dauph. 2. p. 144).

Chaumes grêles; feuilles gazonnantes, roulées, sétacées, aussi longues que le chaume, à gaînes velues; panicule droite, resserrée. ♃. Alpes du Dauphiné et du Piémont.

13. Avoine toujours-verte (*A. sempervirens*, Vill. prosp. 17).

Chaumes serrés, touffus, gazonnans; feuilles radicales, glauques, longues, rigides, roulées en dessus, striées en dedans; panicule un peu étalée; glumes luisantes, renfermant 3 fleurs laineuses, dont une stérile et dépourvue d'arête. ♃. Alpes et Pyrénées.

14. Avoine de Seyne (*A. Sedenensis*, DC. syn. 1552a).

Diffère de la *sempervirens* par ses feuilles dont l'entrée de la gaîne est munie d'une languette courte et tronquée, et non d'une houpe de poils, et par sa panicule moins étalée. ♃. Croît dans les Alpes de Provence, le Cantal et les Pyrénées.

15. Avoine versicolore (*A. versicolor*, Vill. *A. scheuchzeri*, All.).

Chaumes de 10-15 pouces; feuilles planes, un peu carénées; panicule oblongue, panachée de brun et de violet, de jaune et de blanc; glume contenant 5-6 fleurs. ♃. Alpes du Dauphiné, montagnes d'Auvergne et du Forez.

16. Avoine a feuilles distiques (*A. distichophylla*, Vill. dauph. 2. p. 144).

Chaume rameux et couché à la base; feuilles glabres, alternes, rapprochées et disposées sur deux rangs opposés; panicule peu serrée, bigarrée de violet et de blanc; glume renfermant 2-3 fleurs velues à leur base. ♃. Alpes du Dauphiné, du Piémont et de la Provence.

17. Avoine pubescente (*A. pubescens*, L. sp. 1665).

Chaume haut de 2-3 pieds; feuilles courtes, molles, planes, velues; panicule un peu resserrée, à pédicelles inférieurs réunis deux à deux et demi-verticillés; glume à 2-3 fleurs; pédicelles de chaque balle très velus. ♃. Prés montagneux de toute la France. L'*avena amethystina*, DC., est une variété alpine à panicules panachées de violet et de blanc argenté, et à glumes un peu plus aiguës.

18. Avoine cultivée (*A. sativa*, L. sp. 118).

Chaumes feuillés, hauts de 2-4 pieds; feuilles larges, glabres, un peu scabriuscules; fleurs en panicule très lâche; glumes à deux graines lisses. ☉. Cultivée partout. On cultive encore très souvent l'*avena nuda*, L., qui est plus petite et dont les glumes renferment 3 graines nues, ainsi que l'*avena orientalis*, qui est très grande et qui a la panicule longue et unilatérale.

19. Avoine folle (*A. fatua*, L., sp. 118).

Chaumes très hauts; feuilles larges, striées; panicule étalée, à pédicelles hispides, grêles, étalés; glumes contenant 3-5 fleurs, très pointues à leur base. ☉. Croît dans les avoines. L'*avena sterilis*, L., est une variété plus grande, à épillets entourés de soies blanches. Elle croît en Languedoc.

20. Avoine blanche (*A. alba*, Vahl. symb. 2. p. 24).

Chaume grêle, haut de 1-2 pieds; feuilles glabres, scabriuscules; panicule droite, peu fournie, à pédicelles ternés, un peu rudes; épillets d'un blanc argenté; glume à 2 fleurs, dont une seulement aristée. ♃. Croît en Roussillon.

21. AVOINE COURTE (*A. brevis*, WILLD. 1. p. 445).

Chaume de 1-2 pieds; feuilles glabres, planes; panicule étalée, à pédicelles grêles, demi-verticillés; glume contenant 2 fleurs courtes, glabres; valve extérieure de la balle échancrée; arête longue, flexueuse. ☉. Croît dans les avoines, aux environs de Paris.

Genre. AIRA (*Aira*, LINNÉ).

Glume biflore, à 2 valves; balle à 2 valves, dont l'extérieure porte une arête genouillée partant de sa base; toutes les fleurs hermaphrodites; fleurs très petites, en panicule, luisantes.

*Espèce* 1. AIRA GAZONNANTE (*Aira cæspitosa*, L. sp. 96).

Chaumes feuillés, hauts de 2-4 pieds; feuilles rudes, plissées, à gaînes terminées par une membrane en forme de languette; panicule étalée, à pédicelles verticillés; valves de la balle munies d'arêtes qui les égalent en longueur. ♃. Croît dans les bois ombragés.

2. AIRA FLEXUEUSE (*A. flexuosa*, L. sp. 96).

Chaume grêle, rougeâtre, presque nu; feuilles sétacées, à gaîne à orifice membraneux; la membrane en forme de languette bifide; panicule lâche, sub-pauciflore; pédoncules flexueux, tortueux; arêtes doubles de la fleur. ♃. Croît dans les bois et les lieux montueux. L'*aira montana*, L., diffère de la *flexuosa* par ses pédicelles droits.

3. AIRA GÉROFLÉE (*A. cariophyllea*, L. sp. 97).

Chaumes grêles, presque nus, hauts de 6-10 pouces; feuilles radicales, fines, nombreuses, gazonnantes; panicule très étalée; glumes très petites; arêtes à peine plus longues que les fleurs; languette des feuilles aiguë, entière. ♃. Lieux secs et sablonneux. L'*aira articulata*, DESF., a son arête articulée dans le milieu, à article supérieur en massue : elle est indiquée en Provence. L'*aira capillaris*, HOST., est indiquée en Corse.

4. AIRA BLANCHATRE (*A. canescens*, L. sp. 97).

Chaumes couchés, peu feuillés; feuilles glauques, sétacées, se terminant en pointe roide, piquante; la supérieure en forme de spathe engaînant la partie inférieure de la panicule, qui est subspiciforme; arêtes articulées au milieu, plus courtes que les glumes. ⊙. Champs sablonneux.

5. AIRA INTERMÉDIAIRE (*A. media*, GOUAN. ill. 3. *A. capillaris*, SAV.).

Chaumes droits, presque nus, hauts d'un pied; feuilles nombreuses, glauques, filiformes, piquantes, gazonnantes; panicule lâche, à pédicelles scabres; glume à valves presque égales; arête droite, aussi longue que la glume. ⊙. Lieux sablonneux du Midi.

6. AIRA PRÉCOCE (*A. præcox*, L. sp. 97).

Chaumes droits, presque nus, hauts de 5-8 pouces; feuilles sétacées, flexueuses; panicule resserrée, en épi; arêtes calicinales, se terminant en pointe filiforme, articulées dans leur milieu. ⊙. Lieux sablonneux, humides.

Genre AIROPSIS (*Airopsis*, DESV.).

Glumes à deux valves, renfermant 2 fleurs sans arêtes; les valves égales et renfermant entièrement les fleurs; fleurs petites, nombreuses, paniculées comme dans les *aira*.

*Espèce* 1. AÏROPSIS FAUSSE-AGROSTIS (*Airopsis agrostidea*, DC. *Airopsis Candollii*, DESV. *Aira agrostidea*, LOIS.).

Chaume rameux; articulations genouillées et radicantes inférieurement; feuilles étroites, à languette lancéolée ; panicule très lâche, très rameuse, engaînée en partie dans la feuille supérieure avant l'épanouissement ; glume à valves obtuses ; balle tronquée au sommet. ⊙. Croît en Bretagne, dans la Sologne, à Fontainebleau.

2. Aïropsis globuleuse (*A. globosa*, Desv. *Aira globosa*, Thore).

Chaumes droits, un peu coudés à la base, hauts de 3-4 pouces ; feuilles fines, à gaîne rougeâtre ; panicule serrée, droite ; pédicelles glabres ; glumes globuleuses ; balle un peu ciliée sur les bords. ⊙. Croît dans les Landes de Dax.

Genre FESTUQUE (*Festuca*, Linné).

Glume multiflore, à 2 valves ; balle à 2 valves très aiguës, acérées, souvent terminées par un arête.

* *Balles sans arêtes.*

*Espèce* 1. Festuque roseau (*Festuca arundinacea*, Schreb. spic. 57).

Chaume gros, haut de 18-20 pouces ; feuilles larges ; panicule resserrée, à épillets gros, arrondis, un peu diffuse ; arêtes très courtes. ♃. Croît çà et là au bord des ruisseaux.

2. Festuque sans arête (*F. inermis*, DC. *Bromus inermis*, L. *Festuca poœoides*, Thuil.).

Chaume glabre, haut de 2-4 pieds ; feuilles larges, glabres ; panicule peu étalée ; épillets à 10-15 fleurs linéaires comprimées ; arêtes tellement courtes, qu'elles paraissent avortées. ♃. Croît au bord des ruisseaux.

3. Festuque élevée (*F. elatior*, L. sp. 111. *Schœnodorus pratensis*, P. de B.).

Chaumes feuillés, hauts de 3-4 pieds ; feuilles glabres, un peu scabriuscules ; panicule très fournie, souvent unilatérale ; épillets à 7-9 fleurs cylindriques, un peu obtuses. ♃. Croît dans les prés.

4. Festuque fausse-ivraie (*F. loliacea*, Curt. *Poa loliacea*, Koel. *Schœnodorus loliaceus*, P. de B.).

Chaumes de 2-4 pieds; feuilles glabres; panicule simple, droite; épillets à 7-11 fleurs, distiques, alternes, presque sessiles; glumes à valves striées. ♃.

5. Festuque des bois (*F. sylvatica*, Vill. *Festuca calamaria*, Smith).

Chaumes de 1-2 pieds, munis de gaînes à leur base; feuilles planes, lisses, rudes sur les bords; panicule oblongue, droite; épillets à 3-5 fleurs. ♃. Croît dans les bois, en Dauphiné.

6. Festuque comprimée (*F. compressa*, DC. *Poa montana*, Delarb.).

Chaumes droits, un peu couchés à la base, hauts de 1-2 pieds, presque nus; feuilles à gaînes comprimées; panicule très longue, à pédicelles courts, étalés; épillets à 3-4 fleurs presque cylindriques; balles très courtes. ♃. Mont-d'Or.

7. Festuque baie (*F. spadicea*, L. mant. *Anthoxanthum paniculatum*, L. sp. *Schœnodorus spadiceus*, P. de B.).

Chaume feuillé, haut de 2 pieds; feuilles longues, très glabres, à gaîne lâche, striée; panicule longue, peu étalée, d'un jaune brun ou roux; épillets à 1-5 fleurs ovales, d'un jaune luisant. ♃. Commune dans les prés des montagnes.

8. Festuque maritime (*F. maritima*, DC. *Triticum maritimum*, L.).

Chaume glabre, à articulations rouges, haut de 6-10 pouces; feuilles glauques, étroites, à gaîne un peu rougeâtre; panicule à rameaux divergens et anguleux, épais; épillets glauques, à 6-8 fleurs. ♃. Bord de la Méditerranée.

9. Festuque tardive (*F. serotina*, L. sp. 111).

Chaumes droits, hauts de 10-15 pouces; feuilles

un peu rougeâtres, courbées en gouttière, piquantes; panicule peu garnie, à pédicelles dressés, puis divergens; épillets à 3-5 fleurs. ♃. Montagnes arides de la Provence.

10. FESTUQUE BLEUE (*F. cœrulea*, DC. fl. fr. *Molinia cœrulea*, MOENCH).

Chaumes de 3-4 pieds, à une ou deux articulations; panicule étroite, resserrée; épillets à 2-3 fleurs cylindriques; glume très petite. ♃. Bois et prés couverts.

** *Balles munies d'une arête plus courte qu'elles; glume à valves presque égales.*

11. FESTUQUE DES BREBIS (*F. ovina*, L. sp. 108).

Chaumes anguleux, courts; feuilles nombreuses, gazonnantes, serrées, roulées, rudes; panicule grêle, presque unilatérale; épillets à 3-8 fleurs très glabres, à arêtes très courtes. ♃. Commune dans les prés secs. La *festuca flavescens* croît en Piémont: elle est aussi indiquée dans les Pyrénées : ses balles sont membraneuses sur les bords et aristées.

12. FESTUQUE À FEUILLES MENUES (*F. tenuifolia*, SIBTH. oxon. 138).

Peut-être une simple variété de l'*ovina*; elle en diffère par ses balles glabres, dépourvues d'arêtes, et sa taille plus petite. ♃. Commune dans les pâturages secs.

13. FESTUQUE ACUMINÉE (*F. acuminata*, GAUD. agr. 287).

Chaume peu élevé; feuilles roides, un peu glauques, dures, à languette longue, pointue; panicule panachée de blanchâtre et de violet; glumes à 5 nervures; rachis lisse. ♃. Hautes-Alpes.

14. FESTUQUE ROUGE (*F. rubra*, L. sp. 109).

Racine rampante; feuilles radicales, courtes, sétacées, un peu comprimées, 2 sur le chaume, velues en dessus; panicule un peu lâche; pédicelles inférieurs géminés, dont un plus court; épillets de 4-5 fleurs aristées. ♃. Commune dans les lieux secs et stériles.

15. Festuque dure (*F. duriuscula*, L. sp. 108).

Chaumes nombreux; feuilles radicales, courtes, sétacées; celles du chaume planes; panicule resserrée, unilatérale; épillets de 5-6 fleurs très glabres, aristées. ♃. Commune dans les prés secs.

16. Festuque violette (*F. violacea*, Gaud. agr. 231).

Chaumes de 8-10 pouces, presque nus; feuilles capillaires, moitié plus courtes que le chaume, à languette biauriculée; panicule un peu lâche, à pédicelles flexueux, géminés; épillets violets, elliptiques; arête violette. ♃. Hautes-Alpes.

17. Festuque noiratre (*F. nigrescens*, Gaud. agr. 254).

Chaume droit, haut de 8-12 pouces; feuilles scabriuscules, grêles, roides, capillaires, moitié moins longues que le chaume; les caulinaires planiuscules, à languette tronquée, biauriculée; panicule étalée, rameuse, à pédicelles rudes, anguleux; épillets ovales, comprimés, violets, luisans, à 4-7 fleurs. ♃. Hautes montagnes.

18. Festuque des Alpes (*F. Alpina*, Gaud. agr. 232).

Chaume nu, lisse, anguleux au sommet, haut de 4-6 pouces; feuilles grêles, capillaires, vertes, à languette tronquée, biauriculée; panicule oblongue, à 3-4 fleurs; glume à 2 valves inégales, acuminées; balle à valve externe à 5 nervures. ♃. Hautes-Alpes.

19. Festuque glauque (*F. glauca*, Lam.).

Chaumes glauques, gazonnans; toutes les feuilles très glauques, roides, subulées, roulées; panicule serrée; épillets de 2-5 fleurs, presque unilatéraux;

valves de la balle glabres ou pubescentes au sommet. ♃. Lieux secs et sablonneux.

20. Festuque coriace (*F. dura*, Host. gram. aust. *F. eskia*, Lejeun.).

Diffère de la *glauca* par sa teinte moins glauque et ses feuilles plus roides, par sa panicule violette, et surtout par ses arêtes aussi longues que la balle. ♃. Alpes, Pyrénées.

21. Festuque naine (*F. pumila*, Vill. *F. varia*, Jacq.).

Chaume glabre, ainsi que les feuilles, qui sont un peu glauques, fines, sétacées, plus courtes que le chaume; panicule grêle, serrée; épillets panachés de vert et de violet, à 4 fleurs cylindriques, très glabres. ♃. Alpes du Dauphiné.

22. Festuque de Suisse (*F. rhætica*, Sut. *F. pilosa*, Gaud.).

Diffère de la précédente par ses épillets à 4-5 fleurs, par sa panicule plus longue, unilatérale; l'axe des épillets soyeux. ♃. Croît dans les Alpes et les Pyrénées.

23. Festuque eskia (*F. eskia*, DC. fl. fr. 1589. *F. lubrica*, Lapeyr.).

Racine rampante; tiges et feuilles en touffes gazonnantes, fermes, lisses, piquantes, filiformes; panicule mélangée de vert, de violet et de blanc; épillets à 6-10 fleurs comprimées, oblongues. ♃. Forme des tapis verts et très glissans, sur la pente des hautes montagnes, dans les Pyrénées. (Ramond.)

24. Festuque hétérophylle (*F. heterophylla*, Lam. *F. nemorum*, Hoff.).

Chaumes dressés; feuilles radicales, roulées, sétacées, les caulinaires planes, larges; panicule lâche, unilatérale; épillets à 5-6 fleurs très glabres. ♃. Croît dans les lieux couverts et ombragés.

25. Festuque de Haller (*F. Halleri*, All. ped. n. 2245).

Chaume nu, haut de 4-6 pouces; feuilles un peu glauques; panicule violette, à pédicelles courts; épillets à 4-5 fleurs cylindriques, oblongues, à rachis glabre; valve externe de la balle pubescente. ♃. Commune dans les Hautes-Alpes.

26. Festuque velue (*F. hirsuta*, DC.. *Aira hirsuta*, Schleich.).

Chaumes grêles, hauts de 8-15 pouces; feuilles étroites, lisses; panicule unilatérale, resserrée, à pédicelles inégaux, géminés; épillets de 3-5 fleurs; valves de la glume très inégales; arête presque aussi longue que la balle. ⊙. Croît en Provence. (Rare.) Parmi les festuques de cette division, il y a probablement un grand nombre de variétés locales que nous avons décrites comme espèces. Les *festuca amethystina*, L., *Lemanii*, Bast., paraissent être de simples variétés de la *rubra* ou de l'*heterophylla*.

Genre VULPIE (*Vulpia*, Gmel.).

Caractère des festuques, mais une arête beaucoup plus longue que chaque fleur; 1 seule étamine; panicule en long épi grêle.

*Espèce* 1. Vulpie queue de rat (*Vulpia myurus*, Gm. *Festuca myurus*, L.).

Chaumes de 1-2 pieds, coudés à la base; feuilles glabres, roulées, les caulinaires plus larges; panicule longue, penchée; épillets sétacés, à 4-6 fleurs presque glabres; arêtes scabres. ⊙. Croît sur les murs et dans les lieux secs. La *festuca bromoides*, L., est une variété à épi dressé.

2. Vulpie ciliée (*V. ciliata*, Gmel. *Festuca ciliata*, DC.).

Peut-être une variété de la *myurus*; elle s'en distingue par sa tige rameuse à la base, sa panicule dressée et ses fleurs velues-ciliées. ⊙. Croît sur les rochers en Provence, en Languedoc.

3. Vulpie univalve (*Festuca uniglumis*, Ait. kew. 1. p. 108).

Chaumes de 8-10 pouces; feuilles courtes; panicule très longue, dressée, serrée; épillets lancéolés; l'une des valves de la glume grande, aristée; l'autre obsolète, presque nulle. ⊙. Croît dans les lieux sablonneux. Je ne connais pas la *festuca sciuroides*, Roth.; elle appartient certainement à ce genre.

## Genre KOELÉRIE (*Kœleria*, Persoon).

Glume bivalve, contenant 3-4 fleurs; balle à 2 valves, dont l'une à 2 pointes, l'autre plus grande, terminée par une soie courte; fleur du sommet stérile, mutique; 2 styles, à stigmates simples; fleurs en une sorte d'épi.

*Espèce* 1. Koelérie crétée (*Kœleria cristata*, Pers. *Aira cristata*, L. sp. 94).

Chaumes rameux, hauts de 1-2 pieds; feuilles courtes, sétacées, pubescentes; chaume portant 1-2 gaînes; panicule spiciforme; épillets luisans, à glume pubescente; balle à valves ciliées sur la carène. ♃. Commune dans les lieux sablonneux.

2. Koelérie grêle (*K. gracilis*, Pers. syn. 97).

Peut-être une variété de la précédente, dont elle diffère par un épi plus grêle, par sa glume à 1-2 fleurs et par sa balle non ciliée sur la carène. ♃. Lieux très secs.

3. Koelérie blanchatre (*K. albescens*, DC. cat. monsp. 117).

Chaume de 4-8 pouces, plus court que les feuilles, qui sont un peu glauques, à bords roulés, les inférieures velues; panicule spiciforme, d'un blanc argenté, engaînée par la feuille supérieure. ♃. Languedoc. Cette espèce, que l'on ne croyait habiter que le Languedoc, a été retrouvée dans les environs de Bordeaux et en Anjou.

4. KOELÉRIE SÉTACÉE (*K. setacea*, PERS. *Poa pectinacea*, LAM.).

Chaumes de 6-8 pouces, pubescens; feuilles nombreuses, gazonnantes, pointues, très-étroites, roulées; panicule oblongue, d'un blanc argenté, très-serrée; glumes à 2-3 fleurs pointues, à valves ciliées sur le dos. ♃. Alpes de Provence, Pyrénées.

5. KOELÉRIE VELUE. (*K. villosa*, PERS. *Phalaris pubescens*, DC. fl. fr.).

Chaume glabre, rameux; feuilles planes, pubescentes, à gaîne offrant un pinceau de poils; panicule en épi cylindrique, serré, pubescent; arêtes naissant au-dessous du sommet des valves externes des balles. ⊙. Croît en Provence, en Languedoc. La *kœleria cinerea* paraît être une variété plus petite, à feuilles courtes, un peu moins velues, et à épi ovoïde.

6. KOELÉRIE MAIGRE (*K. macilenta*, DC. suppl. 1597[a]).

Chaumes très grêles, filiformes, duvetés; feuilles pubescentes, à languette presque nulle; panicule grêle, droite, à glumes glabres, l'extérieure très grande, pliée en carène, l'intérieure très petite; arêtes très courtes, naissant un peu au-dessous du sommet des balles. ⊙. Bords de la mer, en Languedoc.

7. KOELÉRIE PHLÉOLE (*K. phleoides*, PERS. *Festuca phleoides*, DC. fl. fr.).

Chaumes droits, hauts de 10-15 pouces; feuilles molles, pubescentes; panicule serrée, cylindrique, spiciforme; épillets à 3-5 fleurs; valves externes ciliées sur le dos, et munies d'une arête courte qui naît au-dessous du sommet. ⊙. Alpes de Provence. La *koeleria brachystachia*, DC. cat. monsp., croît peut-être sur les bords de la mer, en Languedoc.

8. Koelérie a grand calice (*K. calycina*, DC. *Festuca calycina*, Lam.).

Chaumes simples, grêles; hauts de 3-6 pouces; feuilles molles, pointues, très étroites, hérissées; panicule lâche; glumes glabres, très grandes, et enveloppant entièrement les fleurs; point d'arêtes. ⊙. Départemens les plus méridionaux.

Genre POA (*Poa*, Linné).

Glume multiflore, à 2 valves, à épillets ovales, toujours sans arête; balle à 2 valves, souvent scarieuses sur les bords : fleurs paniculées.

*Espèce* 1. Poa des Alpes (*Poa Alpina*, L. sp. 99).

Chaume simple, violet vers le haut; feuilles planes, courtes; fleurs en panicule, diffuse; épillets panachés, noirâtres, ovoïdes, comprimés; à 5-6 fleurs pubescentes. ♃. Prés des montagnes. Le *poa brevifolia*, DC., yn., est une variété à glumes rudes sur le dos, à balles très hérissées.

2. Poa amourette (*P. eragrostis*, L. sp. 100).

Chaumes rameux, longs de 4-6 pouces; feuilles larges, munies de quelques poils rares, à gaîne velue, glabre à l'ouverture; panicule allongée; épillets à 10-11 fleurs, à pédicelles rudes; balle un peu ciliée sur les bords. ♃. Lieux sablonneux du centre et du Midi.

3. Poa poilu (*P. pilosa*, L. sp. 100).

Chaumes de 12-15 pouces; feuilles planes, un peu ciliées au sommet; gaîne glabre, à manchette velue; panicule étalée, très grêle; épillets à 7-8 fleurs oblongues. ⊙. Lieux sablonneux du Midi.

4. POA A LONGS ÉPILLETS (*P. megastachya*, KOEL. *Briza eragrostis*, L.).

Chaumes rameux, couchés, longs de 5-8 pouces; feuilles planes, arquées; des houppes de soie à l'entrée de la gaîne; fleurs paniculées; épillets à 18-20 fleurs. ☉. Lieux sablonneux du centre et du Midi.

5. POA MARITIME (*P. maritima*, HUDS. angl. 42).

Chaumes coudés, ascendans, longs de 1-2 pieds; feuilles planes ou un peu roulées; panicule resserrée ou étalée, presque unilatérale; épillets à 15-20 fleurs cylindriques, obtuses, un peu écartées. ♃. Bords de l'Océan et de la Méditerranée.

6. POA ÉCARTÉ (*P. distans*, L. mant. 32).

Probablement une variété du *maritima*. Il en diffère par ses épillets à 4-6 fleurs, à balles courtes, très écartées, et enfin parce que la membrane qui surmonte la gaîne est moitié plus courte. ☉. France septentrionale, Alsace.

7. POA AQUATIQUE (*P. aquatica*, L. sp. 98).

Chaume gros, haut de 3-6 pieds; feuilles piquantes, larges, longues; panicule ample, diffuse; épillets à 6-8 fleurs linéaires; balles pubescentes; striées. ☉. Croît au bord des étangs et des fossés.

8. POA TRINERVÉ (*P. trinervata*, EHRH. *P. sylvatica*, POLL.).

Chaume de 3-4 pieds, à articulations rouges; feuilles larges, planes, glauques; panicule diffuse; épillets à 4-6 fleurs aiguës; balle à valve externe trinervée, et à valve interne binervée. ♃. France orientale, Allemagne.

9. POA DE SILÉSIE (*P. Sudetica*, SCHREB. *P. rubens*, DC. fl. fr.).

Chaume dressé, comprimé; feuilles planes; panicule violâtre, étalée; épillets à 4-5 fleurs aiguës; balle à valve externe marquée de 5 nervures proéminentes. ♃. Bois des Alpes et des Vosges; Ardennes.

10. POA ANNUEL (*P. annua*, L. sp. 99).

Chaume petit, oblique, comprimé, feuillé; feuilles à bords ondulés; panicule verdâtre, étalée; épillets obtus, à 4 fleurs. ☉. Très commun dans les lieux cultivés et dans les rues des villes.

11. POA TRIVIAL (*P. trivialis*, L. *P. scabra*, EHRHR.).

Chaumes nombreux, droits, un peu rudes; feuilles planes, à languette lancéolée, un peu déchiquetée; panicule diffuse; épillets à 3-4 fleurs ovales; valves de la balle pubescentes à la base; gaînes scabres. ♃. Forme à lui seul une grande partie des prairies. Le *poa Kœleri*, DC., est très voisin de cette espèce : il croît en Allemagne; ses gaînes sont lisses, glabres.

12. POA DES MARAIS (*P. palustris*, HOFF. non LIN.).

Peut-être une variété locale du précédent : elle ne s'en distingue que par ses gaînes et son chaume lisses, glabres, ses épillets glabres à la base, et par les valves externes des balles quinquénervées. ♃. Prés humides.

12. POA DES PRÉS (*P. pratensis*, L. sp. 99).

Chaume rameux à la base, muni de feuilles planes, larges, à bords rudes, à gaîne terminée par une languette courte, tronquée; panicule diffuse; épillets à 4 fleurs glabres. ♃. Très commun dans les prés.

13. POA A FEUILES ÉTROITES (*P. angustifolia*, L. sp. 99).

Chaumes droits, lisses, feuillés; feuilles radicales roulées sur elles-mêmes; caulinaires courtes, un peu larges; panicule diffuse; épillets à 4 fleurs; valves de la glume inégales; valves de la balle légèrement pubescentes. ♃. Croît dans les champs et les prairies.

14. POA DU RHIN (*P. Rhenana*, DC. synop. 1609a).

Chaumes dressés; feuilles glabres, pliées en gouttière; languette avortée, à ouverture calleuse, un peu ciliée; panicule étalée; épillets à 5-7 fleurs ovales. ♃. Croît en Alsace et dans le Palatinat. (Rare.)

15. Poa comprimé (*P. compressa*, L. sp. 101).

Chaumes courbés à la base, noueux, aplatis, redressés; feuilles courtes, planes, un peu roulées, à gaîne terminée par une languette courte; panicule unilatérale, comprimée, resserrée; épillets à 4-9 fleurs anguleuses, liées à la base par des poils.

16. Poa des bois (*P. nemoralis*, L. sp. 102).

Chaume grêle, faible, garni de feuilles planes, tombantes; panicule amincie au sommet; épillets à 2-3 fleurs pâles, petites; pédicelles un peu hispides et disposés en demi-verticilles; valves des glumes et des balles terminées en pointe. ♃. Croît dans les bois. Le *poa fertilis*, Host., est, selon M. Mérat, une simple variété glauque, dont les épillets ont une fleur de plus. Le *poa coarctata*, Schl., est aussi, d'après M. Gaudin, une variété du *nemoralis*; à tige roide, à panicule resserrée, et composée d'un grand nombre d'épillets, et à glumes rudes sur le dos, et plus courtes que les balles. Croît dans les bois arides.

17. Poa bulbeux (*P. bulbosa*, L. sp. 102).

Chaumes presque nus, hauts de 8-15 pouces, renflés à leur base en forme de tubercule; panicule presque étalée, unilatérale; épillets à 4 fleurs ovales; valves s'allongeant souvent en manière de feuilles, et faisant paraître la panicule comme frisée. ♃. Commun dans les lieux sablonneux.

18. Poa du Mont-Cenis (*Poa Cenisia*, Allion, non Host.).

Chaume comprimé, ascendant, couché à la base; feuilles planes, à languette lancéolée, pointue; panicule un peu diffuse; épillets à 6-7 fleurs ovales; valves de la balle pubescente. ♃. Alpes du Dauphiné, Mont-Cenis.

19. Poa élégant (*P. elegans*, Schl. *P. laxa*, Willd.).

Chaumes droits ; feuilles glauques, très étroites, distiques; panicule grêle, lâche, pauciflore; épillets à 3 fleurs ovales, pubescentes sur le dos et sur les bords; languettes lancéolées. ♃. Pyrénées, Hautes-Alpes. Le *poa Molinerii*, Balb., et le *poa concinna*, Gaud., sont voisins de cette espèce : ils habitent le Valais et le Piémont.

20. Poa distique (*P. distycha*, Jacq. ic. rar. t. 19).

Chaume grêle, strié, un peu plus long que les feuilles, qui sont nombreuses, filiformes; panicule comprimée, spiciforme, à épillets presque sessiles, distiques, à 4-5 fleurs; valve externe des balles tridentée. ♃. Pyrénées, Hautes-Alpes.

21. Poa millet (*P. miliacea*, Vill. dauph. DC. fl. fr.).

Chaumes grêles, hauts de 10-15 pouces; feuilles planes, glabres, à gaîne striée; panicule violâtre, un peu étalée, à pédicelles géminés ou ternés; épillets à 2 fleurs ovales; valve externe de la balle dépourvue de nervure, pubescente sur le dos et sur les bords. ♃. Hautes-Alpes, Pyrénées.

22. Poa des rivages (*P. littoralis*, Gou. fl. monsp. 470).

Chaumes couchés; feuilles glauques, glabres, distiques; panicule serrée, spiciforme, unilatérale; épillets à 8-10 fleurs cylindriques, presque sessiles. ♃. Sables maritimes du Languedoc et de la Provence.

23. Poa fausse-aira (*P. airoides*, Koel. *Aira aquatica*, L. sp.).

Racines rampantes; chaumes glabres, dressés; feuilles planes, lisses, glabres, avec une membrane à l'ouverture de la gaîne; panicule lâche, étalée; épillets à 2 fleurs; balles torses, tronquées, sillonnées, plus longues que la glume. ♃. Croît dans les fossés et prés humides.

24. Poa divergent (*P. divaricata*, Gou. ill. 4. t. 2).

Chaumes très grêles, hauts de 5-8 pouces; feuilles filiformes, glabres; panicule très divariquée, à pédicelles épaissis au sommet; épillets à 4 fleurs, très petites. ♃. Environs de Montpellier, Provence, Italie. (Rare.)

25. Poa dure (*P. dura*, DC. *Cynosurus durus*, L.).

Chaumes de 4-8 pouces, nombreux, gazonnans; feuilles glabres; épi ovale, unilatéral, très roide; épillets à 3-5 fleurs, glabres, obtuses, serrées, presque sessiles; glumes scarieuses sur les bords. ⊙. Croît en Alsace, en Provence.

26. Poa roide (*P. rigida*, L. sp. 101).

Chaumes rameux, coudés, diffus, garnis de feuilles planes, étroites; panicule très roide, lancéolée, distique, unilatérale, glabre; pédicelles alternes, un peu velus; épillets à 6-12 fleurs linéaires, glabres. ⊙. Croît sur les murs et dans les lieux sablonneux et arides.

27. Poa couché (*P. procumbens*, Smith. fl. brit. 1. p. 98).

Chaumes couchés, genouillés, redressés; feuilles planes; panicule rameuse, à rameaux scabres; épillets à 5 fleurs; glumes à 5 nervures saillantes. ⊙. Croît sur les côtes de la Manche et de l'Océan.

Genre GLYCÉRIE (*Glyceria*, R. Brown).

Glume multiflore, à 2 valves mutiques, inégales; balle à 2 valves, dont l'externe lacérée au sommet, et enveloppant l'autre qui est bifide, plus petite et carénée; 2 stigmates sessiles; fleurs paniculées.

*Espèce.* GLYCÉRIE FLOTTANTE (*Glyceria fluitans*, PAL. B. *Festuca fluitans*, L.).

Chaumes flasques, couchés à la base, garnis de feuilles planes, longues, souvent flottantes; panicule rameuse, à rameaux droits; épillets à 7-12 fleurs linéaires, un peu comprimées; valves de la glume très obtuses. ♃. Commun dans les fossés, les mares, etc.

Genre MÉLIQUE (*Melica*, LINNÉ).

Glume à 2-3 fleurs, à 2 valves scarieuses; 1-2 fleurs hermaphrodites, la terminale avortée; balle renflée, à 2 valves. (Voy. *Atl.*, pl. 26.)

*Espèce* 1. MÉLIQUE CILIÉE (*Melica ciliata*, L. sp. 97).

Chaumes droits, feuillés, rameux; feuilles glauques, rudes, roulées sur les bords, garnies d'une membrane auriculée à l'entrée de la gaîne; panicule allongée, spiciforme; valves de la balle pubescentes. ♃. Croît sur les coteaux secs.

2. MÉLIQUE DE BAUHIN (*M. Bauhini*, ALL. auct. 43).

Diffère de la *ciliata* par sa panicule grêle, unilatérale, chargée de poils beaucoup moins nombreux, et par ses pédicelles divergens. ♃. Lieux arides, en Provence, Piémont, Italie.

3. MÉLIQUE RAMEUSE (*M. ramosa*, VILL. *M. pyramidalis*, LAM.).

Chaumes rameux à la base; feuilles roides, glauques, un peu roulées; panicule lâche, pyramidale; 2 fleurs hermaphrodites. ♃. Languedoc, Dauphiné, Roussillon.

4. MÉLIQUE UNIFLORE (*M. uniflora*, RETZ. *M. nutans*, LAM.).

Chaume dressé, feuillé; feuilles glabres, planes, munies à l'orifice de la gaîne d'une languette opposée; panicule lâche; pédoncules portant une seule fleur hermaphrodite; balle glabre. ♃. Bois montueux, ombragés.

5. Mélique de montagne (*M. montana*, Huds. *M. nutans*, L.).

Se distingue de l'*uniflora* par ses feuilles, qui n'ont point une languette opposée, par sa panicule unilatérale, penchée, et par ses épillets à 2 fleurs hermaphrodites. ♃. Bois des montagnes.

Genre BRIZE (*Briza*, Linné).

Glumes multiflores, à 2 valves; balle à 2 valves, très ventrues, cordiformes, obtuses, dont l'intérieure plus petite; panicule divergente, à épillets pendans.

*Espèce* 1. Brize commune (*Briza media*, L. sp. 103).

Chaume presque nu, haut de 8-15 pouces; feuilles glabres, planes; panicule très lâche; pédicelles filiformes, ondulés, bifurqués; épillets violets, à 5-7 fleurs comprimées. ♃. Commune sur toutes les pelouses et dans les prés. Cette jolie graminée est appelée *amourette, tremblette*. La *briza minor*, L., est une variété à fleurs verdâtres et à feuilles plus larges.

2. Brize à gros épillets (*B. maxima*, L. sp. 103).

Chaume feuillé, un peu rameux; feuilles larges, rudes sur les bords; panicule ample, à pédicelles rameux très ondulés; épillets gros, panachés de vert et de blanc. ⊙. France méridionale.

Genre BROME (*Bromus*, Linné).

Glume multiflore, à 2 valves égales; balle à 2 valves, dont l'extérieure concave, plus grande, et portant une arête qui part un peu au-dessous du sommet, l'intérieure plus petite et munie de 2 rangs de cils.

*Espèce* 1. Brome seigle (*Bromus secalinus*, L. sp. 112).

Chaume droit, muni de feuilles, dont les inférieures

plus courtes, les supérieures plus longues, plus larges, un peu velues en dessus; gaînes glabres; panicule étalée, penchée; épillets glabres, ovales, comprimés, à fleurs distinctes. ⊙. Croît dans les moissons.

2. Brome mou (*B. mollis*, L. sp. 112).

Diffère du *secalinus* par sa panicule moins étalée, par sa taille plus petite, et surtout par ses épillets et ses gaînes couverts d'un duvet blanchâtre. ⊙. Croît dans les lieux secs, au bord des chemins.

3. Brome épais (*B. grossus*, DC. fl. fr.).

Chaume glabre, genouillé, à articulations allongées; gaînes et feuilles pubescentes; panicule lâche, un peu penchée, à épillets ovales, pubescens, comprimés. ⊙. Croît au bord des chemins.

4. Brome en grappe (*B. racemosus*, L. sp. 114).

Chaume de 2 pieds; feuilles larges, pubescentes; panicule grosse, courte, à peine penchée; épillets de 7-9 fleurs, ovoïdes, comprimés, glabres. ⊙. Croît çà et là dans les lieux secs, stériles.

5. Brome allongé (*B. elongatus*, Gaud. agr. p. 305).

Très voisin du précédent, dont il diffère par ses feuilles glabres, par sa panicule droite, par ses pédicelles rameux, et par ses épillets allongés. ⊙. Lieux arides des Alpes.

6. Brome multiflore (*B. multiflorus*, Koel. gr. 232).

Chaume droit, garni de feuilles molles, velues, ainsi que les gaînes; panicule lâche, redressée, à épillets lancéolés, pubescens. ⊙. Croît dans les champs.

7. Brome rude (*B. squarrosus*, L. sp. 112).

Chaume grêle, haut de 12-18 pouces; feuilles pubescentes, à gaînes très velues; panicule un peu penchée; pédicelles simples; épillets ovales-comprimés, glabres, munis d'arêtes divergentes. ⊙. Croît au bord des champs, dans le Midi.

8. Brome divariqué (*B. divaricatus*, Lois. not. 22).

Chaume de 10-15 pouces; feuilles glabres ou un peu pubescentes, à gaînes garnies d'un duvet court; panicule droite, resserrée, à rachis et pédicelles rudes; épillets linéaires-lancéolés, un peu comprimés, à 9-15 fleurs; arêtes divergentes, tortillées. ☉. Provinces méridionales.

9. Brome droit (*B. erectus*, Huds. angl. 49. *B. perennis*, Vill.).

Chaume allongé, presque nu; feuilles inférieures étroites, légèrement velues, un peu canaliculées; panicule droite, resserrée; pédicelles presque simples; épillets rudes, linéaires, oblongs; feuilles caulinaires glabres. ♃. Croît dans les champs et les prés secs.

10. Brome des champs (*B. arvensis*, L. sp. 113).

Chaume droit; feuilles inférieures longues, planes, les supérieures courtes, toutes velues, ainsi que les gaînes; panicule ample, étalée; pédoncules rameux; épillets lancéolés, glabres; arêtes droites, plus courtes que les fleurs. ☉. Commun dans les prés et les champs.

11. Brome des prés (*B. pratensis*, Koel. gram. 239).

Chaumes droits; feuilles planes, velues; gaînes des inférieures couvertes d'un duvet mou; panicule dressée; pédicelles scabres, simples ou rameux; épillets ovales-lancéolés, comprimés; arêtes plus longues que les fleurs. ♃. Croît dans les champs et les prés.

12. Brome scabre (*B. asper*, L. suppl. 11. *B. dumetorum*, Lam.).

Chaumes droits; feuilles glabres ou à peine pubescentes, à gaîne très velue, dont les poils sont penchés vers la base; panicule rameuse, penchée; épillets linéaires, oblongs. ♃. Croît dans les bois et les buissons.

13. Brome élevé (*B. giganteus*, L. sp. 114).

Chaume de 2-4 pieds, lisse, gros, à articulations noirâtres; feuilles larges, rudes sur les bords, à gaîne scabre; panicule lâche; épillets penchés, à 4 fleurs; arêtes plus longues que les fleurs. ♃. Croît dans les bois et les prés ombragés.

14. Brome stérile (*B. sterilis*, L. sp. 113).

Chaume noueux, penché au sommet; feuilles presque glabres, striées; panicule étalée, pendante; épillets glabres, lancéolés; fleurs sillonnées; arêtes longues. ⊙. Commun au bord des murs et des chemins.

15. Brome des toits (*B. tectorum*, L. sp. 114).

Probablement une variété du précédent : il en diffère par les arêtes plus courtes, la panicule unilatérale moins fournie, les épillets pubescens et les feuilles velues. ⊙. Croît sur les toits de chaume, etc.

16. Brome a épillets nombreux (*B. polystachyus*, DC. suppl. 1639a).

Chaumes ascendans, hauts de 10-18 pouces; feuilles glabres, à gaînes duvetées; panicule lâche, dressée, à épillets très nombreux; pédicelles simples; épillets longs, comprimés, un peu violets; arête droite, dépassant un peu la balle. ⊙. Provinces méridionales.

17. Brome de Madrid (*B. Madritensis*, L. sp. 114).

Chaume de 1-2 pieds; feuilles presque glabres, ainsi que les gaînes, striées, munies à l'entrée d'une membrane très découpée; panicule droite, serrée, un peu rameuse, à pédicelles géminés, pubescens, renflés au sommet; épillets linéaires, scabres; fleurs à 2 étamines. ⊙. Croît dans le Midi. Le *bromus maximus*, Desf., est une variété à feuilles velues et à arêtes très longues. Le *bromus rigidus*, Roth., paraît être une autre variété plus petite, à arêtes longues et à panicule fournie. Le *bromus scoparius*, L., est une espèce voisine qui ne se trouve pas en France.

18. BROME ROUGEATRE (*B. rubens*, L. sp. 114).

Chaume glabre, haut de 10-15 pouces; feuilles glabres, les inférieures à gaîne velue; panicule droite, fasciculée, à épillets velus, preque sessiles; arêtes droites. ⊙. Provinces méridionales.

Genre DACTYLE (*Dactylis*, LINNÉ).

Glume multiflore, à 2 valves aiguës, inégales, carénées; balle à 2 valves carénées, dont l'une porte au sommet une arête très courte.

*Espèce* 1. DACTYLE AGGLOMÉRÉ (*Dactylis glomerata*, L. sp. 105).

Chaume articulé, feuillé, haut de 2-4 pieds; feuilles scabriuscules sur les bords; fleurs en panicule agglomérée, toutes tournées du même côté. ♃. Commun dans tous les prés.

2. DACTYLE D'ESPAGNE (*D. Hispanica*, ROTH. cat. 1. p. 8).

Diffère du précédent par ses feuilles lisses et par les valves des glumes et des balles chargées sur le dos de la carène d'une rangée de poils roides, étalés. ♃. Provinces méridionales, Espagne, Italie.

---

# *CRYPTOGAMES.*

## FAM. 108. CHARACÉES (*Characeæ*, RICH.).

Plantes aquatiques, à tiges verticillées, articulées, fragiles, dont le mode de reproduction est mal connu. Les fruits consistent en des espèces de coques axillaires qui paraissent être un ovaire sous lequel on aperçoit quelquefois un globule rougeâtre, que l'on regarde comme une anthère; ces coques sont crustacées, ovoïdes, ordinairement striées en spirale.

### Genre CHARA (*Chara*, Linné).

Mêmes caractères que ci-dessus.

* *Espèces hispidiuscules, glauques.*

*Espèce* 1. Chara commun (*Chara vulgaris*, L. sp. 1624).

Tiges rameuses, longues, glauques, striées, munies de verticilles courts, composés de feuilles cylindriques; fruits globuleux, réunis 4-4. ⊙. Eaux stagnantes.

2. Chara cotonneux (*C. tomentosa*, L. sp. 1624).

Tiges grosses, sillonnées, poudreuses, un peu hispides, à rameaux feuillés à la base. ⊙. Croît dans les eaux stagnantes.

3. Chara faux-gaillet (*C. galioides*, DC. cat. monsp. 93).

Tiges grêles, blanchâtres; un peu aiguillonnées au sommet; rameaux par verticilles de 7-8; 3 fruits sessiles, solitaires, rougeâtres, non striés, aussi longs que les bractées. ⊙. Eaux saumâtres.

4. Chara fragile (*C. fragilis*, Lois. not. p. 137).

Tiges très fragiles, roides, à articulations très rapprochées; fruits plus courts que les bractées. ⊙. Eaux stagnantes.

5. Chara funiculaire (*C. funicularis*, Thuil. fl. p.).

Tiges blanchâtres, torses, en manière de ficelles, rudes, poudreuses. ⊙. Hab. *id.*

6. Chara capillaire (*C. capillacea*, Thuil. fl. p.).

Tiges très menues, capillaires, demi-transparentes, à rameaux très grêles, verticillés, allongés; fruits jaunes, lisses, un peu plus courts que les bractées. ⊙. Croît dans les mares. Le *chara delicatula*, Desv., ne paraît en différer que par ses rameaux plus courts et plus roides.

7. Chara hispide (*C. hispida*, L. sp. 1624).

Tiges sillonnées, hispides, à rameaux un peu feuillés à leur base; fruits solitaires, striés en spirale. ⊙. Eaux stagnantes.

8. Chara trompeur (*C. decipiens*, Desv.).

Tiges vertes, portant au sommet quelques petits aiguillons caduques; rameaux demi-transparens. ⊙. Croît dans les mares et les étangs. Le *chara obtusa*, Desv., paraît être une variété à rameaux obtus, disposés par verticilles éloignés. Le *chara intertexta*, Desv., est une autre variété un peu plus roide.

9. Chara globuleux (*C. globularis*, Thuil. fl. p.).

Tiges rameuses, parsemées de poussière blanchâtre sur les rameaux; fruits jaunes, globuleux, dépassant de beaucoup les bractées. ⊙. Croît dans les mares.

10. Chara flexible (*C. flexilis*, L. sp. 1624).

Tiges lisses, d'un vert luisant, à rameaux grêles, allongés; fruits lisses, agglomérés au sommet de la plante, et plus courts que les bractées. ⊙. Croît dans les mares et les étangs. Le *chara translucens*, Pers., est une variété moins rameuse et à fruits un peu moins nombreux.

** *Espèces transparentes et dépourvues d'aiguillons.*

11. Chara transparent (*C. hyalina*, DC. suppl. 1464 a).

Tiges blanchâtres, luisantes, transparentes, à verticilles supérieurs très rapprochés; fruits noirâtres, ovoïdes, un peu pédicellés. ⊙. Croît dans les eaux dormantes.

12. Chara batrachosperme (*C. batrachosperma*, Thuil. fl. par.).

Tiges courtes, grêles, lisses, demi-transparentes, à rameaux en verticilles rapprochés; fruits ovoïdes, réunis 3-4, ovales, striés, plus courts que les bractées. ☉. Eaux stagnantes.

13. Chara a fruits réunis (*C. syncarpa*, Thuil. fl. par.).

Tiges grêles, lisses, transparentes, à rameaux capillaires verticillés; fruits ovales, striés, réunis 2-3 ensemble, et dépourvus de bractées. ☉. Croît dans les mares et les fossés. Parmi les espèces que je viens de décrire, il y en a probablement qui ne sont que des variétés.

## famille 109. ÉQUISÉTACÉES (*Equisetaceæ*, Rich.).

Tiges simples ou rameuses, articulées, à fructification en chaton terminal, composé de petits mamelons pédiculés et renfermant des petits globules ovoïdes, surmontés chacun par 4 petits filets pollinifères; que l'on a considérés comme les organes mâles; feuilles linéaires, glabres, munies d'une espèce de collerette dentée.

### Genre PRÊLE (*Equisetum*, Linné).

Mêmes caractères que ceux de la famille. (Voyez *Atl.*, pl. 21.)

*Espèce* 1. Prêle d'hiver (*Equisetum hiemale*, L. sp. 1517).

Tige scabre, aphylle, légèrement rameuse, haute de 2-3 pieds; collerettes noires sans dentelures; fructification en petite tête ovoïde. ♃. Croît à la fin de l'hiver dans les forêts humides. Cette plante sert à polir le bois et plusieurs métaux.

2. Prêle des champs (*E. arvense*, L. sp. 1516).

Tige fructifère, aphylle, simple, à collerettes éloignées, profondément divisées, brunes au sommet; épi ovoïde, assez long; tiges stériles, hautes de 12-15 pouces, à feuilles longues, rameuses, verticillées. ♃. Commune dans les champs humides.

3. Prêle telmateya (*E. telmateya*, Ehrh. cryp. 31).
*Eq. eburneum*, Hoff.

Tiges stériles, grosses, très blanches, hautes de 2-3 pieds, garnies de feuilles longues, simples, verticillées; collerettes rapprochées, à divisions profondes; tige florifère, grosse, portant un épi oblong. ♃. Lieux humides.

4. Prêle des fleuves (*E. fluviatile*, L. sp. 1517).

Tiges de 1-4 pieds, rameuses, à collerettes brunes, à dents sétacées au sommet, très rapprochées; feuilles par verticilles nombreux, surtout sur les tiges stériles; épis courts, ovoïdes: quelquefois il y a un grand nombre de petits épis terminaux à l'extrémité des feuilles.

5. Prêle des bourbiers (*E. limosum*, L. sp. 1517).

Tiges fertiles, simples ou garnies de quelques courts rameaux verticillés; collerettes resserrées, distantes, verdâtres, divisées en 20 dents, brunes au sommet; épi ovale. ♃. Croît dans les fossés et les étangs.

6. Prêle des marais (*E. palustre*, L. sp. 1516).

Tiges grêles, jamais stériles, hautes de 8-10 pouces, scabriuscules, profondément sillonnées, à rameaux verticillés; collerettes à 8-10 dents courtes, aiguës; épi cylindrique. ♃. Commune dans les prés marécageux.

7. Prêle panachée (*E. variegatum*, Willd. sp.).

Racines fibreuses; tiges très rameuses, à rameaux grêles, striés; collerettes petites, cylindriques, marquées d'une tache noire, prolongées en 6 dents blanches, acérées; épi petit, ovoïde, pointu. ♃. Croît au bord du Rhin. Je l'ai aussi recueillie au bord du Rhône.

8. Prêle rameuse (*E. ramosum*, DC. synops. 1457*).

Racines fibreuses; tiges très branchues, à rameaux partant de la base; collerettes verdâtres, non tachées de noir à leur base, prolongées en 6 dents courtes, acérées, quelquefois brunâtres; épis oblongs, longs d'un demi-pouce. ♃. Croît dans le centre et le Midi, au bord des fleuves.

9. Prêle tubéreuse (*E. tuberosum*, DC. sup. 1457b.)

Ressemble beaucoup aux variétés du *palustre*; racines fibreuses, portant çà et là des petits tubercules farineux; tiges rameuses à la base, grêles, striées; collerettes verdâtres, à 6 dents courtes, acérées, brunâtres; épis ovales-oblongs. ♃. Environs de Nantes.

10. Prêle des forêts (*E. sylvaticum*, L. sp. 1516).

Tiges stériles pourvues de verticilles de feuilles composées, capillaires; tiges fertiles munies de quelques verticilles de feuilles courtes; collerettes à 4-5 dents ovales; épi court, ovoïde. ♃. Croît çà et là dans les prairies des bois.

## Famille 110. MARSILÉACÉES (*Marsileaceæ*, R. Br. RHIZOSPERMES, DC.)

Plantes aquatiques, à rhizome grêle, rampant, émettant çà et là des feuilles souvent roulées en crosse dans leur jeunesse, entre lesquelles se trouvent, près de l'aisselle, des fructifications sous forme de globules, uni ou pluriloculaires, dont l'enveloppe coriace ou membraneuse est indéhiscente.

### Genre SALVINIE (*Salvinia*).

Capsules groupées 4-9, arrondies, membraneuses. (Voyez *Atl.*, pl. 19, f. 2.)

*Espèce.* Salvinie nageante (*Savinia natans*, Hoff. *Marsilea natans*, L.).

Tige grêle, longue de 2-4 pouces, flottante; feuilles opposées, non roulées en crosse à leur développement, ovales, obtuses, ressemblant grossièrement à celles de la sauge; fructifications naissant dans les aisselles des premières ramifications. ♃. Flotte dans les eaux stagnantes près Montpellier, en Auvergne et dans les lacs du Piémont. (Rare.)

Genre MARSILÉE (*Marsilea*, Linné).

2-3 involucres portés sur un pédicelle commun, coriaces, ovoïdes, partagés en plusieurs loges par des cloisons très minces.

*Espèce.* Marsilée à quatre feuilles (*Marsilea quadrifolia*, L. sp. 1563).

Tiges rampantes; feuilles à pétioles longs, composées de 4 folioles entières disposées en croix. ♃. Flotte sur les eaux en Alsace, en Dauphiné, en Anjou. Je l'ai reçue du Palatinat et des environs de Strasbourg.

Genre PILULAIRE (*Pilularia*, Linné).

Involucre, ou fructification globuleuse, presque sessile, partagée en 4 lobes.

*Espèce.* Pilulaire globuleuse (*Pilularia globulifera*, L. sp. 1563).

Souche ou tige grêle, rampante, adhérant au sol par des radicules nombreuses; feuilles filiformes; globules assez gros, velus, sphériques. ♃. Croît dans les lieux inondés. La *pilularia natans*, Mérat, est une variété nageante qui devient plus longue et plus grêle.

Genre ISOÈTE (*Isoetes*, Linné).

Fructifications renfermées à l'aisselle des feuilles, et formées de coques oblongues indéhiscentes.

*Espèce.* ISOÈTE DES LACS (*Isoetes lacustris*, L. sp. 1563).

Tubercule radical, arrondi, donnant naissance à 6-12 feuilles longues, demi-cylindriques, subulées, articulées, pointues, à l'aisselle desquelles on trouve des capsules oblongues, laissant apercevoir au travers un grand nombre de globules. Cette plante ne ressemble pas mal au *phalangium ramosum*, dépourvu de tige florale. ♃. Croît au fond des étangs et des lacs ; près Montpellier, Dax ; dans l'Alsace et le Piémont. (Rare.)

## FAMILLE III. LYCOPODIACÉES (*Lycopodiaceæ*, RICH.).

Plantes à feuilles menues, comme imbriquées, ayant le port des mousses ; fructifications axillaires en une sorte d'épi terminal ou placées çà et là dans les aisselles, composées par des petites coques jaunes, uniformes, à deux valves, remplies d'une poussière très fine, et par d'autres coques que l'on n'a pas encore rencontrées dans tous les lycopodes ; ces dernières sont à 3 ou 4 valves, et elles renferment de très petits globules chagrinés, que l'on regarde comme les organes femelles.

### Genre LYCOPODE (*Lycopodium*, LINNÉ).

Coques crustacées, arrondies, déhiscentes et répandant à la maturité une poussière inflammable. (Voyez *Atl.*, pl. 14.)

*Espèce* 1. LYCOPODE À MASSUE (*Lycopodium clavatum*, L. sp. 1564).

Tiges rameuses, rampantes, longues de 1-2 pieds, couvertes de feuilles éparses, filamenteuses au sommet ; épis ou fructifications supportés par un pédicelle long, à bractées ovales imbriquées sur les coques et formant des massues jaunâtres. ♃. Croît dans les clairières des grands bois. La poussière jaune, appelée *lycopode*, est très employée ; mais la majeure partie de celle qui est dans le commerce n'est rien autre chose que le pollen abondant des pins.

2. Lycopode aplati (*L. complanatum*, L. sp. 1567).

Tiges rameuses, couchées, aplaties, recouvertes de feuilles courtes, imbriquées 4 à 4 et soudées par leur base; épis jaunâtres, terminaux, au nombre de 2-4. ♃. Habite les bois des Alpes. (Rare.)

3. Lycopode des Alpes (*L. Alpinum*, L. sp. 1567).

Tiges longues, rameuses, garnies de petites feuilles imbriquées sur 4 rangs, serrées; massues jaunâtres, grêles. ♃. Alpes du Dauphiné, du Piémont; Vosges, Pyrénées.

4. Lycopode a feuilles de genévrier (*L. juniperifolium*, Lam. *Lycop. annotinum*, L.)

Tiges longues, rameuses; feuilles éparses, mutiques, légèrement denticulées, imbriquées sur 4 rangs, ouvertes; massues jaunâtres, sessiles, terminales. ♃. Alpes du Dauphiné, Vosges, Jura.

5. Lycopode sélage (*L. selago*, L. sp. 1565).

Tiges dressées, dichotomes, formant une petite touffe de 6-10 pouces; feuilles très nombreuses, très rapprochées, mutiques, entières, disposées sur 8 rangs; fructifications éparses dans les aisselles des feuilles. ♃. Croît dans les bois et les bruyères des montagnes.

6. Lycopode des marais (*L. inundatum*, L. sp. 1565).

Tiges rameuses, rampantes, longues de 3-6 pouces; feuilles éparses, jaunâtres, entières, pointues, fructification en massue feuillée. ♃. Lieux marécageux et spongieux.

7. Lycopode faux-selage (*L. selaginoides*, L. sp. 1568).

Tiges simples, hautes de 2-4 pouces, dressées; feuilles éparses, imbriquées, d'un vert jaunâtre, ciliées; fructifications placées dans l'aisselle des feuilles supérieures. ♃. Assez commun dans les pâturages des hautes montagnes.

8. Lycopode de Suisse (*L. Helveticum*, L. sp. 1568).

Tiges très grêles, couchées, entrelacées, rameuses, émettant des radicelles blanchâtres; feuilles petites, ovales, pointues, disposées sur 4 rangs; fructifications en petits épis terminaux. ♃. Croît dans les Alpes au pied des vieux arbres.

9. Lycopode denticulé (*L. denticulatum*, L. sp. 1567.).

Diffère du précédent par ses tiges de 4-8 pouces, par ses feuilles ovales, très aiguës, légèrement denticulées, émettant rarement des radicelles. ♃. Alpes de Provence, environs de Montpellier, Piémont. (Rare.)

## FAMILLE 112. FOUGÈRES (*Filices*, Smith.).

Plantes terrestres ayant une organisation semblable à celle des monocotylédones. Feuilles alternes, pinnées, quelquefois entières, roulées en crosse avant leur développement; fructifications disposées sur la page inférieure des feuilles, par paquets arrondis ou linéaires; quelquefois elles sont si nombreuses, qu'elles forment des grappes ou épis terminaux. Ces fructifications (*sores*) sont crustacées, uni ou multiloculaires, nues ou revêtues d'un tégument (*indusie*), et le plus souvent entourées d'un anneau élastique qui facilite la sortie des séminules. Ces séminules lèvent avec un cotylédon latéral, large, réniforme. M. Bory Saint-Vincent partage cette nombreuse famille en 5 tribus; mais comme nous ne possédons en Europe qu'un petit nombre d'espèces, en comparaison de ce que l'on en connaît d'exotiques, nous n'adopterons dans cet ouvrage aucune de ces tribus.

† Fructifications en épis terminaux.

Genre OPHIOGLOSSE (*Ophioglossum*, Linné).

Capsules un peu globuleuses, sessiles, uniloculaires, s'ouvrant transversalement et réunies en un épi long, linéaire, aplati, et comme articulé. (Voyez *Atl.*, pl. 16, f. 1.)

*Espèce* 1. Ophioglosse commune (*Ophioglossum vulgatum*, L. sp. 1518).

Racine fibreuse; tige simple, grêle, haute de 5-10 pouces; une seule feuille très entière, sans nervure, ovale, embrassante; épi distique, dépassant presque toujours de beaucoup la feuille. ♃. Bois ombragés et humides. On la nomme vulgairement *langue de serpent*, *herbe sans couture*, etc.

2. Ophioglosse de Portugal (*O. Lusitanicum*, L. sp. 1518).

Racine fibreuse; tige de 1-3 pouces; feuille lancéolée, rétrécie à la base; épi de 4-5 lignes, ne dépassant pas la feuille. ♃. Cette jolie petite espèce croît en Corse, et se retrouve dans plusieurs localités de la Bretagne.

Genre BOTRYCHE (*Botrychium*, Sw.).

Epi rameux, composé de capsules sessiles, bivalves, disposées sur deux rangs.

*Espèce* 1. Botryche lunaire (*Botrychium lunaria* Sw. *Osmunda lunaria*, L.).

Tige simple, haute de 4-10 pouces; feuille glabre, un peu charnue, composée de 8-10 folioles arrondies, en croissant, crénelées ou un peu lobées; épi dépassant la feuille. ♃. Croît çà et là dans les prés montueux : commune dans les pâturages des montagnes.

2. Botryche matricaire (*B. matricarioides*, Willd. sp. 4. p. 62).

Tige de 2-4 pouces, portant 2 feuilles alternes, pétiolées, partagées en 2-3 segmens pinnatifides, à lobes obtus, dentés ; épis réunis en une petite grappe plus longue que les feuilles. ♃. Pyrénées, Vosges? (Très rare.)

Genre OSMONDE (*Osmunda*, Linné).

Capsules très nombreuses, déformant entièrement la feuille qui les supporte, et la changeant en une longue grappe fructifiée. Rarement les folioles inférieures de la feuille fertile sont fructifères. (Voyez *Atl.*, pl. 16, f. 2.)

*Espèce* 1. Osmonde royale (*Osmunda regalis*, L. sp. 1521).

Feuilles nombreuses, hautes de 3-4 pieds, très grandes, bipinnées, à pinnules oblongues, opposées ; fructifications très nombreuses, changeant le sommet de la plupart des feuilles en une sorte d'épi rameux. ♃. Croît dans les bois humides.

2. Osmonde struthioptère (*O. strupthiopteris*, L. sp.).

Cette fougère forme maintenant le genre *struthiopteris*, et est désignée par le nom spécifique de *germanica* ; ses feuilles stériles sont hautes de 2-3 pieds, pinnées, à pinnules pinnatifides ; les feuilles fertiles sont noirâtres, entièrement déformées par les fructifications : elles ont quelques rapports avec les feuilles fertiles de blechnum. ♃. Croît dans les Vosges, où elle est extrêmement rare fructifiée. Je l'ai reçue du Palatinat : elle se trouve aussi en Suisse.

†.† Fructifications disposées sous la face inférieure des feuilles ; capsules munies d'un anneau élastique.

Genre BLECHNUM (*Blechnum*, Sw.).

Capsules très rapprochées, réunies sur deux lignes

parallèles à la nervure médiane, recouvertes par un tégument déhiscent de dedans en dehors; feuilles fertiles, déformées.

*Espèce*. Blechnum en épi (*Blechnum spicans*, Sm. *Osmunda spicans*, L.).

Feuilles réunies en touffe, hautes de 10-15 pouces, ailées, à pinnules entières, plus courtes à la base et au sommet; feuilles fertiles, étroites, déformées, très garnies de capsules. ♃. Bois montagneux un peu humides.

Genre SCOLOPENDRE (*Scolopendrium*, Sw.).

Capsules disposées sur deux lignes éparses, entre deux nervures secondaires et recouvertes par des tégumens déhiscens par une suture longitudinale; feuilles entières.

*Espèce* 1. Scolopendre officinale (*Scolopendrium officinale*, Smith. *Asplenium scolopendium*, L.).

Feuilles simples, entières, quelquefois crispées ou ondulées sur les bords; larges de 2 pouces, longues de 12-18 pouces, auriculées à sa base, longuement pétiolées. ♃. Croît dans les puits et les fossés humides. Cette plante, appelée *langue de bœuf*, *langue de cerf*, est béchique, de même que la plupart de nos fougères.

2. Scolopendre en fer de lance (*S. sagittatum*, DC. *Asplenium hemionitis*, Lois.).

Diffère de l'espèce précédente par ses feuilles, larges à la base, hastées-lancéolées, et par ses pétioles glabres. ♃. Croît çà et là dans les lieux humides du Midi.

Genre CETERACH (*Ceterach*, Bauh.).

Capsules éparses ou ramassées diversement, recouvertes d'écailles scarieuses, brunâtres, membraneuses ou piliformes.

*Espèce 1.* Ceterach officinal (*Ceterach officinarum*, Bauh. *Asplenium ceterach*, L.).

Feuilles formant des petites touffes, hautes de 4-8 pouces, pinnatifides, à pinnules obtuses, confluentes, alternes; fructifications recouvrant toute la page inférieure des feuilles. ♃. Cette belle espèce croît sur les vieux murs et les rochers. L'*acrostichum ilvense*, L., qui croît dans l'île d'Elbe, est voisin de cette espèce.

2. Ceterach de Maranta (*C. marantæ*, DC. *Acrostichum marantæ*, L.).

Feuilles peu nombreuses; hautes de 6-10 pouces, presque bipinnées, à pinnules opposées, un peu dentées à leur base, et abondamment recouvertes d'écailles et de fructifications en dessous. ♃. Croît sur les rochers du Midi, des Pyrénées. (Rare.) Plus commun en Piémont et en Espagne. L'*acrostichum lanuginosum*, Desf., croît en Espagne.

Genre DORADILLE (*Asplenium*, Linné).

Capsules réunies en petites lignes obliques, nombreuses, éparses, et recouvertes d'un tégument déhiscent de dedans en dehors.

*Espèce 1.* Doradille trichomane (*Asplenium trichomanes*, L. sp. 1540).

Feuilles réunies en touffe, longues de 4-10 pouces, pinnées, à pinnules arrondies, crénelées; pétioles noirâtres dans toute leur longueur. ♃. Commune sur les murs humides et les rochers. Employée comme béchique sous le nom de *petit capillaire*, ou de *polytric*. Les autres espèces ont la même propriété.

2. Doradille verte (*Asplenium viride*).

Diffère du précédent par ses pétioles, verts dans toute leur longueur, excepté la base qui est souvent noirâtre, et par ses pinnules rhomboïdales-arrondies, dentées. ♃. Alpes, Pyrénées; très commun dans les Alpes du Dauphiné.

3. Doradille de Pétrarque (*A. Petrarchæ*, Guer. Vaucl. *Asp. glandulosum*, Lois.).

Très voisine du *trichomanes*, dont elle se distingue par sa petite taille, et par les poils glanduleux qui recouvrent son pétiole et ses folioles; elle n'a que 8-12 paires de folioles. ♃. Grottes de Vaucluse. (Très rare.)

4. Doradille des fontaines (*A. fontanum*, DC. *Polyp. fontanum*, Smith).

A peine distincte du *viride*, seulement sa taille est plus petite, et les lobes inférieurs sont un peu en cœur, et partagés en 3 segmens dentés, inégaux. ♃. Pyrénées-Orientales. (Rare.) L'*asplenium palmatum*, Lam., croît en Portugal.

5. Doradille maritime (*A. marinum*, L. sp. 1540).

Feuilles réunies en petites touffes, longues de 6-12 pouces, pinnées, à pinnules au nombre de 10-16 paires, trapézoïdes, opposées, dentées, obtuses, obliques à la base. ♃. Croît aux îles d'Hyères et au bord de l'Océan, jusqu'à Cherbourg.

6. Doradille rue de murailles (*A. ruta-muraria*, L. sp. 1541).

Feuilles formant des petites touffes, hautes de 2-6 pouces, un peu coriaces, décomposées, à pinnules cunéiformes-rhomboïdales, presque trilobées, crénelées, imitant, par leur forme et leur couleur, les feuilles de la rue. ♃. Cette plante, appelée *sauve-vie*. Croît dans les fentes des vieux murs.

7. Doradille d'Allemagne (*A. Germanicum*, Hoff. germ. 2. p. 13).

Ressemble à la précédente et à la suivante; feuilles en petites touffes, hautes de 3-6 pouces, munies de

8-12 folioles cunéiformes, écartées, alternes, dentées, incisées au sommet. ♃. Croît dans les rochers des départemens de l'Est.

8. Doradille septentrionale (*A. septentrionale*, Hoff. *Acr. septentrionale*, L.).

Feuilles formant des petites touffes hautes de 4-8 pouces, nues dans les trois quarts de leur longueur, munies de 2-3 folioles linéaires, très étroites, souvent bifides; pétioles très longs, glabres. ♃. Croît dans les fentes des rochers, dans une grande partie de la France.

9. Doradille capillaire-noir (*A. adianthum-nigrum*, L. sp. 1542).

Feuilles longues de 6-12 pouces, presque tripinnées, à pinnules ovales-lancéolées, incisées-dentées; capsules formant une seule ligne, puis s'élargissant en larges taches qui occupent le milieu des pinnules; pétiole d'un rouge-brun. ♃. Commune dans les lieux ombragés et humides.

10. Doradille lancéolée (*A. lanceolatum*, Huds. engl. DC. fl. fr.).

Ressemble beaucoup à la précédente; feuilles longues de 6-12 pouces, à pétiole très court, bipinnées, à pinnules ovales-lancéolées, à lobes obovales, à dents très aiguës; fructifications placées principalement au bord des folioles. ♃. Croît dans les fentes des rochers, surtout dans l'ouest.

11. Doradille de Haller (*A. Halleri*, Willd. *Polypod. fontanum*, L.?)

Feuilles naissant en touffes longues de 4-8 pouces, découpées très menu, à pinnules alternes, bipinnées, peu rapprochées; fructifications par paquets arrondis. ♃. Commune dans les lieux humides des hautes montagnes.

Genre ATHYRIUM (*Athyrium*, ROTH.).

Capsules elliptiques, punctiformes, éparses, en groupes ovales, recouvertes d'un tégument en croissant, s'ouvrant de dedans en dehors.

*Espèce.* ATHYRIUM FOUGÈRE FEMELLE (*Athyrium filix-fœmina*, Sw. *Polypod. filix-fœmina*, L.).

Feuilles découpées élégamment, hautes de 2-3 pieds, bipinnées; folioles pinnatifides, à pinnules lancéolées, à découpures aiguës, dentées au sommet; capsules petites, allongées, presque confluentes. ♃. Commun dans les bois montueux et humides.

Genre ASPIDIUM (*Aspidium*, LINNÉ).

Capsules arrondies, punctiformes, réunies en groupes épars, recouvertes d'un tégument déhiscent du sommet à la base, et présentant une lanière plus longue que le groupe qu'il recouvrait.

*Espèce* 1. ASPIDIUM FRAGILE (*Aspidium fragile*, Sw. *Polypodium fragile*, L.).

Feuilles tendres, bipinnées, hautes de 10-15 pouces, à folioles bipinnées, opposées, à pinnules ovales, incisées, à découpures obovales, dentées; capsules éparses. ♃. Croît dans les bois montueux. Les *polypodium fumarioides*, *tenue*, *cynapifolium*, *anthriscifolium*, sont des variétés de cette espèce.

2. ASPIDIUM ROYAL (*A. regium*, Sw. *Polypod. regium*, L.).

Se distingue facilement du précédent, par les lobes de ses folioles, qui sont arrondis, entiers, très obtus, sans aucun vestige de dentelures. ♃. Croît dans les rochers des hautes montagnes.

3. ASPIDIUM DE MONTAGNE (*A. montanum*, Sw. *Pol. myrrhidifolium*, VILL.).

Feuilles triangulaires, hautes de 10-15 pouces, à

pinnules souvent opposées, les deux inférieures très grandes, bipinnées; pinnules tertiaires, dentées-pinnatifides; capsules éparses. ♃. Croît dans les lieux couverts et montagneux.

4. Aspidium des Alpes (*A. Alpinum*, Sw. *Polypod. Alpinum*, Jacq.).

Feuilles de 4-8 pouces, à pétioles nus, subtripinnées, à pinnules pinnatifides confluentes, obtuses-acuminées, partagées en lobes linéaires, bidentées; groupes de capsules orbiculaires. ♃. Habite les rochers des Alpes et des Pyrénées.

Genre POLYPODE (*Polypodium*, Linné).

Capsules réunies en groupes arrondis, épars, dépourvus entièrement d'écailles et de tégumens.

*Espèce* 1. Polypode commun (*Polypodium vulgare*, L. sp. 1544).

Rhizomes couchés, rampans, émettant plusieurs feuilles longues de 6-15 pouces, pinnatifides, à pinnules oblongues-lancéolées, alternes, obtuses, un peu dentées. ♃. Commun dans les bois, les arbres creux, etc. Sa racine était autrefois employée comme purgative, sous le nom de *polypode de chêne*. Le *polypodium cambricum*, L., est une monstruosité stérile, à feuilles grandes, incisées, et à lobes déchiquetés-crépus.

2. Polypode phoegoptère (*P. phœgopteris*, L. sp. 1550).

Feuilles molles, longues de 10-15 pouces, pinnées, à pinnules lancéolées, acuminées, pinnatifides, à lobes entiers confluens à la base; première foliole de la rangée inférieure de chaque pinnule réfléchie. ♃. Bois humides des montagnes.

3. Polypode dryoptère (*P. dryopteris*, L. sp. 1555).

Feuilles à pétiole long, grêle, bi ou tripinnées, longues de 8-12 pouces; premières folioles pinnées, moyennes, pinnatifides, supérieures, entières; capsules placées sur deux lignes, près du bord des folioles. ♃. Croît dans les bois ombragés et montueux.

4. Polypode calcaire (*P. calcareum*, Smith. fl. brit. p. 1117).

Se distingue du précédent par sa taille beaucoup moindre; par son pétiole écailleux à la base, et surtout par ses folioles à lobes plus petits et entièrement recouverts par les fructifications. ♃. Croît dans les lieux montueux et calcaires.

5. Polypode hyperboréen (*P. hyperboreum*, Willd. sp. *Ceterach alpinum*, DC. fl. fr., *Woodsia hyperborea*, R. Br.)

Feuilles formant des petites touffes hautes de 2-5 pouces, à pétiole grêle, pubescent, portant 8-9 paires de folioles, soudées vers le haut, obtuses, partagées en 5-7 lobes; capsules en groupes distincts. ♃. Alpes du Dauphiné et de la Provence. (Rare.)

6. Polypode des grisons (*P. rhæticum*, L. sp. 1552).

Facies du *filix-fœmina*; feuilles longues de 1-3 pieds, bipinnées; folioles nombreuses, oblongues, pinnatifides, les inférieures écartées, les supérieures confluentes; groupes de capsules sans aucune trace de tégument. ♃. Cette belle fougère, appelée *capillaire blanc*, croît dans les Alpes du Dauphiné et de la Suisse.

Genre ACROSTIC (*Acrostichum*, Smith).

Capsules naissant par placards irréguliers sous toute la surface inférieure des feuilles; point de tégument.

*Espèce.* Acrostic a petites feuilles (*Acrostichum leptophyllum*, DC. *Polyp. leptophyllum*, L. *Grammitis leptophylla*, Sw.).

Feuilles stériles, courtes; feuilles fertiles, longues de 6-8 pouces, portant 8-10 folioles arrondies-lobées, cunéiformes-digitées; capsules finissant par couvrir toute la page inférieure des feuilles. ♃. Croît en Corse, en Provence, en Bretagne. (Rare.)

Genre POLYSTIC (*Polystichum*, Roth. *Polypodium*, Lin.).

Capsule réunies en groupes arrondis, épars et recouverts par un tégument ombiliqué, restant attaché par le centre, déhiscent dans toute sa circonférence.

*Espèce* 1. Polystic fougère-male (*Polystichum filix-mas*, L. sp. 1551).

Rhizome gros, épais, imbriqué; feuilles longues de 2-3 pieds, à pétiole long, bipinnées; folioles lancéolées, à découpures oblongues, dentées, arrondies au sommet; capsules nombreuses, agglomérées. ♃. Très commun dans les bois et les fossés couverts. La racine de fougère mâle est un bon anthelminthique.

2. Polystic raccourci (*P. abbreviatum*, DC. fl. fr.).

Peut-être une variété du précédent; il en diffère par sa taille plus petite, ses pinnules plus courtes, à lobes larges, ne portant ordinairement qu'un seul groupe de capsules. ♃. Landes de Dax. (De Cand.)

3. Polystic roide (*P. rigidum*, Hoff. *Polypod. fragrans*, Vill.?).

Feuilles roides, longues de 10-18 pouces, à pétiole écailleux, pinnées, ovales-lancéolées, à pinnules bipinnatifides, cordiformes-lancéolées, à segmens oblongs, obtus, dentées au sommet; groupes de capsules sur deux rangs. ♃. Lieux ombragés des Alpes et des Pyrénées.

4. Polystic a aiguillons (*P. aculeatum*, L. sp. 1552).

Feuilles roides, longues de 10-15 pouces, à pétioles écailleux; feuilles bipinnées, à folioles lancéolées-aiguës, pinnatifides, velues en dessous; pinnules auriculées à la base interne, oblongues, inégales, dentées et terminées par une pointe épineuse. ♃. Commun dans les haies épaisses et au bord des bois.

5. Polystic de Plukenet (*P. Plukenetii*, Lois. not. 146).

Se distingue du précédent parce que le lobe inférieur de chaque foliole est plus grand que les autres, et gagne la côte moyenne des autres feuilles. ♃. Je l'ai souvent trouvé avec le précédent, et je le considère comme une variété. Le *P. lobatum*, Smith, paraît être aussi une autre variété.

6. Polystic lonchitis (*P. lonchitis*, L. sp. 1548).

Feuilles roides, à pétioles très courts, garnies d'écailles roussâtres, longues de 10-18 pouces, coriaces, pinnées ; pinnules nombreuses, rapprochées, larges, dentées-épineuses, auriculées au bord interne ; fructifications disposées sur deux lignes parallèles. ♃. Croît çà et là dans les bois montueux : commun dans les Alpes.

7. Polystic crêté (*P. cristatum*, Sw. *Polypodium cristatum*, L. sp. 1551).

Feuilles de 12-18 pouces, bipinnées, à pétiole long de 4-6 pouces ; folioles larges, lancéolées, d'abord écartées, puis rapprochées, longues, à découpures confluentes, obtuses, courtes, assez larges, dentées, à dents se terminant en pointe recourbée ; fructifications petites, devenant confluentes. ♃. Croît dans les bois et les rochers, en Basse-Normandie et ailleurs.

8. Polystic callipière (*P. callipteris*, Hoff. G. 2. p. 6).

Peut-être le même que le *Pol. cristatum*, L., dont il diffère peu. Feuilles longues de 1-2 pieds, à pétiole écailleux, presque bipinnées, à pinnules cordiformes-oblongues, les inférieures pinnées, les supérieures pinnatifides ; segmens ovales, obtus, dentés en scie ; fructifications petites. ♃. Croît dans les marais, près Abbeville. (Bouch.)

9. Polystic a feuilles de tanaisie (*P. tanacetifolium*; Hoff. G. 2. p. 8).

Feuilles longues de 2-3 pieds, subtripinnées, à pinnules oblongues, pinnatifides; à segmens linéaires, dentés au sommet; fructifications petites à l'aisselle des lobes. ♃. Croît en Auvergne, en Alsace, dans les Vosges.

10. Polystic dilaté (*P. dilatatum*, Sw. syn. 420).

Ressemble beaucoup au précédent; feuilles bi ou tripinnées, hautes de 10-15 pouces, à pétiole long; folioles longues, lancéolées, à pinnules oblongues, un peu ovales, à dents de scie, terminées par une pointe longue droite; fructifications jamais confluentes. ♃. Commun dans les bois montueux.

11. Polystic thélyptère (*P. thelypteris*, Sm. *Acrostich. thelypteris*, L.).

Feuilles de 1-2 pieds, à pétiole très long, pinnées, à folioles simples, pinnatifides, lancéolées-linéaires, un peu arquées; pinnules très entières, égales, obtuses, un peu roulées en dessous; fructifications confluentes. ♃. Bois humides et marécageux.

12. Polystic oréoptère (*P. oreopteris*, Sw. *Polypod. oreopteris*, Hoff.).

Il ressemble beaucoup au précédent, dont on le distingue par ses pinnules courbées vers le sommet de la feuille et non vers la base, à lobes oblongs, et enfin par ses fructifications non confluentes. ♃. Croît çà et là dans les bois montueux.

## Genre PTÉRIS (*Pteris*, Smith).

Groupes de capsules réunis en une ligne continue le long du bord des feuilles, et s'ouvrant de dedans en dehors.

*Espèce* 1. Ptéris aigle impérial (*Pteris aquilina*, L. sp. 1533).

Feuilles longues de 2-5 pieds, très grandes, 3-4 fois ailées; pinnules courtes, très entières, velues inférieurement, roulées sur les bords; fructifie rarement. ♃. La plus commune de nos fougères.

2. Ptéris crépue (*P. crispa*, L. sp. 1522).

Feuilles triangulaires, longues de 10-15 pouces, à pétiole grêle, très long, stériles ou fertiles; les feuilles fertiles ont leurs folioles plus étroites, presque linéaires et non dentées au sommet comme celles des stériles. ♃. Croît dans les lieux découverts des hautes montagnes.

3. Ptéris de Crète (*P. Cretica*, L. mant. 130).

Feuilles hautes de 10-15 pouces, à pétiole long, anguleux, roussâtre, pinnées, à folioles opposées, lancéolées, allongées, rétrécies à leur base, les inférieures partagées en 3 lanières. ♃. Croît en Corse; commune en Italie.

Genre CAPILLAIRE (*Adianthum*, Linné).

Groupes de capsules réunis en petites lignes interrompues et placées sur le bord inférieur des feuilles; tégument formé par le bord de la feuille replié, et s'ouvrant en dedans et en dehors.

*Espèce* 1. Capillaire commun (*Adianthum capillus veneris*, L. sp. 1558).

Feuilles radicales ramifiées, décomposées, à pétioles bruns, longs, très grêles; folioles minces, cunéiformes, incisées, découpées, lobées. ♃. Croît dans les lieux humides et couverts du Midi. Le *capillaire* est très employé comme béchique, mais on lui préfère l'*adianthum pedatum*, du Canada.

2. Capillaire odorant (*A. odorum*, DC. suppl. *Cheilantes odora*, Sw.).

Feuilles en petites touffes, longues de 2-5 pouces,

à pétioles bruns, roides, rameux; folioles petites, ovales lobées; capsules recouvertes d'appendices blanchâtres. ♃. Croît en Corse, en Provence, en Italie. L'*adianth. fragrans* est de l'Inde, il est voisin du *suaveolens*, Sw., qui croît dans l'Asie-Mineure.

Genre HYMÉNOPHYLLE (*Hymenophyllum*, Smith).

Fructifications naissant sur le bord des feuilles et entourées d'un tégument foliacé, bivalve; capsules sessiles sur une petite columelle qui n'est point saillante hors du tégument.

*Esp.* Hyménophylle de Tunbridge (*Hymenophyllum Tunbridgense*, Sm. *Trichomanes Tunbridgense*, L.).

Tige grêle, rampante; feuilles petites, longues de 2-3 pouces, presque bipinnées, demi-transparentes; segmens linéaires, tronqués, dentés sur les bords; fructifications placées au sommet des folioles. ♃. Croît dans la Basse-Bretagne, parmi les mousses, sur les rochers et les troncs d'arbres.

---

# VÉGÉTAUX CELLULAIRES
## OU
# ACOTYLÉDONÉS.

## FAMILLE 113. MOUSSES (*Musci*).

Petites plantes annuelles ou vivaces, dioïques et quelquefois hermaphrodites, ordinairement épigées ou épiphytes, rarement aquatiques, à racine fibreuse, très grêle, à tige tantôt simple, tantôt rameuse, toujours verte, garnie de petites feuilles très rapprochées, sessiles, imbriquées ou éparses, alternes ou opposées; fleurs très petites, tantôt terminales, tantôt latérales. Les fleurs mâles sont entourées à leur base d'une espèce de petit involucre appelé *périchèse*; et elles présentent à l'intérieur quelques petits tubes qu'Hedwig regarde comme des anthères; ils paraissent remplis d'un pollen mélangé de filamens articulés ou *paraphyses*. La partie évasée en une sorte de réceptacle qui demeure attachée au périchèse, a reçu le nom de *clinanthe*. Les fleurs femelles ont aussi un périchèse; elles sortent d'une espèce de gaîne tubuleuse, et laissent paraître une urne rudimentaire, recouverte en partie par une coiffe; cette urne est surmontée par un style grêle qui se renfle inférieurement pour constituer à la maturité une urne bien complète, dont alors la partie supérieure, appelée *opercule*, s'ouvre à la manière d'une pyxide; il en sort une poussière polliniforme, regardée par Hedwig comme de véritables graines. Cette poussière est retenue par une rangée, simple ou double, de dents ou de cils qui forment ce que les muscologistes désignent par le nom de *péristome*. Enfin, après que l'une est vidée de sa poussière séminale, on aperçoit souvent intérieurement et au centre une petite columelle très déliée, qui paraît être dans ces plantes ce qu'est le trophosperme dans les Caryophyllées et les Rhinanthacées.

Les mousses sont de fort jolies petites plantes d'un port très élégant, qui se plaisent particulièrement dans les lieux humides ou ombragés; quelques espèces habitent les terrains arides; beaucoup croissent sur les rochers ou sur les arbres; la plupart fructifient en hiver et bravent facilement la rigueur de cette saison, qu'elles égaient un peu par leurs petits gazons toujours verts.

Quoique Hedwig et Bridel soient persuadés être parvenus à faire germer des mousses, nous croyons difficilement que la reproduction de ces petits végétaux n'existe que dans les séminules qui s'échappent des urnes; car nous ne sommes pas les premiers qui ayons remarqué qu'une grande quantité des mousses, qui ne fructifient que rarement, telles que les *neckera viticulosa*, *hypnum lutescens*, *leucodon sciuroides*, tous les *sphagnum*, etc., etc., sont précisément des espèces très communes partout. Il nous semble donc raisonnable d'admettre que la fructification, dans les mousses comme dans toutes les familles suivantes, n'est pas le seul moyen de multiplication, et nous sommes tentés de croire que leur reproduction est en partie *scissipare*.

† Point de péristome; urne indéhiscente.

### Genre PHASQUE (*Phascum*, LINNÉ).

Péristome nul; capsule ovale, presque sessile, terminale; coiffe petite, cuculliforme; opercule conique; urne indéhiscente.

Les phasques croissent sur la terre, dans les jardins, sur les bruyères, etc.; ce sont de très petites mousses, peu apparentes, hautes seulement de quelques lignes. On trouve communément les *phascum subulatum*, *curvisetum*, *bryoides*, *curvicollum*, *cuspidatum*, etc.

†† Point de péristome; urne déhiscente.

Genre SPHAIGNE (*Sphagnum*, Lin.).

Péristome nul; capsule latérale ou terminale, à pédicelle court; coiffe cuculliforme, se rompant en travers, et restant adhérente au pédicelle.

Les *sphagnum* sont des mousses assez robustes, d'un vert un peu glauque, qui croissent toutes dans les marais tourbeux et les lieux inondés; c'est le détritus de ces plantes qui constitue en partie la tourbe: les espèces sont peu nombreuses. Les *sphagnum compactum*, *squarrosum*, *latifolium*, *cuspidatum*, sont généralement répandus partout.

Genre GYMNOSTOME (*Gymnostomum*, Hedw. *Bryum*, Linné).

Péristome nul; capsule ovale, terminale, tronquée; coiffe cuculliforme; opercule conique, droit ou recourbé à l'extrémité.

Les espèces qui composent ce genre sont assez nombreuses; elles sont généralement très petites, et dépassent rarement 4 lignes de hauteur: ces petites mousses fructifient à la fin de l'hiver; elles croissent en petits gazons, sur la terre et sur les murs; leurs feuilles sont petites, d'un vert gai, entières ou denticulées.

Genre HEDWIGIE (*Hedwigia*, Palis. *Bryum*, Lin. *Gymnostomum*, DC.).

Péristome nul; capsule ovale, presque sessile, latérale par allongement des tiges; coiffe cuculliforme; opercule conique; fleurs mâles, axillaires.

Les hedwigies sont d'un vert blanchâtre ou grisâtre; leurs tiges sont toujours couchées, sarmenteuses. L'*hedwigia ciliata* est commune sur toutes les roches granitiques; elle a presque le port d'un *trichostomum*.

Genre ANYCTANGIE (*Anyctangium*, Hedw. *Gymnostomum*, DC.).

Ce genre est très peu distinct du précédent, seulement il n'a point de périchèse, et l'urne est portée sur un pédicelle de longueur médiocre, muni d'une gaîne qui atteint la moitié de sa longueur.

L'*anyctangium aquaticum*, Pal., *gymnost. aquaticum*, DC., est une grande et belle espèce qui croît dans les torrens; elle adhère aux cailloux, à la manière des fontinales, et croît souvent avec elles.

††† Péristome formé par un seul rang de cils.

Genre TETRAPHIS (*Tetraphis*, Hedw. DC. *Mnium*, Linné).

Péristome simple, formé par 4 dents pyramidales; capsule oblongue, terminale; coiffe striée. La *tetraphis pellucida*, Hed., *mnium pellucidum*, Lin., est la seule espèce que nous ayons en France. Cette mousse a le bord d'un *dicranum* ou de certains *bryum*; elle croît sur la terre dans les lieux ombragés des bois; dans les pays de montagnes elle est très commune sur les débris des sapins qui pourrissent de vétusté.

Genre ANDRÉE (*Andræa*, Ehrh. Hedw. DC. *Jungermannia*, L.).

Péristome à 4 dents divergentes à leur base, à la manière de 4 valves, réunies à leur sommet par un opercule très petit; capsule terminale, à pédicelle court.

Les *andræa* sont peu nombreuses; elles habitent les rochers des montagnes: on en connaît une très petite quantité en Europe; toutes ont le feuillage noirâtre. L'*andræa Rothii* croît dans les montagnes; elle se retrouve dans la Bretagne et la Normandie. Les *andræa rupestris* et *alpina* ne se trouvent guère que dans les hautes montagnes, sur les rochers exposés au soleil.

Genre LEUCODON (*Leucodon*, Schwægrechen. *Fissidens*, Hedw. *Dicranum*, DC. *Hypnum*, L.).

Péristome simple, à 16 dents bifides, membraneuses; capsule cylindrique; opercule conique; coiffe cuculliforme; périchèse très remarquable; fleurs axillaires, gemmiformes. Ce genre ressemble beaucoup aux *fissidens* et aux *trichostomum*. Une espèce, *leucodon sciuroides*, d'un vert brillant, est très commune sur les arbres. Cette mousse, quand elle est en fructification, a un aspect tout différent de son état de stérilité.

Genre DICRANE (*Dicranum*, Hedw. DC. *Bryum* et *Hypnum*, Linné).

Péristome simple, à dents bifides et fléchies en dedans; capsules oblongues, latérales ou terminales; coiffe cuculliforme, subulée; folioles du périchèse prononcées, engaînantes.

Les mousses qui composent ce genre sont nombreuses et de taille moyenne, la plupart très élégantes; elles croissent presque toutes sur la terre dans les lieux ombragés et un peu humides. Les feuilles sont unilatérales ou éparses et étalées, ce qui les a fait partager en deux sections. Les *dicranum scoparium*, *majus*, *polysetum*, *schraderi*, *longirostrum*, *longifolium*, *heteromallum*, *undulatum*, etc., font partie de la première; les *dicranum purpureum*, *glaucum*, *flexuosum*, *schreberi*, *squarrosum*, *veridissimum*, appartiennent à la dernière; le *dicranum pulvinatum*, dont toutes les feuilles se terminent par un poil, est une espèce très commune et très remarquable : elle forme, sur les murs et les toits, de petits coussinets blanchâtres; elle appartient aussi à la dernière section.

Genre FISSIDENS (*Fissidens*, Hedw. *Skitophyllum*, Lapyl. *Dicranum*, DC.).

Péristome simple, à 16 ou 8 dents bifides fléchies en dedans; fleurs dioïques; feuilles disposées sur deux rangs, et engaînantes. Ce genre diffère bien peu du précédent ; le périchèse est un peu plus prononcé ; caractère du reste assez inconstant. Les plantes qui en font partie croissent dans les lieux frais et ombragés, sous les revers des chemins creux et couverts : telles sont les *fissidens bryoides*, Hedw., *exilis*, Hedw., qui sont les plus petites espèces de ce genre. Les *fissidens taxifolium* et *adianthoides* ont le port de certaines jongermannes ; la dernière espèce surtout, qui est la plus grande du genre, atteint quelquefois 2 ou 3 pouces ; elle se plaît surtout dans les marais.

Genre TRICHOSTOME (*Trichostomum*, Hedw. DC. *Bryum*, Linné).

Péristome simple, à 16 dents, ordinairement bifides, quelquefois trifides ou quadrifides ; divisions du péristome dressées, capillaires ; capsule oblongue, terminale ; opercule subulé ; pédicelle sans périchèse, distinct.

Quelques espèces se rapprochent beaucoup des fissidens, et ne s'en distinguent guère que par les dents du péristome droites, au lieu d'être fléchies en dedans. Ce genre est assez nombreux, et les espèces qui le composent croissent le plus ordinairement sur les rochers ou sur des hautes montagnes. Les *trichostomum canescens, ericoides, flavisetum, latifolium*, etc., croissent sur la terre ; les *trich. lanuginosum*, *patens*, *fasciculare*, *microcarpon*, *serratum*, etc., habitent sur les rochers ombragés ou exposés au soleil ; le *trichostomum fontinaloides* croît exclusivement sur les poutres et les pierres plongées dans les eaux courantes.

Genre SPLACHNE (*Splachnum*, Lin. Hedw. DC.).

Péristome simple, à 8 dents, portant un sillon sutural sur chaque, ou à 16 dents séparées et réunies par paires ; capsule terminale, à pédicelle long, ovale ou cylindrique, offrant à la base un double renflement dont l'extérieur est vésiculeux.

Ce genre remarquable ne se compose que d'un petit nombre d'espèces, propres, pour la plupart, aux pays de montagnes. Le seul *splachnum ampullaceum*, L., croît dans les marais tourbeux d'une grande partie de la France ; les *splach. frœlichianum*, *sphæricum*, et *mnioides*, Hedw., habitent les lieux humides des hautes montagnes.

Genre ENCALYPTE (*Encalypta*, Hedw. DC. *Bryum*, L. *Leersia*, Brid.).

Péristome simple, à 16 dents entières, dressées, également espacées ; capsule terminale, pédicellée ; coiffe très grande, en forme d'éteignoir, recouvrant l'urne entièrement ; opercule subulé.

Ces mousses n'ont que des feuilles radicales, et sont remarquables par l'ampleur de leur coiffe. L'*encalypta vulgaris*, Hedw., *bryum extinctorium*, L., est commun sur les murs dans toute la France ; les *encalypta fimbriata* et *streptocarpa* croissent sur la terre et sur les souches dans les bois des montagnes, souvent mélangés avec la *tetraphis pellucida* et le *trichostomum glaucescens*.

Genre WEISSIE (*Weissia*, Hedw. DC. *Mnium*, L. *Grimnia*, Roth.).

Péristome simple, à 16 dents linéaires et conniventes à leur sommet, presque caduques ; urne terminale, droite, ovale ; coiffe cuculliforme ; opercule conique.

Les espèces qui composent ce genre sont assez nombreuses et souvent difficiles à déterminer, à cause de la caducité des dents du péristome ; ce sont de fort jolies petites mousses qui forment des petits gazons mamelonnés, d'un vert tendre, d'un feuillage serré et très fin, qui se crispe très facilement par la moindre chaleur. Les weissies se plaisent dans les fissures des rochers humides, ou sur la terre, dans des lieux couverts ; on trouve assez fréquemment, dans toute la France, les *weissia cirrhata*, *pusilla*, *fugax*, *controversa*, etc. ; les *weissia nigrita*, *curvirostra*, *starkeyana*, *atra*, etc., habitent les montagnes Alpines.

Genre GRIMNIE (*Grimnia*, Hedw. DC. *Swartzia*, Brid. *Bryum*, L.).

Péristome simple, à 16 dents élargies à leur base et divergentes à leur sommet; urne ovale, terminale; coiffe cuculliforme; opercule terminé par un petit bec.

Les grimnies ont en général un feuillage un peu noirâtre ou blanchâtre, à cause des poils dont sont munies quelques espèces; elles croissent sur les murs ou sur les rochers, et fructifient vers la fin de l'hiver: elles sont remarquables par les dents du péristome, qui sont d'un rouge plus ou moins vif. Les *grimnia crinita*, *obtusa*, *cribrosa*, *rivularis*, *apocaula*, *apocarpa*, se trouvent presque par toute la France; les *grimnia alpestris*, *alpicola*, etc., sont propres au pays de montagnes.

Genre PTÉROGONIE (*Pterogonium*, Hedw. *Pterigynandrum*, DC.).

Péristome simple, à 16 dents dressées; urne ovale, oblongue, latérale, pédicellée; coiffe cuculliforme; opercule conique.

Les ptérogonies ont le port des *hyphum*; elles croissent sur les arbres et les rochers; le *pter. gracile* se trouve assez communément sur les rochers et sur les troncs d'arbres dans beaucoup de localités, mais fructifie rarement; le *pter. filiforme* est très commun sur les troncs des charmes et des hêtres dans les pays de montagnes; les *pterog. ramondii*, *catenulatum*, *medium*, etc., n'habitent que les régions Alpines.

Genre DIDYMODON (*Didymodon*, Hedw. DC.).

Péristome simple, à 16 dents ou à 32 dents réunies par paires; urne oblongue, terminale, à pédicelle assez long; coiffe cuculliforme, fendue latéralement.

Les didymodons ont un feuillage d'un vert gai, très fin et serré, à peu près comme celui des *weissia*; ils forment des gazons mamelonnés sur la terre, dans les lieux ombragés et un peu frais des pays de montagnes; ils ont un peu le port de certains *bryum*. Le seul *didymodon homomallum* se retrouve dans une grande partie de la France, tandis que les *didym. pusillum, flexicaule, capillaceum*, etc., habitent presque exclusivement les régions alpines.

Genre TORTULE (*Tortula*, Swartz. *Tortula* et *Barbula*, Hedw. *Mnium* et *Bryum*, Lin.).

Péristome simple, à dents capillaires, roulées en spirale, tantôt libres (*tortula*), tantôt soudées (*syntrichia*); urne cylindrique, terminale, à pédicelle long; fleurs monoïques ou dioïques.

Les tortules fructifient à la fin de l'hiver et au printemps; elles habitent sur les murs, les toits ou sur la terre: plusieurs espèces sont très communes, telles que *tortula muralis, ruralis, subulata, convoluta, inclinata, fallax*, qui croissent partout sur la terre, les murs et les toits. Quelques autres espèces sont moins répandues, ou ne se trouvent fréquemment que dans les pays de montagnes. Bridel sépare les tortules dont les dents du péristome sont soudées, et en forme le genre *syntrichia*; mais il nous semble que ce genre est peu distinct des espèces, dont les dents sont libres.

Genre CATHARINÉE (*Catharinea*, Ehrh. *Oligotrichum*, DC. *Bryum*, L. *Polytrichum*, Hedw.).

Péristome simple, à 32 dents, supportant un disque membraneux à leur sommet; capsule cylindrique, terminale; coiffe presque glabre, cuculliforme.

Ce genre a le port des polytrics; mais on l'en distingue aisément par sa coiffe glabre ou presque glabre. Une espèce, *catharinea undulata*, est commune en hiver dans les bois ombragés.

Genre POLYTRIC (*Polytrichum*, Lin. Hedw. DC.).

Péristome à 32, 48 ou 64 dents, supportant à leur sommet un disque membraneux; urne terminale; coiffe petite, oblique, abondamment couverte de poils dirigés de haut en bas.

Les polytrics sont, pour la majeure partie, des mousses de grande taille; leur tige est toujours droite, ordinairement simple, quelquefois rameuse à la base; l'urne est portée par un long pédicelle; leur feuillage est toujours d'un vert noirâtre, peu brillant; ils croissent sur la terre nue, dans les bois et sur les bruyères; les fleurs mâles sont très remarquables, elles forment des petites rosettes terminales, colorées en rougeâtre, et dont les feuilles périchétiales sont plus ou moins scarieuses.

Linné n'avait distingué dans ce genre qu'un petit nombre d'espèces; mais les travaux des muscologistes en ont fait connaître un assez grand nombre. L'une des plus belles est le *polytrichum commune*, qui est haut de 4-6 pouces; il croît dans les bois ombragés : on l'emploie quelquefois en médecine sous le nom de *perce-mousse;* on en fait aussi usage pour faire des brosses, ainsi que des *polytrichum longisetum* et *formosum*. Les espèces appelées *aloides*, *piliferum*, *juniperinum*, *urnigerum*, etc., habitent les bois et les bruyères d'une grande partie de la France. Quelques espèces, telles que *crassisetum*, *arcticum*, *nigrescens*, etc., croissent dans les montagnes alpines; les *polytrichum nanum*, *subrotundum* sont beaucoup plus petits que les espèces précédentes; leur port est aussi très différent, ce qui est dû à ce qu'ils sont dépourvus de périchèse, et que leur capsule est sans apophyse : ils ne sont pas rares dans les terrains argileux.

†††† Péristome double.

### Genre ORTHOTRIC (*Orthotrichum*, Hedw. Hoffm. *Bryum*, L.).

Péristome double, l'extérieur à 8 ou 16 dents réunies par paires, l'intérieur à 8 ou 16 dents, et quelquefois sans aucunes dents, ce qui le fait paraître simple; urne terminale, cylindrique; coiffe un peu plissée et hérissée de poils plus ou moins nombreux.

Les orthotrics ont l'urne portée sur un pédicelle court; ce sont des mousses qui ont le port des *bryum* et des *fissidens*, et qui croissent toujours sur les troncs d'arbres ou sur les rochers. Parmi les espèces corticicoles on trouve communément les *orth. affine*, *striatum* et *crispum*; les *orth. diaphanum*, *obtusifolium* et *cupulatum*, sont plus rares. L'*orth. anomalum* est commun partout sur les rochers; l'*orth. Hutchinsiæ* est une espèce saxicole, que l'on ne rencontre que dans un petit nombre de localités. M. de Brebisson, qui publie en ce moment les fascicules muscologiques de la Normandie, a découvert cette belle espèce, assez abondamment sur les rochers, aux environs de Falaise.

### Genre FUNAIRE (*Funaria*, SCHREIB. *Mnium*, LIN. *Kelreutera*, HEDW.).

Péristome double, l'extérieur à seize dents obliques, réunies au sommet, l'intérieur à seize dents planes et membraneuses; urne terminale pyriforme, à pédicelle long; coiffe grande, campaniforme, renflée à la base, subulée au sommet.

Les funaires ont le port de certains *bryum*. Leurs feuilles sont radicales, d'un vert jaunâtre. Deux espèces croissent en France : la *funaria hygrometrica*, qui croît sur la terre nue, dans les allées des jardins, les clairières des bois, mais surtout très communément sur les anciennes places où l'on a fait du charbon, et la *funaria Mulhenbergii* qui est beaucoup plus rare.

### Genre TIMMIE (*Timmia*, HEDW. DC.).

Péristome double, l'extérieur à 16 dents aiguës, l'intérieur membraneux, sillonné, fendu au sommet en lanières presque égales entre elles; urne ovale, terminale, longuement pédicellée.

Les *timmia* ressemblent assez aux *bryum*; leur feuillage est d'un vert foncé. On les trouve sur les rochers schisteux et ombragés des montagnes alpines. On ne connaît en France que les *timmia megapolitana* et *austriaca*.

### Genre POHLIE (*Pohlia*, Hedw. DC.).

Péristome double, l'extérieur à 16 dents réfléchies, l'intérieur membraneux, à seize lanières égales; urne oblongue, terminale, munie à sa base d'une longue apophyse; coiffe se fendant latéralement.

Les pohlies ont tout-à-fait le port des *bryum*, et ils en diffèrent peu; les espèces sont très peu nombreuses. La *pohlia elongata* croît dans les Alpes et les Pyrénées. Je l'ai recueillie dans les hautes sommités des Alpes. Elle est aussi indiquée aux environs de Paris, mais je doute fort qu'elle y ait jamais été trouvée.

### Genre MÉESIE (*Meesia*, Hedw. DC. *Bryum* et *Mnium*, L.).

Péristome double, l'extérieur à 16 dents obtuses, l'intérieur à 16 dents beaucoup plus courtes, libres ou réunies; urne oblongue, pyriforme; coiffe oblique, fendue latéralement; opercule conique.

Les méesies ont le port des *bryum*; elles sont très remarquables par la longueur de leur pédicelle. Les espèces sont peu nombreuses; elles croissent toutes dans les marais tourbeux, surtout dans les pays de montagnes. La *meesia longiseta* est très reconnaissable à la longueur excessive de son pédicelle. Les *meesia minor* et *uliginosa* sont plus rares, et leur pédicelle, quoique long, l'est beaucoup moins que dans la précédente.

### Genre BUXBAUMIE (*Buxbaumia*, Lin. Hedw.).

Péristome double, l'extérieur à 16 dents tronquées, l'intérieur plissé, membraneux, conique; urne terminale, oblique, ovoïde.

Les buxbaumies sont peu nombreuses; elles habitent sur la terre ou sur les troncs d'arbres en décomposition. Deux espèces croissent en France: la *buxbaumia foliosa*, qui croît au bord des bois, sous le revers des chemins creux et ombragés, et qui forme des plaques noirâtres, étalées sur la terre; elle fructifie en hiver;

la *buxbaumia aphylla* est beaucoup plus rare; cette espèce a les feuilles si petites, qu'elle paraît en être dépourvue; elle croît particulièrement sur les bruyères et dans les bois des pays de montagnes. Quelques muscologistes lui accordent un péristome triple.

Genre BARTHRAMIE (*Barthramia*, Hedw. DC. *Bryum*, L. *Mnium*, Sw.).

Péristome double, l'extérieur à 16 dents, l'intérieur membraneux, plissé, fendu en 32 dents bifides au sommet; urne sphérique, terminale ou latérale, un peu inclinée; opercule mamelonné.

Les barthramies sont très distinctes à leur urne sphérique; elles fructifient en été; leur feuillage est très élégant: elles croissent sur la terre, dans les lieux ombragés et montueux. La *barthramia pomiformis* est la plus commune; elle forme des touffes mamelonnées très serrées, d'un vert gai et d'un feuillage très fin. Elle croît par toute la France, dans les bois ombragés. La *barthramia fontana* (*mnium fontanum*, L.) croît au bord des petits ruisseaux et dans les marais fangeux; elle forme des touffes épaisses d'un vert jaunâtre; elle fructifie rarement, et son pédicelle est plus long que dans aucune autre espèce de ce genre; on la trouve aussi partout.

Les *barthramia crispa, œderi* et *ityphylla* se rapprochent plus ou moins de la *pomiformis*; elles ne croissent que dans les montagnes, de même que la *B. Halleriana*. Cette dernière est très remarquable par ses fructifications latérales à pédicelle très court.

Genre FONTINALE (*Fontinalis*, Lin. Hedw. DC.).

Péristome double; l'extérieur à 16 dents assez larges, l'intérieur conique, réticulé; urne sessile, oblongue, latérale; périchèse peu distinct; coiffe de la longueur de l'urne. Les *fontinales* croissent dans les eaux vives; elles adhèrent aux cailloux, ou aux racines des arbres plongés dans les eaux courantes. Au moment de la fructification, elles laissent paraître leur sommité au-dessus de la surface de l'eau. Ces mousses, comme toutes celles qui vivent dans les eaux, ont un feuillage noirâtre. Les espèces sont peu nombreuses. La plus commune est la *fontinale incombustible* (*fontinalis antipyretica*, L.), qui croît communément par toute l'Europe; ses tiges sont quelquefois longues de 8-12 pouces; ses feuilles sont pliées en carène, ovales-lancéolées, sans nervure; les feuilles parichétiales sont obtuses. Linné assure que cette mousse jouit de la propriété d'empêcher la communication du feu, ce qui lui a fait donner le nom d'*antipyretica*; en Laponie les habitans du pays en couvrent leurs cabanes.

On trouve encore en France la *fontinalis squamosa*, Hedw.; elle est beaucoup plus petite que la précédente, et se trouve plus rarement; elle est, comme cette dernière, et généralement comme toutes les mousses submergées, assez difficile à brûler, ce qui est dû évidemment à ce qu'elles sont infiltrées de sulfate de chaux.

Genre WÉBÈRE (*Webera*, Hedw. *Bryum*, Lin. DC.).

Péristome double, l'extérieur à 16 dents aiguës, assez larges, l'intérieur membraneux, cilié, denté; fleurs hermaphrodites; urne ovale, à pédicelle médiocrement long.

Ce genre, établi par Hedwig sur le *mnium pyriforme* de Linné, a tout-à-fait le port des *bryum*; il est au reste assez peu nombreux : les *bryum pyriforme*, *longicollum* et *nutans*, DC., doivent y être rapportés; ce sont les seules espèces qui se trouvent en France; elles croissent dans les bois ombragés, sur la terre.

Genre BRY (*Bryum*, Hedw. *Bryum* et *Gymnocephalus*, Schwægrechen. *Mnium* et *Bryum*, L.)

Péristome double, l'extérieur à 16 dents aiguës, droites, l'intérieur membraneux, à 16 dents alternativement plus grandes; urne terminale, à pédicelle plus ou moins long, pyriforme, pendante; opercule obtus; périchèse nul.

Les brys sont des mousses d'un vert gai, qui forment de petits gazons serrés. Les uns fructifient en été, d'autres en hiver, ou au printemps; la plupart croissent sur la terre, sur les rochers ombragés, ou sur es toits.

Le *bryum argenteum*, L., forme sur les toits et sur les murs de petits gazons d'un vert argentin. Le *bryum cespititium* croît aussi sur les murs, et y forme de petites touffes arrondies. Les *bryum annotinum*, *ventricosum*, *capillare* se trouvent communément dans les bois ombragés de toute la France.

Genre MNIE (*Mnium*, HEDW. LIN. *Bryum*, DC.).

Péristome double, l'extérieur à 16 dents aiguës, l'intérieur plissé, membraneux, caréné, à dents lancéolées, alternant avec des cils capillaires; urne terminale, ovale ou oblongue.

Ce genre diffère bien peu du précédent, et ce n'est pas sans raison que M. De Candolle l'y avait réuni. Les mnies ressemblent parfaitement à certains *bryum*; elles croissent presque toutes dans les marais ou au bord des ruisseaux. Plusieurs espèces, telles que *M. palustre*, *crudum*, *hornum*, *cuspidatum*, *roseum*, *punctatum*, *rostratum*, *ligulatum*, croissent dans toute la France dans les lieux ombragés et humides. C'est ordinairement au printemps qu'on les trouve en fructification.

Genre LESKÉE (*Leskea*, HEDW. DC. *Leskia*, BRID. *Hypnum*, L.).

Péristome double, l'extérieur à 16 dents tronquées, l'intérieur membraneux, conique-allongé, fendu en 16 dents libres au sommet; capsule oblongue, pédicellée, latérale; périchèse formé par des feuilles subulées sans nervures.

Les leskées ont le port des *hypnum*; leurs feuilles affectent la même disposition; elles n'en sont distinctes que par leur péristome. Ces mousses croissent presque toutes sur les troncs d'arbres; elles fructifient, pour la plupart, vers la fin de l'hiver. Parmi les espèces à feuilles distiques nous trouvons communément sur les troncs des noisetiers, des ormes, des saules et des érables, les *leskea complanata* et *trichomanoides ;* ces deux espèces ne sont pas très communes en fructification. Parmi les espèces à feuilles imbriquées en tous sens, nous citerons les *leskea subtilis*, *polycarpa* et *exilis*, qui croissent aussi sur les troncs d'arbres dans les forêts. La *leskea sericea*, qui est d'un vert jaunâtre soyeux, et qui est très commune sur les arbres, a aussi les feuilles imbriquées en tous sens, mais elles sont droites et un peu roides ; la *leskea rufescens*, Schw., paraît en être une variété terrestre. Une espèce, *leskea lucens*, a les feuilles imbriquées sur 4 rangs ; c'est une belle mousse à tige couchée, à rameaux pennés, garnis de feuilles larges, planes, ovales, luisantes ; elle croît sur la terre, dans les bois humides ; Smith en a fait le genre *Hooc-keria*.

Genre CLIMACIE (*Climacium*, Web et Mohr. *Leskea*, Hedw. DC. *Hypnum*, L.

Péristome double, l'extérieur à 16 dents aiguës, l'intérieur membraneux à la base, fendu en 16 dents capillaires, réunies à leur sommet ; urne droite, oblongue, pédicellée ; coiffe se déchirant latéralement.

Ce genre est très voisin des *leskea ;* il n'en diffère que parce que les dents du péristome interne sont conniventes et comme réunies à leur sommet. L'*hypnum dendroides*, L., est le type de ce genre ; cette mousse est haute de 2-3 pouces, droite, rameuse, ayant le port d'un petit arbre ; elle croît dans les prés marécageux.

Genre HYPNE (*hypnum*, Lin. Hedw. DC.).

Péristome double, l'extérieur à 16 dents aiguës, l'intérieur membraneux, fendu au sommet en 16 segmens assez larges, alternant avec 16 cils ; urne oblongue, latérale, arquée ; fleurs mâles axillaires.

Les hypnes sont extrêmement nombreux, et les espèces assez difficiles à étudier. Ce sont pour la plupart des mousses très élégantes, représentant en petit de petits buissons ou de petits arbustes. Ils se rapprochent un peu des *bryum*; mais on peut les en distinguer facilement, en ce que ces derniers n'ont jamais les urnes latérales. Pour faciliter la détermination du grand nombre d'espèces qui font partie de ce genre, on le subdivise, d'après la disposition des feuilles et des tiges, en plusieurs sections.

* *Tiges pennées; feuilles imbriquées en tous sens.*

Les espèces qui font partie de ce groupe sont très élégantes; leurs tiges pennées, aplaties, leur donnent un aspect très agréable. L'*hypnum tamariscinum*, qui a la tige tripinnée, les feuilles cordiformes, aiguës, très rapprochées, et d'un beau vert, croît dans les bois, de même que le *splendens*, qui a la tige bipinnée et les feuilles ovales-lancéolées. L'*hypnum abietinum* a la tige seulement pennée, velue, et les feuilles d'un assez beau vert. Cette espèce, quoique très commune sur tous les coteaux calcaires, ne se trouve jamais en fructification. M. De Candolle dit qu'elle n'a encore été trouvée dans cet état qu'en Suède et en Silésie. Les *hypnum prælongum, confertum, cordifolium, muticum, illecebrum, nitens*, ont aussi la tige seulement pennée; ils croissent dans les bois sur la terre et sur les troncs des arbres. L'*hypnum purum* a aussi la tige seulement pennée et les feuilles renflées, ovales-obtuses, d'un vert jaunâtre; il est très commun dans les bois et les prairies un peu humides.

** *Tiges pennées; feuilles unilatérales.*

Ce groupe, le moins nombreux du genre, se compose de toutes ces espèces, qui ont la tige ailée à la manière des fougères. Leurs feuilles sont ordinairement oncinées; telles sont, *H. Hedwigii, crista-castrensis, filicinum, commutatum, trichodes, affine, compressum*. Ces hypnes croissent dans presque tous les bois humides.

*** *Tiges irrégulièrement pennées; feuilles unilatérales, falquées.*

Cette série, beaucoup plus nombreuse que la précédente, se compose d'espèces assez difficiles à bien étudier, plusieurs ne fructifient que très rarement, et leur *habitat* varie beaucoup. Les unes, telles que, *H. lycopodioides, scorpioides, palustre, fluitans*, croissent dans les marais fongueux ou même dans les eaux; d'autres, telles que, *uncinatum, cupressiforme, silesiacum, aduncum, revolvens*, croissent dans les bois, sur les souches des vieux arbres, ou quelquefois sur la terre nue; enfin, l'*hypnum rugulosum* croît sur les coteaux arides et sur les bruyères. Cette dernière espèce est fort rare en fructification.

**** *Tiges irrégulièrement rameuses; feuilles étalées, recourbées en hameçon.*

Les mousses de cette petite section sont remarquables par leurs feuilles ouvertes, recourbées au sommet, ce qui les rend rudes au toucher. Trois espèces, *hypnum squarrosum, squarrosulum, loreum*, croissent dans les bois ombragés; l'*hypnum stellatum* habite les marais spongieux, et l'*hypnum Halleri* se trouve sur les rochers humides. Cette dernière espèce ressemble un peu, pour le facies, à l'*hypnum Hedwigii*.

***** *Tiges roides, irrégulièrement rameuses, dendroïdes; feuilles imbriquées également, ou étalées, rapprochées.*

Cette division contient un grand nombre d'hypnes, qui croissent pour la plupart sur les souches des arbres ou sur la terre, dans les lieux ombragés et un peu humides; quelques unes sont rares en fructification, mais le plus grand nombre fructifie assez communément. Parmi les espèces les plus fréquentes, je citerai les *hypnum myurum, rutabulum, myosuroides, alopecurum, strigosum, repens, intricatum, velutinum, triquetrum*, etc., que l'on trouve par toute la France, dans les lieux couverts, au pied des arbres ou sur la terre. La dernière espèce est surtout très fréquente, et l'une des plus grandes mousses de cette série. C'est elle que les fleuristes emploient pour recouvrir la terre de leurs pots à fleurs.

Les *hypn. populeum*, *plumosum*, *reflexum*, *brevirostrum*, *salebrosum*, *albicans*, *dimorphon*, font aussi partie de ce groupe. Ces dernières espèces sont généralement moins communes.

****** *Tiges presque simples ou irrégulièrement rameuses ; feuilles disposées sur deux rangs.*

Les hypnes qui constituent ce petit groupe croissent presque toutes dans les marais, au bord des ruisseaux ou dans les bois humides. De ce nombre sont les *hypnum rusciforme* et *riparium*, qui croissent sur les pierres des ruisseaux ou sur les poutres des moulins à eau, et les *hypnum denticulatum*, *sylvaticum* et *undulatum*, qui habitent les bois marécageux.

Genre NECKÈRE (*Neckera*, Hedw. DC. *Hypnum* et *Fontinalis*, Lin.).

Péristome double, l'extérieur à 16 dents droites, libres, l'intérieur également à 16 dents, alternant avec les extérieurs, de la même longueur ; urne latérale, oblongue, à pédicelle de médiocre longueur.

Les neckères se rapprochent un peu des leskées par leur urne dressée et par la beauté de leur feuillage Ces jolies mousses croissent sur les troncs d'arbres ou sur les rochers ; elles fructifient au printemps. Les unes, telles que *N. pennata* et *crispa*, ont la tige pennée, aplatie ; les autres, comme *neckera viticulosa* et *curtipendula*, ont les feuilles imbriquées en tous sens. Les deux premières espèces croissent sur les troncs d'arbres, dans les forêts, souvent mêlées ensemble : les deux dernières croissent sur les rochers ou sur les souches des arbres, dans toute la France.

La *neckera heteromalla* est plus rare que les précédentes ; c'est une petite espèce, à feuilles imbriquées en tous sens, à tige redressée, haute à peine d'un pouce, très distincte par sa capsule ovale, axillaire, et presque sessile. Elle se trouve sur les troncs des vieux hêtres et des vieux chênes dans les forêts.

## FAMILLE 114. HÉPATIQUES (*Hepaticæ*).

Petites plantes terrestres, aquatiques ou parasites, consistant en des expansions vertes, foliacées, ressemblant tantôt un peu à des lichens, mais d'une consistance plus herbacée et moins coriace, ou prenant quelquefois une apparence de tiges garnies de petites feuilles disposées comme dans les mousses. Les hépatiques sont dioïques ou monoïques; leur fructification est ordinairement une capsule plurivalve, pédicellée, dépourvue d'opercule, et contenant des espèces de séminules attachées à des filamens; quelquefois la capsule est sessile, et est enfoncée dans la substance même des folioles. Dans ce dernier cas, les séminules ne sont point attachées à des *élatères* ou filamens élastiques contournés en spirale.

Nous ne répéterons pas ici ce que nous avons dit en parlant de la multiplication des mousses, notre opinion est fixée depuis long-temps sur la reproduction scissipare des agames.

Les hépatiques font, par leur forme et leur couleur, le passage des mousses aux lichens; elles croissent de même dans les lieux inondés, dans les bois ombragés et humides, sur les rochers et les troncs d'arbres; elles fructifient au printemps ou en été; quelques unes cependant ne laissent apparaître leur capsule qu'en hiver.

### PREMIÈRE TRIBU. JUNGERMANNIÉES (*Jungermanniecæ*).

Cette tribu comprend toutes les espèces dont la capsule pédicellée s'ouvre en plusieurs valves, et renferme des séminules attachées à des spires élastiques.

### Genre JONGERMANNE (*Jungermannia*, LIN. *Lichenastrum*, DILL.).

Capsule à pédicelle long, globuleuse, solitaire, à 4 valves déhiscentes par leur sommet, et imitant à leur maturité une espèce de croix.

Les jongermannes sont de petites plantes dont le facies se rapproche beaucoup de celui des mousses; elles croissent dans les lieux humides et ombragés des bois. Leur fructification a lieu au printemps ou à la fin de l'hiver. Plusieurs espèces sont extrêmement communes.

* *Jongermannes formées par de simples expansions foliacées, entières ou lobées.*

Ce petit groupe est le moins nombreux; les espèces qui le composent ont le port des *marchantia.* Telles sont la *jungermannia epiphylla*, qui a des larges feuilles sinuées portant des capsules sur leur milieu; la *J. pinguis*, qui a les feuilles oblongues et sinuées et la capsule marginale; la *J. multifida*, qui a les feuilles multifides, sans nervures, et les capsules dans les bifurcations des lobes; la *J. furcata*, qui lui ressemble beaucoup, mais qui a les feuilles multifides, veinées et légèrement ciliées; la *J. pubescens*, qui a les feuilles rameuses, nervées et pubescentes. L'on trouve assez communément les espèces ci-dessus dans les forêts humides, au bord des petits ruisseaux, sur la terre, sur les rochers ombragés et humides, à la racine des vieux arbres, etc.

** *Tiges foliacées, à feuilles ciliées ou dentées.*

On doit rapporter à cette petite division la *jung. pusilla*, qui a la tige très courte et les folioles dentées ou lobées; la *J. fissa*, qui a la tige couchée et les folioles à dents aiguës; la *J. bidentata*, qui a les folioles ovales-arrondies, échancrées et bidentées au sommet; la *J. trilobata*, qui a les folioles tridentées au sommet; la *J. nemorosa*, qui a la tige dressée et les folioles ciliées; la *J. tomentella*, qui a la tige décomposée, bipinnée, les folioles tomenteuses, ciliées-multifides. Cette dernière espèce est une des plus belles; elle a un peu le port de l'*hypnum tamariscinum;* son organisation spongieuse semble la rapprocher des polypiers. Elle croît communément dans les bois spongieux, au bord des petits ruisseaux; mais elle est rare avec des capsules. On trouve, dans les lieux ombragés et humides des montagnes, beaucoup d'autres espèces de jongermannes appartenant à cette division.

**** Feuilles imbriquées en tous sens sur la tige.*

Les espèces suivantes ont le port de quelques *hypnum;* elles croissent sur les troncs d'arbres, sur les rochers ou sur la terre nue. Telles sont la *J. platyphylla*, qui a les tiges étalées, rameuses, munies en dessous de 3 rangs de stipules, et les folioles cordiformes, très rapprochées (très commune sur les troncs d'arbres et les rochers); la *J. tamarisci*, qui est d'un noir pourpre luisant, dont les tiges comprimées sont munies en dessous de 3 rangs de stipules, et dont les folioles sont arrondies et très rapprochées. (Croît partout, sur les troncs d'arbres et sur les rochers.) La *J. dilatata*, qui ressemble beaucoup à la précédente, mais dont les rameaux sont dilatés au sommet et les folioles convexes, presque aussi commune qu'elle; la *J. complanata*, dont la tige est rameuse et les folioles arrondies, aplaties et auriculées à leur base; très commune sur les arbres, souvent mélangée avec la *tamarisci*, la *dilatata*, les *leskea complanata*, etc.

***** Feuilles distiques sur les tiges, qui sont simplement pennées.*

Les *jongermannes* qui constituent cette série ont un peu le port des *fissidens* de Hedwig; elles croissent sur la terre: telles sont la *J. asplenioides*, qui a les folioles grandes, transparentes, ovales-arrondies, et qui croît dans les lieux ombragés des bois; la *J. scalaris*, qui a les folioles ovales, très entières et alternes; la *J. polyanthos*, qui a les folioles arrondies, convexes et presque imbriquées; la *J. lanceolata*, qui a les folioles planes, obtuses, très entières; la *J. sphagni*, qui a les folioles arrondies, entières, petites, un peu imbriquées, et les fructifications latérales.

Nous n'avons cité que les espèces les plus communes : il en existe un bien plus grand nombre, surtout dans les pays de montagnes, et il est probable que l'on découvrira encore beaucoup d'espèces nouvelles.

Genre MARCHANTIE (*Marchantia*, MICHELI).

Réceptacle pédicellé, à lobes rayonnans, et recouvrant des capsules pendantes, quadrivalves; feuilles vertes, membraneuses, larges, jamais disposées en étoile, munies en dessous d'une côte médiane.

Outre les organes de la fructification que nous venons de décrire, quelques botanistes admettent encore des organes mâles renfermés dans des espèces d'urcéoles ou de godets sessiles, que l'on remarque souvent à la surface de ces plantes.

Les marchanties ont pour feuillage de larges expansions lichénoïdes, appliquées sur le sol, et y adhérant souvent par des fibrilles ou radicelles; leur fructification est disposée en manière d'ombrelle ou de parasol. Les espèces ne sont pas très nombreuses; elles croissent toutes sur la terre et les pierres, dans les lieux humides et ombragés; les plus remarquables sont :

La *marchantia stellata*, qui a les feuilles larges, sinuées, allongées; plus ou moins lobées, bordées de blanchâtre en dessous, les fructifications étoilées, à pédicelles nus; la *marchantia umbellata* (1), qui a le feuillage semblable, mais dont les fructifications n'offrent que des crénelures au lieu de rayons cylindriques; la *M. conica*, qui a les feuilles à lobes assez larges, allongés, obtus, couvertes de petites aspérités symétriques, et dont les ombrelles coniques naissent, à l'extrémité des feuilles, sur des pédicelles très longs; la *M. triandra*, qui est très petite, dont les feuilles

(1) Linné, et, après lui, M. De Candolle, ont réuni ces deux plantes sous le nom de *marchantia polymorpha ;* elles ne diffèrent que par la forme de l'ombrelle, et peut-être devra-t-on les réunir par la suite.

sont lobées d'une manière dichotomique, ponctuées en dessus et ridées en dessous, et dont les ombrelles sont hémisphériques ; la *marchantia hemisphærica*, qui a les feuilles obcordées, à lobes crépus, très peu prononcés, et dont l'ombrelle est hémisphérique, à 5-6 divisions ; la *marchantia fragrans*, qui a les feuilles allongées, sinuées-lobées, d'une odeur bitumineuse, et dont l'ombrelle est hémisphérique, à 5-6 divisions : les deux dernières espèces sont assez rares ; elles ne se trouvent guère que dans les lieux montueux et humides. Les quatre premières se trouvent dans presque toute la France.

Genre ANTHOCÈRE (*Anthoceros*, Linné. Dill. DC.).

Capsule subulée, très longue, entourée à la base par une espèce de périchèse monophylle, déhiscente, en deux valves, qui laissent à nu une espèce de trophosperme linéaire auquel sont fixées les élatères et des séminules qui paraissent un peu hispides.

Les anthocères croissent sur la terre, dans les prés et les bois humides ; elles forment des petites rosettes d'où s'élèvent des capsules longues de près d'un pouce. On en connaît deux espèces, l'*anthoceros lævis*, qui a les feuilles planes légèrement ondulées sur les bords, et l'*anthoceros punctatus*, qui est plus petit dans toutes ses parties, dont les feuilles sont crépues sur les bords et ponctuées en-dessus. Cette dernière espèce est plus rare que la première.

DEUXIÈME TRIBU. TARGIONIÉES (*Targionieæ*).

Capsule jamais pedicellée, enfoncée dans la substance même de la feuille, ne s'ouvrant point en plusieurs valves, et ne renfermant pas de filamens élastiques bien distincts.

Genre TARGIONE (*Targionia*, Lin. DC. Mich.).

Capsules globuleuses, enfermées dans un calice à 2 valves longitudinales ; feuilles lichénoïdes non rayonnantes.

On ne connaît que la *targionia hypophylla*, dont les feuilles sont d'un vert noirâtre, petites, oblongues, fermes, ordinairement simples, imbriquées, noirâtres en dessous, où elles portent à l'extrémité une capsule globuleuse de couleur brunâtre. Cette plante a une odeur bitumineuse très prononcée. Elle croît dans les lieux ombragés et humides, sous les revers des chemins creux, ou sur les rochers humides et couverts d'un peu de terre végétale. Elle n'est pas très commune.

Genre SPHÉROCARPE (*Sphærocarpus*, Bellardi, Mich. *Targionia*, DC. fl. fr.).

Capsule globuleuse, entourée d'un calice ou d'une espèce de valve indéhiscente; feuilles très petites, membraneuses, transparentes.

On ne connaît qu'une seule plante de ce genre, le *sphærocarpus Michelii*, Bell., *targionia sphærocarpos*, Diks. Cette très petite plante forme sur la terre des petites rosettes, composées de petites folioles arrondies, légèrement tronquées au sommet, d'un vert jaunâtre, presque transparentes. Elle n'est pas très rare sur la terre humide et sablonneuse : mais elle est assez difficile à trouver à cause de sa petitesse.

Genre RICCIE (*Riccia*, Lin. Michel. DC.).

Capsules globuleuses, renfermées dans les feuilles, et surmontées d'un tube très court; feuilles planes, dépourvues de nervure longitudinale, et formant à la surface de la terre des petites rosettes rayonnantes.

Les riccies sont de petites plantes difficiles à découvrir, en raison de leur petite taille. On les trouve dans les lieux humides, sur la terre, ou flottantes sur l'eau comme les *lemna*. Les espèces les plus communes sont, le *riccia glauca*, qui forme sur la terre une petite rosette glauque en croix de Malte; la *riccia bifurca*, qui ressemble beaucoup à la précédente, mais dont les folioles sont plusieurs fois bifurquées et canaliculées en dessous; la *riccia cristallina*, qui est spongieuse, transparente, et criblée d'une infinité de petits trous irréguliers; la *riccia fluitans*, qui flotte à la surface des eaux, et dont les feuilles d'un beau vert sont plusieurs fois bifurquées et épaissies sur leurs bords; la *riccia natans*, qui flotte aussi à la manière des *lemna*, et qui forme un petit disque à folioles obcordées, munies en dessous de petites radicelles.

Le genre *blasia*, de Linné, que M. De Candolle a placé à côté des riccies, fait maintenant partie du genre *jungermannia*, et l'espèce qu'il renfermait (*blasia pusilla*) est décrite dans les auteurs sous le nom de *jungermannia blasia*.

## FAMILLE 115. LICHÉNÉES (*Licheneæ*, Hoff.).

Les lichens sont de vrais protées; ils affectent toutes les formes; tantôt leur *thalle* est composé d'une croûte pulvérulente plus ou moins épaisse; tantôt il est formé par une substance crustacée, uniforme ou aréolée; tantôt ce même thalle est foliacé, et constitue des rosaces d'une dimension très variable; quelquefois ces végétaux s'élèvent sous forme de petits arbustes, de coraux, de madrepores, etc.; souvent ils pendent en faisceaux à l'extrémité des branches d'arbres, etc.

La consistance des lichens est coriace, membraneuse, très rarement gélatineuse; leur couleur d'ailleurs assez triste ne devient verte, ou plutôt verdâtre, que lorsqu'on les humecte. Ces singuliers végétaux ont une organisation fort simple, et qui les rapproche beaucoup des hypoxylées, et un peu des champignons.

La fructification des lichens consiste dans des espèces de réceptacles en forme de tubercules, ou d'écussons de consistance membraneuse ou charnue, que l'on désigne sous le nom d'*apothèces* ou de *scutelles*. C'est dans ces réceptacles que les botanistes admettent les sporules pour la reproduction des espèces. Quelques lichénographes croient qu'outre les apothèces, qu'ils regardent comme des fleurs femelles, on doit encore considérer certains petits paquets pulvérulens, qui se rencontrent sur la plupart des thalles, comme de véritables fleurs femelles. Nous croyons que cette dernière opinion est erronée, et nous dirons pour les lichens ce que nous avons déjà dit pour les mousses, c'est-à-dire que nous considérerons leur reproduction comme essentiellement scissipare, et les lichens seront pour nous, dans la phytologie, ce que sont les polypes dans la zoologie. Comme ces derniers, ils peuvent se reproduire par le moyen de leurs ovaires; mais chacun sait que les lichens les plus communs sont souvent ceux que l'on rencontre le plus rarement en fructification; tels sont les *parmelia pityrea*, *perlata*, les *cetraria fallax*, *glauca*, la plupart des *cornicularia*, des *usnea*, toutes les *lepraria*, etc., etc. On ne pourra donc admettre raisonnablement leur reproduction qu'à l'aide des petites particules qui se trouvent détachées et transportées par les vents.

Les lichens croissent en faux parasites sur les rochers, sur les arbres ou sur la terre nue. Leur développement étant beaucoup plus long que celui des champignons, ils ne peuvent habiter sur les végétaux herbacés, ou sur les feuilles des plantes; cependant il y a quelques espèces qui ont été observées sur les feuilles persistantes de plusieurs arbres, à la Nouvelle-Hollande et dans les régions équinoxiales. Les fructifications se développent en été et en hiver; mais c'est surtout en hiver que le thalle prend son accroissement. Pendant les chaleurs de l'été, les lichens sont crispés, fragiles; mais aussitôt que la saison des pluies est arrivée, ils reprennent leur état ordinaire; ils deviennent flexibles, et même quelquefois comme gélatineux.

Linné n'a fait qu'un seul genre dans cette nombreuse famille; mais, d'après les travaux des lichénographes Acharius, Hoffmann, Delise, Bory de Saint-Vincent, etc., on y a établi un grand nombre de genres. Nous les diviserons, d'après Acharius, en quatre tribus.

## PREMIÈRE TRIBU. IDIOTHALAMES (*Idiothalami*, ACH.).

Cette tribu comprend toutes les espèces dont les apothèces sont d'une substance ou d'une couleur différente du thalle.

### Genre SPILOME (*Spiloma*, ACH.).

Thalle crustacé, déterminé, étalé, plane, uniforme; apothèces aggrégées, formées par une masse homogène, un peu pulvérulentes, difformes, sans bordure, souvent différemment colorées.

Les spilomes croissent communément sur les écorces d'arbres; il n'y en a pas un très grand nombre d'espèces en France; mais, sur les écorces exotiques, on en rencontre beaucoup : plusieurs espèces cependant sont assez communes, telles que *spiloma elegans*, qui a une croûte blanchâtre, lisse, et des apothèces rouges, punctiformes; *spiloma tumidulum*, qui a la croûte blanchâtre et les apothèces rapprochées, renflées et d'un brun roussâtre; *spiloma melaleucum*, qui a une croûte légèrement pulvérulente, membraneuse, inégale, blanchâtre, et les apothèces noires; *spiloma versicolor*, qui a la croûte ridée, mélangée de blanc et de jaune, et les apothèces confluentes, enfoncées et d'un noir obscur; *spiloma paradoxum*, qui a la croûte d'un gris brunâtre, presque nulle, et les apothèces noires, elliptiques; *spiloma xanthostigma*, qui a la croûte d'un gris foncé et les apothèces punctiformes, pulvérulentes, et d'un jaune verdâtre; *spiloma leucostigma*, qui a la croûte blanchâtre et les apothèces punctiformes, blanchâtres, par petits paquets pulvérulens; *spiloma olivaceum*, qui a la croûte très mince, blanchâtre, et les apothèces pulvérulentes, d'un jaune olivâtre. Toutes les espèces ci-dessus croissent sur les troncs d'arbres. Une espèce, *spiloma sphærale*, croît en vrai parasite sur l'*isidium corallinum*; elle n'a point de croûte distincte du lichen sur lequel elle habite; ses apothèces sont d'un noir foncé, globuleuses, ressemblant un peu à un *calycium*. J'ai trouvé plusieurs fois cette espèce sur l'*isidium corallinum*, à Fontainebleau.

### Genre ARTHRONIE (*Arthronia*, Ach. *Verrucaria*, DC.).

Thalle mince ou épaissi, crustacé, lépreux; apothèces sessiles, aplaties, plus ou moins arrondies, noirâtres, sans bordure.

Au premier coup d'œil, les arthronies ressemblent tantôt à des opégraphes, tantôt à des verrucaires; elles croissent d'ordinaire sur les vieux troncs d'arbres ou sur les vieilles palissades en bois; quelques espèces habitent aussi sur les jeunes branches des arbres; de ce nombre sont *arthronia punctiformis*, qui a la croûte lisse, olivâtre, et les apothèces éparses, noirâtres, arrondies et un peu enfoncées; *arthronia gyrosa*, qui a la croûte blanchâtre, luisante, bordée d'une aréole noirâtre et les apothèces noires, rapprochées, anguleuses-crénelées; *arthronia obscura*, qui a la croûte olivâtre, membraneuse, et les apothèces petites, concaves, ovales-elliptiques, presque réniformes.

Parmi les espèces qui croissent sur les vieux troncs d'arbres, nous citerons *arthronia pruinosa*, qui a la croûte épaisse, ridée, fendillée, blanchâtre, et les apothèces larges, anguleuses, bleuâtres (cette espèce est très commune sur les vieux chênes, qu'elle recouvre presque en totalité dans le bois de Boulogne); *arthronia lyncea*, qui a la croûte épaisse, poudreuse, blanchâtre, fendillée, et les apothèces très rapprochées, planes, enfoncées, oblongues et d'un noir glauque.

### Genre SOLORINE (*Solorina*, Ach. *Peltigera*, DC.).

Thalle coriace, foliacé, lobé, muni en dessous de fibrilles lanugineuses; apothèces sans bordure, arrondies, orbiculaires, naissant sur le disque du thalle.

Les solorines sont des lichens foliacés, qui ont le *faciès* des peltigères; elles croissent sur la terre, dans les lieux ombragés et humides. Deux espèces se trouvent en France, *solorina saccata*, qui a le thalle à lobes arrondis, foliacés, crénelés, et dont les apothèces sont noires, orbiculaires, profondément enfoncées : il croît dans les bois, parmi les mousses, surtout dans les pays de montagnes; et le *solorina crocea*, qui a le thalle lobé, ferrugineux en dessus, d'un jaune safrané en dessous, et dont les apothèces sont brunes, un peu renflées. Cette belle espèce est rare ; on ne la rencontre que dans les rochers des hautes montagnes.

Ce genre nous paraît avoir une grande affinité avec les peltigères.

### Genre GYALECTE (*Gyalecta*, ACH.).

Thalle uniforme, crustacé ; apothèces scutelliformes, urcéolées, enfoncées dans la substance de la croûte, cartilagineuses, concaves, bordées et un peu rétrécies à leur ouverture.

Les gyalectes croissent ordinairement sur la terre nue ou parmi les mousses; quelques espèces habitent aussi sur les troncs d'arbres ou sur les rochers ; elles ressemblent beaucoup à des urcéolaires, et il est souvent très difficile de prononcer auquel des deux genres appartiennent plusieurs espèces. Les plus répandues sont, *gyalecta epulotica*, qui a la croûte fendillée, d'un jaune testacé, et les apothèces arrondies, confluentes, rougeâtres; *gyalecta geoica*, qui a la croûte pulvérulente, grisâtre, et les apothèces concolores, un peu jaunâtres dans le fond. Ces deux espèces croissent sur les rochers et sur la terre sablonneuse; *gyalecta Persooniana*, qui a la croûte inégale, blanchâtre, cartilagineuse, et les apothèces jaunes : elle croît sur les arbres; *gyalecta bryophila*, qui a la croûte blanchâtre, rugueuse, plissée, et les apothèces d'un noir bleuâtre; *gyalecta cretacea*, qui a la croûte épaisse, blanchâtre, pulvérulente, et les apothèces d'un noir bleuâtre, très enfoncées dans la croûte.

Genre LÉCIDÉE (*Lecidea*, Ach. *Patellaria*, DC. *Verrucaria*, Hoff.).

Thalle mince, crustacé, uniforme, membraneux, quelquefois si peu apparent, qu'il paraît être nul; apothèces (scutelles, DC.) sessiles, ressemblant, à leur développement, à une petite cupule, à rebord de la même couleur et de la même substance que le disque, et qui disparaît avec l'âge.

Les lécidées sont excessivement nombreuses; elles habitent tantôt sur la terre, tantôt sur les arbres ou sur de vieux bois, et tantôt sur les rochers; leur couleur (celle des scutelles) est noire, ferrugineuse, rouge, blanche, jaune, etc. Nous diviserons, pour faciliter leur étude, ces lichens en plusieurs groupes, d'après leur *habitat* et leur couleur.

* *Lécidées épilithes, à scutelles noires.*

Toutes les espèces de cette divsion habitent sur les pierres, les rochers ou sur les murs. Telles sont: *lecidea atro-alba*, qui a la croûte épaisse, blanchâtre, fendillée, et les scutelles noires, un peu convexes: c'est à cette espèce qu'on doit rapporter le *rhizocarpon confervoides*, DC.? *lecidea fumosa*, qui a la croûte aréolée, grisâtre, et les scutelles nombreuses, planes, arrondies, le plus souvent confluentes; *lecidea lapicida*, qui a la croûte épaisse, très fendillée, grisâtre, et les scutelles déprimées-anguleuses, avec une très petite bordure blanchâtre; *lecidea fusco-atra*, qui a la croûte fendillée, blanchâtre, et les scutelles noires, blanches à l'intérieur; *lecidea petræa*, qui a la croûte arrondie, blanche, pulvérulente, fendillée, et les scutelles très saillantes, presque concentriques, un peu relevées sur les bords; *lecidea rivulosa*, qui a la croûte brunâtre, fendillée, marquée de lignes noirâtres, et les scutelles planes, irrégulières; *lecidea epipolia*, qui a la croûte épaisse, aréolée, blanche, pulvérulente, et les scutelles petites, rapprochées, noires, saupoudrées d'une poussière bleuâtre; *lecidea silacea*, qui a la croûte ferrugineuse, épaisse, fendillée, et les scutelles confluentes, noires, d'un blanc rosé à l'intérieur; *lecidea œderi*, qui a la croûte ferrugineuse, aréolée, et les scutelles très petites, un peu enfoncées; *lecidea immersa*, qui a la croûte nulle, et les scutelles enfoncées dans les pierres, qu'elles creusent; *lecidea sanguinaria*, qui a la croûte blanchâtre, rugueuse, et les scutelles grosses, hémisphériques, noires, d'un rouge sanguin à leur base intérieurement.

** *Lécidées épilithes, à scutelles colorées, jamais noires.*

Cette division, moins nombreuse que la précédente, ne comprend que les espèces qui croissent sur les pierres ou sur les rochers, comme

*Lecidea atro-ferruginea*, qui a la croûte noirâtre et les scutelles petites, ferrugineuses, concaves dans leur jeunesse; *lecidea lamprocheila*, DC., qui a la croûte fendillée, d'un blanc sale, souvent nulle ou très peu apparente, et les scutelles d'un roux ferrugineux, munis d'un petit rebord saillant; *lecidea obliterata*, qui a la croûte épaisse, fendillée, granuleuse, d'un jaune sale, et les scutelles petites, d'un jaune orangé, munies d'un petit rebord plus pâle; *lecidea sulfurea*, qui a la croûte jaunâtre, épaisse, rugueuse, inégale, aréolée, et les scutelles anguleuses, d'un brun glauque (j'ai aussi trouvé cette dernière espèce sur les arbres); *lecidea cupularis*, qui a la croûte d'un blanc verdâtre, ordinairement nulle, et qui a les scutelles roses, creusées, et remplies d'une matière jaunâtre, grumelée.

*** *Lécidées épigées, à scutelles noires ou brunes.*

Ces lécidées croissent sur la terre nue, sur les détritus de mousses ou d'autres végétaux; on ne les trouve facilement que par un temps humide ou pluvieux : les espèces connues ne sont pas très nombreuses, les principales sont :

*Lecidea decolorans*, qui a la croûte épaisse, granuleuse-pulvérulente, et les scutelles brunes, blanchâtres à l'intérieur; *lecidea fusco-lutea*, qui a la croûte granuleuse, cendrée ou grisâtre, et les scutelles globuleuses ou planes, d'abord un peu roussâtres, mais devenant brunes par la suite; *lecidea limosa*, qui a la croûte inégale et les scutelles rapprochées, petites, convexes, rugueuses, noires, un peu enfoncées dans la croûte.

**** *Lécidées épigées, à scutelles colorées autrement qu'en noir.*

Deux espèces seulement appartiennent à cette division : *lecidea vernalis*, qui a la croûte grisâtre, les scutelles rousses ou d'un fauve clair, arrondies et entièrement dépourvues de rebord; *lecidea alabastrina*, qui ne diffère de la précédente que par ses scutelles, souvent réunies et presque couleur de chair : ces deux lécidées croissent sur les mousses et sur la terre nue.

***** *Lécidées épixyles, à scutelles noires.*

Cette division est assez nombreuse, et les espèces souvent difficiles à bien déterminer; toutes croissent sur les bois morts, sur les troncs ou sur les rameaux de différens arbres. Parmi les espèces les plus fréquentes, nous citerons *lecidea parasema*, qui a la croûte blanchâtre, bordée d'une ligne noire, et les scutelles planes, un peu bordées, devenant convexes avec l'âge; *lecidea punctiformis*, qui ne se distingue de la précédente que par ses scutelles non bordées et beaucoup plus petites; *lecidea albozonaria*, qui a la croûte d'un gris jaunâtre, aréolée, et les scutelles noires, avec un anneau blanc autour d'un centre noir si on les coupe transversalement (elle croît aussi sur les rochers); *lecidea enteroleuca*, qui a la croûte grisâtre, cartilagineuse, et les scutelles planes, rapprochées, blanches intérieurement; *lecidea leucoplaca (patellaria leucoplaca*, DC.), qui a la croûte lisse, très blanche, avec les scutelles noires, et qui croît exclusivement sur le *populus fastigiata*; *lecidea corticola*, qui a la croûte blanche, épaisse, fendillée, aréolée, et les scutelles un peu enfoncées, hémisphériques, d'un noir pruineux; *lecidea alba*, qui a la croûte poudreuse, blanche, lépreuse, et les scutelles petites, noires, enfoncées; *lecidea incana*, qui a la croûte blanche, farineuse, un peu verdâtre, et les scutelles d'un brun noir, un peu plus pâles sur les bords; *lecidea viridescens*, qui a la croûte verdâtre, pulvérulente, et les scutelles d'un noir brun, planes, devenant ensuite convexes.

****** *Lécidées épixyles, à scutelles autrement colorées qu'en noir.*

Ce petit groupe est beaucoup moins nombreux que le précédent; on ne connaît guère en France que les espèces suivantes :

*Lecidea cinereo-fusca* (*patellaria ferruginea*, DC.), qui a la croûte d'un blanc cendré et les scutelles d'un rouge ferrugineux, planes, souvent un peu anguleuses, et légèrement bordées; *lecidea ulmicola*, qui a la croûte presque nulle et les scutelles petites, très rapprochées, d'un jaune orangé (commune sur les ormes); *lecidea aurantiaca*, qui a aussi la croûte blanchâtre, aréolée, et les scutelles petites, rapprochées, d'un fauve orangé, munies d'un petit rebord mince; *lecidea rosella*, qui a la croûte granuleuse, d'un cendré verdâtre, presque nulle, et les scutelles très petites, couleur de chair, arrondies, convexes (habite sur les pieux et les bois morts); *lecidea rubella*, qui a la croûte granuleuse, peu distincte, grisâtre, et les scutelles éparses, orbiculaires, concaves, d'un rouge très pâle.

Il existe encore beaucoup d'autres espèces appartenant à chacun de ces différens groupes; nous n'avons cité que celles qui se rencontrent le plus fréquemment dans les différentes parties de la France.

### Genre CALICIUM (*Calicium*, Ach. DC. Pers.).

Croûte très mince, le plus souvent presque nulle, portant des apothèces pédicellées ou sessiles, cartilagineuses, à surface plane ou globuleuse, couverte de poussière.

Les calicium ont quelques rapports avec les hypoxylons, et sans la croûte qui existe ordinairement, on ne pourrait les laisser dans la famille des lichénées; ils croissent pour la plupart sur le bois mort, les vieilles palissades ou sur le thalle d'autres lichens. Les espèces sessiles ressemblent un peu à certaines lécidées; telles sont : *calicium tigillare*, qui a la croûte jaunâtre, aréolée, et les apothèces noires, à rebord saillant ; *calicium cembrinum*, qui croît sur les branches mortes du pin cembro ; *calicium tympanellum*, qui a la croûte cartilagineuse ; cendrée, inégale, et les apothèces sessiles, d'un noir pruineux sur le milieu du disque ; *calicium turbinatum*, qui a les apothèces petites, turbinées, sessiles, et qui croît sur les thalles des *porina* ; *calicium sessile*, Pers., qui a les apothèces sessiles, presque globuleuses, à disque punctiforme, et qui croît aussi sur les *porina* et sur les vieux troncs de chêne.

Les espèces pédicellées ressemblent à de très petits champignons, et leur croûte est généralement très peu distincte. On trouve dans presque toute la France les espèces suivantes : *calicium quercinum*, Pers., qui a la croûte cendrée, presque nulle, et les apothèces turbinées, infundibuliformes, brunâtres ; *calicium chrysocephalum*, qui a la croûte citrine, granuleuse, et les apothèces brunes sur le disque, et jaunâtres sur le bord ; *calicium chlorellum*, qui a la croûte nulle, les apothèces obconiques-turbinées, jaunâtres à l'extérieur et brunâtres sur le disque ; le *calicium sæpiculare*, qui a la croûte blanchâtre, poudreuse, et les apothèces noires, obconiques ; *calicium capitellatum*, qui a la croûte poudreuse, d'un vert jaunâtre, et les apothèces globuleuses, portées sur des pédicelles filiformes très longs et flexueux. Cette dernière espèce croît sur la terre, à la racine des plantes, et se retrouve aussi sur les rochers. Linné l'avait confondue avec les *mucor* (*moisissure*).

### Genre GYROPHORE (*Gyrophora*, Ach. *Umbilicaria*, Hoffm. DC.).

Thalle cartilagineux, coriace, libre, attaché par le centre, et toujours d'une seule pièce ; apothèces noires, dont le disque est marqué de rides concentriques ou en spirale.

Les gyrophores sont des lichens très coriaces, d'une

couleur terne, noire ou terreuse, ressemblant en quelque sorte à un morceau de cuir; ils sont attachés par leur centre, ce qui leur a fait donner, par Hoffmann, le nom d'*umbilicaria*; leur taille est généralement assez grande; ils croissent tous sur les rochers. On trouve en France les espèces suivantes :

*Gyrophora glabra*, qui a le thalle glabre en dessus et en dessous, noir et assez mince, et les fructifications très rares, convexes, rugueuses (il offre une variété à thalle polyphlle); *gyrophora tessellata*, qui a le thalle grisâtre, aréolé de noir en dessus, qui est noir et glabre en dessous, et dont les fructifications sont petites et un peu bordées; *gyrophora proboscidea*, qui a le thalle grisâtre et un peu squameux en dessus, plus pâle et garni de fibrilles en dessous, et dont les fructifications turbinées sont très communes (le *gyrophora cylindrica* en est une variété à thalle lobé et garni de poils sur les bords); *gyrophora hyperborea*, qui a le thalle rugueux, olivâtre en dessus, lisse, noirâtre, caverneux en dessous, et dont les apothèces sont planes et anguleuses; *gyrophora pustulata*, la plus grande espèce européenne, qui a le thalle d'un gris noirâtre, à peine lobé, couvert d'un grand nombre de pustules ou de bosselures blanchâtres en dessus, qui est noir et caverneux en dessous, et dont les apothèces sont dépourvues de rides concentriques; *gyrophora pellita*, qui a le thalle sinué, lobé, brun en dessus, et qui est noir en dessous, garni d'un épais duvet entrelacé, et dont les fructifications très rares sont un peu globuleuses; *gyrophora spadochroa*, qui a le thalle grisâtre en dessus, très noir et garni de fibrilles en dessous, et dont les apothèces, qui sont très rares, ont le disque plane; *gyrophora hirsuta*, qui a le thalle d'un blanc grisâtre en dessus, roulé sur les bords, grisâtre et très velu en dessous, et dont les apothèces hémisphériques sont un peu enfoncées dans la substance du thalle; *gyrophora murina*, qui a le thalle très coriace, d'un gris de souris en dessus, noirâtre en dessous, et dont les apothèces sont un peu convexes.

Les gyrophores sont fragiles lorsqu'ils sont secs; mais ils deviennent très flexibles par un temps pluvieux, ce qui change tellement la couleur du thalle, qu'il faut avoir l'habitude de les voir dans cet état pour les reconnaître; ainsi, par exemple, le *pustulata*, qui, dans l'état sec, est blanchâtre mélangé de noir, devient verdâtre lorsqu'il est mouillé.

Genre OPÉGRAPHE (*Opegrapha*, Ach. DC.).

Croûte mince, très adhérente, lisse, quelquefois lépreuse ou fendillée, presque toujours blanchâtre, luisante; apothèces (lirelles) oblongues, flexueuses, souvent rameuses et confluentes, tantôt saillantes, tantôt enfoncées dans la croûte.

Les opégraphes sont formées de lignes noirâtres plus ou moins grosses, disposées sur une croûte mince, lichénoïde, et représentant souvent des espèces de caractères gothiques ou hébraïques; elles croissent sur les troncs d'arbres. Il en existe un nombre assez considérable, dont les plus remarquables sont parmi les espèces à lirelles noires, rameuses et confluentes; *opegrapha histerioides*, Chev., qui a la croûte irrégulière, blanchâtre, et les lirelles parallèles très petites et très rapprochées les unes des autres; *opegrapha coryli*, Chev., qui a la croûte lisse, membraneuse, blanche, et les lirelles allongées, parallèles, flexueuses, et fourchues au sommet; *opegrapha atra*, DC., qui a la croûte blanchâtre, aréolée de blanc, et les lirelles noires, flexueuses, confluentes; *opegrapha gregaria*, Ach., qui a la croûte fendillée, arrondie, blanchâtre, et les lirelles courtes, anguleuses, très rapprochées les unes des autres; *opegrapha implexa*, Chev., qui a la croûte très mince, d'un blanc un peu roussâtre, et les lirelles très noires, grêles, linéaires, allongées, souvent entrecroisées; *opegrapha stenocarpa*, Ach., qui a la croûte blanche, irrégulière, et les lirelles courtes, confluentes, presque simples; *opegrapha rimalis*, Ach., qui a la croûte déterminée, blanchâtre, fendillée; et les lirelles oblongues, linéaires, très nombreuses et très rapprochées, souvent confuses; *opegrapha rufescens*, Pers., qui a la croûte un peu roussâtre, limitée, et les lirelles noires, presque simples.

Parmi les espèces dont les lirelles sont un peu enfoncées dans la croûte, *opegrapha rubella*, qui a la croûte d'un blanc rougeâtre, un peu rugueuse, et les lirelles nombreuses, très noires, à peine flexueuses, simples ou bifurquées; *opegrapha herpetica*, Ach., qui a la croûte brunâtre, inégale, rugueuse, et les lirelles très petites, nombreuses, ovales, presque punctiformes.

Et enfin, parmi les espèces à lirelles oblongues et simples, *opegrapha cæsia*, Ach., qui a la croûte d'un blanc glauque et les lirelles oblongues, obtuses, un peu flexueuses et d'un noir pruineux; *opegrapha diaphora*, Ach., qui a la croûte très mince, d'un blanc cendré, et les lirelles oblongues-ovales, proéminentes; *opegrapha notha*, Ach., qui a la croûte très blanche, membraneuse, lisse, et les lirelles éparses, difformes, presque arrondies; *opegrapha vulvella*, Ach., qui a la croûte blanchâtre, presque nulle, et les lirelles éparses, nombreuses, creusées sur leur disque en forme de petites nacelles; *opegrapha signata*, qui a la croûte lisse, très blanche, et les lirelles trifides, acuminées, très noires; *opegrapha chlorina*, Pers., qui a la croûte d'un blanc jaunâtre ou verdâtre et les lirelles simples, nombreuses, étroites, linéaires.

M. Chevalier, qui s'est occupé particulièrement de l'étude des opégraphes, a réuni à ces dernières les graphis d'Acharius, qui ne lui ont point paru présenter des caractères suffisans pour constituer un genre particulier. Le lichénographe suédois donnait pour caractère à son genre graphis, d'avoir les lirelles munies d'un rebord analogue à la croûte, tandis que dans ses opégraphes le rebord était de la même nature que les lirelles. Les espèces connues ne sont pas très nombreuses; mais elles sont pour la plupart si variables, que quelques auteurs ont fait plusieurs espèces de trop, telle est particulièrement *opegrapha scripta*, Chev., *graphis scripta*, Ach., dont la croûte est tantôt blanche et tantôt verdâtre, mince, lisse ou rugueuse, et dont les lirelles sont tantôt parallèles, entrecroisées, rayonnantes, etc. M. Chevalier en décrit dix variétés; les graphis *serpentina*, *cerasi*, *betuligna*, et *pulverulenta*, Ach., font maintenant partie des opégraphes, et doivent venir se ranger à côté de la *scripta*.

Genre VERRUCAIRE (*Verrucaria*, Ach. DC.).

Croûte mince, très adhérente, uniforme, crustacée, portant des apothèces noires, petites, globuleuses, ordinairement proéminentes, quelquefois enfoncées, d'abord fermées, et s'ouvrant ensuite par un pore à leur sommet.

Quelques botanistes placent ce genre, ainsi que le précédent, dans la famille des Hypoxylées. Les verrucaires se distinguent facilement des opégraphes par l'ouverture des apothèces, qui est ronde au lieu d'être allongée; les unes croissent sur les végétaux, et les autres sur les rochers.

* *Verrucaires épiphytes.*

Les espèces de cette division sont assez nombreuses et souvent difficiles à bien déterminer; on les rencontre plus particulièrement sur les écorces lisses et sur les jeunes rameaux. Les espèces les plus connues sont: *verrucaria epidermidis*, qui a une croûte blanchâtre à peine distincte de l'écorce, et les apothèces noires, punctiformes, extrêmement petites; *verrucaria punctiformis*, qui a la croûte extrêmement mince et les apothèces petites, globuleuses et punctiformes; *verrucaria hippocastani*, qui a la croûte mince, cendrée, peu distincte de l'écorce, et les apothèces petites, ombiliquées, presque planes; *verrucaria hyloica*, qui a la croûte presque nulle, blanchâtre, et les apothèces nombreuses, petites, globuleuses; *verrucaria galactites*, qui a la croûte mince, très blanche, et les apothèces assez grosses et d'un noir luisant; *verrucaria nitida*, qui a la croûte olivâtre, cartilagineuse, fendillée, et les apothèces grosses, luisantes, nombreuses, hémisphériques, un peu enfoncées dans la substance du thalle ; *verrucaria sanguinea*, qui a la croûte grisâtre, granuleuse, et les apothèces hémisphériques, noires extérieurement, et rouges au centre.

** *Verrucaires épilithes.*

Les verrucaires qui croissent sur les murs ou sur les rochers sont moins nombreuses que les précédentes ; leur croûte est généralement très peu distincte. Les espèces les plus communes sont : *verrucaria rupestris*, qui a la croûte cendrée, presque nulle, et les apothèces noires, globuleuses, souvent incrustées dans la pierre ; *verrucaria calciseda*, DC., qui se distingue de la précédente par les apothèces moitié plus petites ; *verrucaria ruderum*, DC., qui croît sur les platras et les vieux mortiers, qui a la croûte blanchâtre, un peu glauque, et les apothèces noires, arrondies ; *verrucaria concentrica*, qui a la croûte presque nulle et les apothèces d'un noir bleuâtre, disposées par zones concentriques ; *verrucaria macrostoma*, qui a la croûte épaisse, fendillée, brunâtre, et les apothèces noires, à moitié enfoncées, ouvertes au sommet par un pore large, arrondi.

Genre ENDOCARPE (*Endocarpon*, Ach. DC.).

Thalle cartilagineux, coriace, d'une seule pièce, attaché par le centre ; fructifications très petites, enchâssées dans la substance de la feuille, presque cachées et munies d'une petite ostiole.

Les endocarpes ont le port des gyrophores ; mais ils se distinguent très facilement de ces derniers par leurs fructifications punctiformes, enfoncées dans la substance du thalle. Ils croissent pour la plupart sur les rochers humides ; quelques espèces cependant habitent sur la terre nue ou parmi les mousses. Nous ne trouvons, en France, que les espèces suivantes :

*Endocarpon miniatum*, qui a le thalle épais, cartilagineux, grisâtre en dessus et rougeâtre en dessous ; *endocarpon Weberi*, qui a le thalle épais, cartilagineux, coriace, grand, foliacé, lobé, olivâtre en dessus et brunâtre en dessous; *endocarpon complicatum*, qui en diffère par sa couleur grisâtre en dessus et les lobes de son thalle plissés et roulés sur leurs bords; *endocarpon turgidum*, qui a le thalle épais, coriace, foliacé, lobé, d'un brun pruineux en dessus, spongieux et comme pulvérulent en dessous; *endocarpon Hedwigii*, qui a le thalle arrondi-anguleux, garni de fibrilles noirâtres en dessous; *endocarpon squamulosum*, qui a les lobes du thalle presque imbriqués et presque laineux en dessous; *endocarpon pallidum*, qui a le thalle coriace, verdâtre, crénelé, lobé, souvent lacinié, et qui est en dessous d'une couleur pâle; *endocarpon euplocum*, qui a le thalle cartilagineux, foliacé, presque pelté, d'un brun verdâtre en dessus et jaunâtre en dessous; *endocarpon leptophyllum*, qui a le thalle cartilagineux, foliacé, orbiculaire, pelté, d'un brun cendré en dessus, noirâtre et rugueux en dessous.

## DEUXIÈME TRIBU. COENOTHALAMES (*Cœnothalami*, ACH.).

Lichens dont les réceptacles ou apothèces sont formés en partie par la substance du thalle.

### Genre PORINE (*Porina*, ACH. *Pertusaria*, DC.).

Thalle crustacé, cartilagineux, uniforme, adhérent, plus ou moins distinct; apothèces de la couleur de la croûte, à plusieurs loges, percées d'autant de pores qu'il y a de loges.

Les porines ont ordinairement la croûte lisse, comme vernissée; elles croissent sur les arbres et sur les rochers; telles sont: *porina pertusa*, qui a la croûte mince, lichénoïde, lisse, d'un blanc grisâtre, et dont les apothèces verruciformes sont percées au sommet de 3-5 petits pores noirâtres; *porina rugosa*, qui a la croûte cendrée, rugueuse, et les apothèces percées d'un seul pore noirâtre; *porina pustulata*, qui a la croûte blanchâtre, fendillée, et les apothèces verruciformes, munies de plusieurs pores noirâtres, ordinairement confluens; *porina leioplaca*, qui a la croûte lisse, d'un gris jaunâtre, et les apothèces éparses, verruciformes, et munies ordinairement d'un seul pore; *porina taxicola*, qui a la croûte mince, cendrée, fendillée, et les apothèces convexes, verruciformes et percées de plusieurs pores noirs très petits; *porina aggregata*, qui a la croûte cartilagineuse, fendillée, rugueuse, marquée de lignes noires, et dont les apothèces, enfoncées dans la croûte, sont munies de pores très petits.

### Genre THÉLOTRÊME (*Thelotrema*, Ach. *Volvaria*, DC.).

Thalle crustacé, cartilagineux, adhérent, uniforme; apothèces verruciformes, d'abord fermées, mais s'ouvrant ensuite, et laissant paraître dans leur cavité une espèce de noyau ou de scutelle mobile, caduque.

Les thélotrèmes ressemblent un peu aux urcéolaires; ils croissent presque tous sur les troncs d'arbres. On en connaît beaucoup d'espèces sur les écorces exotiques; mais on n'en trouve qu'un petit nombre en Europe. Les principales sont: *thelotrema lepadinum*, Ach., *volvaria truncigena*, DC., qui a la croûte grisâtre, épaisse, inégale, et les cavités jaunâtres, à bordure proéminente; *thelotrema exanthematica*, qui a la croûte grisâtre, tartareuse, mince, et les apothèces à moitié incrustées: cette espèce et la suivante croissent sur les rochers; *thelotrema conchylioides*, *volvaria conchylioides*, DC., qui a la croûte presque nulle, et dont les cavités ressemblent, après la chute de la scutelle, à une petite coquille blanche; *thelotrema variolarioides*, qui a la croûte grisâtre, rugueuse, déterminée, et dont les cavités sont grandes, noirâtres, à rebords épais, anguleux, crénelés.

### Genre PYRÉNULE (*Pyrenula*, Ach. *Verrucaria*, DC.).

Croûte coriace, uniforme, adhérente; apothèces verruciformes, renfermant ou entourant seulement à la base un noyau noir, globuleux.

Les pyrénules croissent ordinairement sur les écorces des arbres ou sur les rochers. On ne trouve guère en France que les espèces suivantes : *pyrenula nitida*, qui habite sur les écorces du charme, dont le thalle est crustacé, cartilagineux, lisse, d'un brun grisâtre, et dont les apothèces sont verruciformes, glabres et fermées ; *pyrenula composita*, très petite espèce, à croûte lisse, membraneuse, blanchâtre, limitée, et dont les apothèces sont glabres, fermées, et un peu fendillées ; *pyrenula nigrescens*, qui a la croûte noirâtre, très mince, ressemblant à celle de la *leparia antiquitatis*, et les apothèces noires, souvent percées au sommet.

Genre VARIOLAIRE (*Variolaria*, Ach. DC.).

Croûte blanchâtre, uniforme, adhérente, arrondie ou irrégulière ; apothèces verruciformes, blanchâtres, d'abord couvertes d'une poussière blanche grenue, mais qui finissent par se creuser en forme de petites coupes.

Les variolaires croissent sur les troncs d'arbres et sur les rochers. Les espèces les plus communes sont : *variolaria communis*, qui est si commune sur les écorces des hêtres, que Linné l'avait appelée *lichen fagineus*, dont la croûte est d'abord arrondie, puis irrégulière, bordée de noirâtre, et dont les apothèces blanches, pulvérulentes, couvrent tout le thalle ; *variolaria amara*, Ach., qui se distingue de la précédente par sa croûte plus mince, plus blanche, d'une saveur amère, et par les apothèces munies d'un rebord distinct ; *variolaria globulifera*, qui a la croûte grisâtre, cartilagineuse, munie de paquets pulvérulens, et dont les apothèces sont glabres, globuleuses, et ensuite pulvérulentes ; *variolaria leucocephala*, qui a la croûte blanchâtre, très mince, et les apothèces sessiles, globuleuses, proéminentes, ouvertes au sommet et recouvertes d'une poussière très blanche ; *variolaria dealbata*, DC., qui a la croûte épaisse, fendillée, blanchâtre ; munie de petites papilles grenues, et dont les apothèces sont couvertes d'une poussière très blanche, peu adhérente ; *variolaria aspergilla*, qui a la croûte cartilagineuse, pulvérulente, déterminée, un peu glauque, légèrement fendillée sur ses contours; et dont les apothèces sont éparses; globuleuses, saupoudrées de blanc. Ces deux dernières espèces sont saxicoles : toutes les précédentes sont corticicoles.

### Genre URCÉOLAIRE (*Urceolaria*, Ach. DC.).

Thalle crustacé, cartilagineux, formé de tubercules planes plus ou moins rapprochés, s'ouvrant à leur sommet en une apothèce ou scutelle, enfoncée constamment, entourée par un rebord de la croûte.

Les urcéolaires ont la croûte analogue aux variolaires, et les fructifications comme certaines lécidées; mais elles s'en distinguent au premier coup d'œil par les apothèces enfoncées dans la substance du thalle, et toujours munies d'un rebord saillant, formé par la croûte elle-même. Elles croissent presque toutes sur la terre, sur les rochers ou les détritus de mousses; telles sont : *urceolaria Acharii*, qui a la croûte grisâtre-testacée, très légèrement fendillée, et les fructifications rougeâtres dans le fond; *urceolaria ocellata*, qui a la croûte grisâtre, aréolée, un peu fendillée, rugueuse, et dont le fond des scutelles est noirâtre, avec les rebords d'une couleur ardoisée; *urceolaria gibbosa*, qui a la croûte d'un blanc-grisâtre, couverte de papilles, et les scutelles noires dans le fond, crénelées et rétrécies sur les bords; *urceolaria verrucosa*, qui a la croûte blanche, mince, verruqueuse, et les scutelles noires, enfoncées entre les verrues, ce qui les fait paraître de deux couleurs sur leurs bords; *urceolaria scruposa*, qui a la croûte épaisse, plissée-rugueuse, les scutelles noirâtres dans le fond, à rebord très renflé, discoïde et un peu rugueux; *urceolaria tessellata*, qui a la croûte blanchâtre, fendillée, aréolée, et les scutelles d'un noir pruineux dans le fond. Cette espèce est la plus commune de toutes; elle se trouve partout dans les lieux calcaires, et elle présente une infinité de variétés, ce qui a été cause que l'on en a fait beaucoup trop d'espèces.

### Genre PSORA (*Psora*, DC. *Lecanora*, Ach.).

Croûte pulvérulente, presque nulle, sur laquelle naissent de petites folioles cartilagineuses, un peu imbriquées; apothèces placées sur le côté, munies d'un rebord comme les lécanores, d'abord planes, devenant ensuite convexes.

Les psoras croissent sur la terre humide, parmi les mousses. Les espèces ne sont pas très nombreuses: les plus communes sont les suivantes : *psora decipiens*, qui a les folioles incarnates, bordées de blanc, et les apothèces noires; *psora lurida*, qui a les folioles brunâtres, imbriquées, blanchâtres en dessous, et les scutelles noires; *psora candida*, qui croît sur les mousses, dans les montagnes, et dont le thalle est d'un blanc de lait et les apothèces noires; *psora vesicularis*, qui forme des granulations vésiculeuses, d'un gris-bleuâtre, et dont les apothèces sont noires, quelquefois très grandes.

### Genre SQUAMAIRE (*Squamaria*, DC. *Lecanora*, Acharius).

Thalle cartilagineux, foliacé, imbriqué-écailleux; apothèces scutelliformes, bordées, d'abord un peu convexes, devenant ensuite planes.

Les squamaires ressemblent un peu à certaines parmélies par l'imbrication de leur feuillage : elles croissent sur les rochers ou sur la terre nue. Les espèces les plus remarquables sont : *squamaria crassa*, qui croît sur la terre, en larges plaques, dont les folioles sont épaisses, lobées, incisées, imbriquées, olivâtres, frangées de blanc, et dont les apothèces sont nombreuses et d'un brun roux; *squamaria Smithii*, qui diffère de la précédente par sa croûte plus pâle, blanche à l'intérieur, et par ses apothèces moins nombreuses; *squamaria lentigera*, qui a la croûte orbiculaire, en rosette étalée sur la terre, à folioles blanches, imbriquées, et dont les apothèces sont d'un roux pâle; *squamaria cartilaginea*, qui forme, sur les rochers des montagnes, une croûte épaisse, cartilagineuse, subimbriquée, d'un jaune blanchâtre, et dont les apothèces rousses sont bordées de blanc; *squamaria rubina*, qui forme, sur les rochers des hautes montagnes, de petites rosettes imbriquées, d'un jaune verdâtre, et dont les apothèces sont d'un rouge briqueté, bordées de blanc.

### Genre RHIZOCARPE (*Rhizocarpon*, DC. *Lecanora*, Ach.).

Thalle très mince, adhérent, foliacé ou un peu écailleux; apothèces noires, insérées sur les folioles du thalle, et munies d'un léger rebord.

Les rhizocarpes sont faciles à distinguer par les lignes noires qui parcourent le thalle en divers sens. Ils croissent sur les pierres dures. L'espèce la plus remarquable est le *rhizocarpon geographicum*, DC., *lichen atrovirens*, Lin., qui forme, sur les rochers, des croûtes très minces et très étendues, marquées de lignes noirâtres et de taches jaunes.

### Genre LÉCANORE (*Lecanora*, Ach. *Patellaria*, DC.).

Croûte plus ou moins épaisse, adhérente, membraneuse, coriace ou cartilagineuse; apothèces scutelliformes, de couleur variable, munies d'un rebord plus ou moins visible, fourni par la substance même de la croûte.

Les lécanores ressemblent extrêmement aux lécidées, et nous trouvons qu'Acharius, dans sa méthode, qui n'est pas toujours très naturelle, a peut-être eu tort d'éloigner deux genres qui ont entre eux de si grands rapports. Les espèces de ce genre sont extrêmement nombreuses; et, pour faciliter leur étude, il faut les diviser, comme les lécidées, d'après leur couleur et leur *habitat*. Les unes croissent sur la terre ou sur les débris de végétaux, d'autres habitent sur les arbres ou sur les rochers.

#### * *Lécanores épilithes, à apothèces brunâtres.*

Les scutelles des espèces de cette division sont plus ou moins brunes ou noirâtres, quelquefois saupoudrées d'une poussière pruineuse. Les plus communes sont : *lecanora badia*, qui a la croûte brune, olivâtre, rugueuse, et les scutelles orbiculaires, brunes, luisantes; *lecanora cæcula*, Ach., qui a la croûte un peu gélatineuse, ce qui lui donne beaucoup d'analogie avec les *collema*, et dont les scutelles sont proéminentes, planes et d'un brun roussâtre; *lecanora glaucoma*, qui a la croûte épaisse, fendillée, aréolée, d'un blanc un peu glauque, et dont les scutelles sont petites, nombreuses, planes, orbiculaires, d'un bleu pruineux, etc., etc.

** *Lécanores épilithes, à scutelles blanchâtres ou colorées autrement qu'en noir.*

Les espèces suivantes ont les scutelles pâles, jaunes ou rougeâtres : quelques espèces se retrouvent aussi sur les troncs d'arbres. Les plus communes sont : *lecanora rubricosa*, qui a la croûte fendillée, aréolée, blanchâtre, et les scutelles petites, arrondies, d'un rouge brun; *lecanora vitellina*, qui a la croûte jaune, grenue, et les scutelles petites, d'un jaune un peu plus foncé que celui de la croûte (elle se retrouve aussi sur les palissades et sur les troncs d'arbres); *lecanora citrina*, qui a la croûte granuleuse, poudreuse, d'un jaune soufre, un peu verdâtre, et les scutelles rares, jaunes, à rebord granuleux; *lecanora hæmatomma*, qui a la croûte pulvérulente, épaisse, d'un blanc un peu verdâtre, et les scutelles rapprochées, d'un beau rouge sanguin; *lecanora ventosa*, qui habite les hautes montagnes, dont la croûte est épaisse, cartilagineuse, d'un blanc jaunâtre, et dont les scutelles sont rouges, anguleuses, un peu enfoncées; *lecanora parella*, qui a la croûte épaisse, rugueuse, d'un blanc cendré, et dont les scutelles sont blanchâtres, tuberculeuses, grosses, entourées d'un rebord épais, etc.

*** *Lécanores épigées.*

Les espèces de cette division sont les moins nombreuses; elles croissent sur la terre nue, mais plus ordinairement sur les mousses ou les débris de végétaux; telles sont : *lecanora muscorum*, qui a la croûte granuleuse, d'un blanc brunâtre, et les scutelles proéminentes, nombreuses, d'un noir brun, munies d'un rebord blanchâtre; *lecanora hypnorum*, qui a la croûte d'un beau jaune, écailleuse, et les scutelles grandes, noirâtres, à rebords crénelés; *lecanora brunnea*, qui a la croûte granuleuse, d'un gris bleuâtre, et les scutelles nombreuses, d'un roux vif, pourvues d'un rebord grenu, etc.

**** *Lécanores épiphytes, à scutelles brunes ou noirâtres.*

Les lécanores qui habitent sur le tronc des arbres sont très nombreuses; quelques espèces se retrouvent sur les pierres. Nous citerons, comme les plus communes, les espèces suivantes : *lecanora atra*, Ach., *patellaria tephromelas*, DC., qui a la croûte blanchâtre, plus ou moins épaisse, rugueuse, et les scutelles orbiculaires d'un noir luisant, entourées d'un rebord blanc (elle se retrouve aussi quelquefois sur les rochers); *lecanora exigua*, qui a la croûte grisâtre, mince, inégale, et les scutelles petites, noires, entourées d'un rebord blanchâtre; *lecanora subfusca*, qui a la croûte déterminée, d'un blanc grisâtre, et les scutelles nombreuses, arrondies ou un peu anguleuses, à disque d'un brun roux (elle varie beaucoup); *lecanora metabolica*, qui a la croûte membraneuse, légèrement fendillée, inégale, blanchâtre, et les scutelles très petites, orbiculaires, rapprochées, entourées d'un rebord plus pâle que le disque; *lecanora effusa*, qui a la croûte très mince, pulvérulente, d'un cendré un peu verdâtre, et les scutelles nombreuses, arrondies, d'un brun un peu verdâtre, entourées d'un rebord semblable à la croûte; *lecanora lutescens*, qui a la croûte très mince, pulvérulente, d'une jaune-verdâtre pâle, et les scutelles rares, à disque d'un roux brun, etc., etc.

***** *Lécanores épiphytes, à scutelles pâles ou colorées autrement qu'en noir.*

Les scutelles des espèces suivantes sont d'une teinte pâle, ou colorées en jaune ou en rouge; plus ou moins vif; telles sont, parmi nos espèces communes, *lecanora angulosa*, qui a la croûte mince, blanchâtre, et les scutelles très rapprochées, anguleuses, d'une couleur pâle, à rebord peu saillant (cette espèce ressemble beaucoup à certaines variétés de la *subfusca*); *lecanora albella*, qui a la croûte lisse, blanche, déterminée, et les scutelles blanches, assez grandes, légèrement incarnates sur le disque; *lecanora populina*, *patellaria populina*, DC., qui a la croûte très mince, grisâtre, et les scutelles petites, distinctes, très rapprochées, blanches, avec une légère teinte carnée sur le disque; *lecanora rubra*, qui a la croûte blanche, pulvérulente, et les scutelles d'un rouge briqueté, à rebord blanc, pulvérulent; *lecanora candelaris*, *patellaria candelaris*, DC., qui a la croûte jaune, grenue, pulvérulente, et les scutelles jaunes, à rebord pulvérulent (croît aussi sur les murs humides); *lecanora cerina*, qui a la croûte très mince, grisâtre, et les scutelles d'un jaune de cire; *lecanora varia*, qui a la croûte inégale, d'un jaune verdâtre, et les scutelles petites, nombreuses, d'un brun jaune, etc., etc.

Genre PLACODE (*Placodium*, DC. *Lecanora*, ACH.).

Thalle en rosettes orbiculaires, très adhérentes, à folioles distinctes et rayonnantes à la circonférence; apothèces à rebord analogue à la croûte, et placées sur la partie du thalle où les folioles ne sont pas distinctes.

Les placodes ont le *facies* de certaines parmélies et de quelques squamaires; mais on les distingue au premier coup d'œil, en ce que les folioles ne sont jamais imbriquées, et ne sont détachées qu'à la circonférence. Ces lichens croissent sur les murs, les rochers, sur la terre, et quelquefois sur les arbres; ils adhèrent très fortement aux pierres, et il est très difficile d'en détacher de beaux échantillons. Les espèces les plus connues sont les suivantes : *placodium fulgens*, qui forme sur les terres calcaires des rosettes citrines, et dont les scutelles, d'un rouge brun, sont bordées de jaunâtre; *placodium murorum*, qui forme très communément sur les murs des rosettes arrondies, d'un jaune foncé, et dont les scutelles jaunes sont très nombreuses; *placodium candelarium*, qui a les rosettes d'un jaune orangé et les scutelles d'un jaune vif (il croît sur les rochers et sur les arbres, et on trouve souvent ses scutelles sans croûte); *placodium elegans*, qui forme, sur les rochers calcaires, des rosettes orbiculaires, d'un jaune orangé vif, et dont les scutelles jaunes ont un rebord peu apparent; *placodium canescens*, qui forme sur les murs, mais surtout sur les arbres, des rosettes blanchâtres, farineuses au centre, et dont les scutelles, rares, sont noires, bordées de blanchâtre; *placodium albescens*, DC., *lecanora galactina*, Ach., qui forme des plaques grisâtres sur les murs et sur les bois morts, et dont les scutelles, d'un brun très pâle, sont entourées d'un rebord blanchâtre, un peu crénelé; *placodium teicholytum*, qui forme, sur les murailles, des plaques blanchâtres sur les bords, verdâtres et pulvérulentes au centre, et dont les scutelles sont petites, d'un roux brun, à rebord blanchâtre; *placodium radiosum*, qui a la croûte brunâtre, peu distincte à la circonférence, et dont les scutelles sont nombreuses, planes, noirâtres, à rebord blanchâtre.

### Genre PARMÉLIE (*Parmelia*, Ach. *Imbricaria*, DC.).

Thalle foliacé, à folioles libres, lobées ou multifides, imbriquées, souvent garnies de fibrilles en dessous; apothèces scutelliformes, libres dans le centre.

Les parmélies constituent l'un des plus beaux genres et l'un des plus nombreux de la famille des lichénées; elles forment sur les rochers, sur les arbres, sur la terre ou les mousses en détritus, des plaques souvent très grandes, à folioles imbriquées du centre à la circonférence, se détachant assez facilement, surtout par un temps humide.

#### * *Parmélies à feuilles glabres en dessous.*

Les parmélies de cette division ont les feuilles dépourvues de duvet laineux, en dessous, et divisées en lobes linéaires, ou larges et arrondies; telles sont: *parmelia caperata*, qui forme des plaques très grandes, d'un vert pâle, froncées et ridées, et dont les apothèces sont grandes, concaves, brunes, bordées de blanc; *parmelia corrugata*, ACH., *imbricaria acetabulum*, DC., qui a le thalle mince, plissé, rugueux, d'un vert olivâtre, à lobes arrondis, noir en dessous, et dont les apothèces sont très grandes, concaves, rousses dans leur centre (il croît sur les arbres); *parmelia olivacea*, qui a le thalle mince, membraneux, olivâtre, à folioles luisantes, arrondies, et dont les scutelles sont de la couleur de la croûte (il croît sur les rochers et sur les arbres); *parmelia parietina*, qui forme très communément des rosettes d'un jaune doré à l'état sec, sur les murs, les toits et les troncs d'arbres, et dont les apothèces sont d'un jaune un peu plus foncé; *parmelia physodes*, qui a le thalle d'un blanc glauque, à folioles linéaires, obtuses, renflées au sommet, noirâtres en dessous, et dont les apothèces sont d'un rouge brun; *parmelia diatrypa*, qui diffère de la précédente par ses folioles blanchâtres en dessous et percées d'un rang de trous arrondis; *parmelia conspersa*, qui a la croûte blanchâtre, glauque, membraneuse, imbriquée sur les bords, pulvérulente au centre, à folioles linéaires, noirâtres en dessous, et dont les apothèces sont nombreuses, éparses, d'un rouge brun, à rebords semblables à la croûte, etc.

** *Parmélies à feuilles velues, laineuses ou hérissées en dessous.*

Les espèces de cette division sont très nombreuses; elles sont toutes garnies en dessous d'un duvet laineux plus ou moins abondant, et ordinairement d'une couleur noirâtre. Nous citerons comme exemple les espèces suivantes: *parmelia boreri*, qui a le thalle orbiculaire, cendré, portant des petits paquets pulvérulens, à folioles arrondies, crénelées, et dont les apothèces sont rouges et très rares; *parmelia scortea*, qui a le thalle arrondi, blanchâtre, légèrement pointillé de noir, à folioles incisées, sinuées, crénelées, noires en dessous; *parmelia tiliacea*, qui a le thalle arrondi, mince, membraneux, d'un blanc glauque un peu pruineux, à folioles sinuées, arrondies, et dont les apothèces sont brunes; *parmelia pityrea*, qui a le thalle orbiculaire, arrondi, gris, pulvérulent au centre, à folioles arrondies à la circonférence, et dont les apothèces, très rares, sont d'un brun-noir, pruineux; *parmelia Clementiana*, qui ressemble un peu au *placodium canescens*, et dont le thalle est arrondi, adhérent, pulvérulent au centre, et les apothèces rapprochées, planes, d'un noir brun; *parmelia lanuginosa*, qui forme sur les rochers ombragés et sur les mousses, des rosettes d'un blanc jaune, pulvérulentes, foliacées sur les bords, très velues et d'un noir bleuâtre en dessous, et dont les apothèces sont rousses, à bordure pulvérulente; *parmelia plumbea*, qui a le thalle d'une couleur ardoisée, tomenteux et bleuâtre en dessous, à folioles crénelées, et dont les apothèces sont brunes; *parmelia saxatilis*, Ach., *imbricaria retiruga*, DC., qui a le thalle grisâtre, scabriuscule, réticulé de blanchâtre, à folioles lobées, rétuses, et dont les apothèces sont d'un brun clair; *parmelia omphalodes*, Ach., *imbricaria adusta*, DC., qui ne diffère de la précédente que par le thalle d'un noir olivâtre et comme brûlé; elle croît exclusivement sur les rochers, tandis que la *saxatilis* habite souvent sur les arbres; *parmelia fahlunensis*, qui habite sur nos hautes montagnes, dont le thalle est noirâtre sur les deux faces, à folioles longues, sinuées et comme digitées, un peu canaliculées, et dont les apothèces sont brunes, à rebord granulé; *parmelia aquila*, qui croît dans nos provinces de l'ouest sur les rochers, dont le thalle est d'un brun noirâtre, luisant, un peu plus pâle en dessous, à folioles à divisions linéaires, un peu convexes, crénelées, et dont les apothèces sont d'un noir brun, à rebord crénelé; *parmelia stygia*, qui croît dans les Alpes, sur les rochers, qui est d'un noir de poix luisant, plus foncé en dessous, à folioles linéaires, multifides-digitées, un peu roulées en dessous, et dont les apothèces sont noires, à rebord crénelé (j'ai retrouvé cette belle parmélie à Fontainebleau, sur les rochers du Cuvier); *parmelia pulla*, qui habite sur les rochers de nos montagnes, dont le thalle est d'un brun olivâtre obscur, noir en dessous, un peu rugueux, à folioles très étroites, sinuées et plissées, et dont les apothèces sont d'un rouge brun; *parmelia encausta*, qui habite les rochers des Alpes, dont le thalle est d'un blanc grisâtre, noirâtre en dessous, à folioles étroites, presque cylindriques, pointillées de noirâtre, et dont les fructifications sont brunes, à rebords crénelés; *parmelia sinuosa*, qui est blanchâtre en dessus, grisâtre en dessous, à folioles multifides, flexueuses, et dont les apothèces sont d'un rouge brun, à rebord très peu prononcé; *parmelia aleurites*, qui croît sur les poutres et les palissades, dont le thalle est orbiculaire, rugueux, plissé, d'un gris blanchâtre, pulvérulent, et dont les apothèces sont planes, d'un noir brun; *parmelia ambigua*, qui a le thalle orbiculaire, d'un blanc jaunâtre, pulvérulent, blanc en dessous et les apothèces d'un rouge brunâtre foncé; *parmelia speciosa*, qui a le thalle d'un blanc grisâtre en dessus, blanchâtre en dessous, à folioles garnies de fibrilles, et dont les apothèces sont brunes; *parmelia lævigata*, qui a le thalle d'un blanc grisâtre, noir en dessous, à folioles linéaires, multifides, divariquées, et dont les apothèces sont brunes; *parmelia muscigena*, qui a le thalle arrondi, brunâtre, noir, laineux en dessous, à folioles planes, multifides, et les apothèces d'un noir brun; *parmelia conoplea*, qui a le thalle bleuâtre ardoisé, à folioles très petites, pulvérulent dans tout le centre, et dont les apothèces sont rousses; *parmelia pulverulenta*, qui a le thalle étoilé, d'un blanc bleuâtre pruineux, noir, hispide en dessous, à folioles linéaires, et dont les apothèces sont d'un bleu pruineux; *parmelia aipolia*, dont le thalle est d'un blanc grisâtre, pruineux blanchâtre en dessous, à folioles lobées, multifides, et dont les apothèces sont d'un bleu pruineux; *parmelia stellaris*, qui a le thalle étoilé, rugueux, plissé, blanc en dessous, à folioles linéaires, convexes, incisées-multifides, et dont les apothèces sont d'un noir glauque; *parmelia cyclôselis*, qui a le thalle petit, orbiculaire, d'un cendré verdâtre, noir en dessous, à découpures imbriquées, planes, multifides, un peu ciliées, et dont les apothèces sont d'un noir brun, à rebord élevé; *parmelia ulothrix*, qui a le thalle d'un cendré verdâtre, noir en dessous, à folioles linéaires, multifides, ciliées, et dont les apothèces sont d'un noir brun, garnies de cils en dessous; *parmelia perlata*, qui a le thalle d'un blanc glauque, noir et très velu en dessous, à lobes arrondis, planes, incisés, plissés et très entiers sur leurs bords, et dont les apothèces, extrêmement rares, sont d'un rouge brun (j'ai trouvé cette espèce en fructification à Fontainebleau; elle diffère de la *perforata* en ce que les apothèces ne sont point percées); *parmelia glomulifera*, qui a le thalle très grand, cartilagineux, blanchâtre, garni de coussinets noirâtres, et dont les apothèces sont d'un rouge brun assez clair. Quelques lichénographes mettent cette dernière espèce parmi les stictas; M. De Candolle la place, ainsi que la *perlata*, dans le genre *lobaria*, de Hoffmann.

## Genre BORRÈRE (*Borrera*, Ach. *Physcia*, DC.).

Thalle coriace, rameux, découpé en segmens plus ou moins menus, toujours libres et ciliés sur leurs bords; apothèces scutelliformes, épaisses, pédicellées, à rebords saillans, et formées en dessous par le thalle.

Les borrères sont assez aisés à distinguer par les cils qui garnissent les bords de leurs folioles; ils croissent sur les arbres et quelquefois sur les rochers : on les trouve assez généralement en fructification; ce sont, pour la plupart, des lichens fort élégans, dont les espèces les plus remarquables sont : *borrera solenaria*; qui a le thalle blanchâtre sur les deux faces, à découpures linéaires, canaliculées en dessous, et dont les apothèces ont le disque d'un rouge orangé, à rebord blanchâtre très saillant (cette belle espèce a été trouvée en Corse, par M. Pouzolz); *borrera ciliaris*, qui a le thalle verdâtre, à découpures très fines, ciliées, blanchâtres et canaliculées en dessous, et les apothèces d'un noir-brun pruineux, à rebords frangés; *borrera tenella*, qui a le thalle blanchâtre sur les deux faces, à découpures pinnatifides, ciliées, et les apothèces d'un noir pruineux, à rebord entier; *borrera leucomela*, qui a le thalle pâle, à découpures dressées, linéaires, ciliées et canaliculées, multifides, très blanches en dessous, et les apothèces d'un noir pruineux (cette espèce, américaine, se retrouve dans nos provinces de l'ouest, ainsi que la suivante); *borrera flavicans*, qui a le thalle nu, jaunâtre, à découpures, très grêles, cylindriques-comprimées, divariquées, et les apothèces d'un rouge orangé; *borrera chrysophtalma*, qui a le thalle d'un gris jaunâtre en dessus et en dessous, à découpures linéaires, pinnatifides, et les apothèces d'un rouge orangé; *borrera furfuracea*, qui a le thalle d'un gris cendré, farineux, à découpures linéaires, rameuses, canaliculées, et noirâtres en dessous, et dont les apothèces sont d'un rouge-brun foncé. Cette dernière espèce croît sur les arbres et sur les rochers, dans presque toute la France; mais elle est rare en fructification.

### Genre CÉTRAIRE (*Cetraria*, Ach. *Physcia*, DC.).

Thalle membraneux, à folioles dressées ou étalées, lisses et nues sur les deux faces; apothèces scutelliformes, placées obliquement sur le thalle.

Les cétraires se distinguent facilement des borrères par leurs folioles jamais garnies de cils, et par la disposition des fructifications; quelques espèces ont le port des parmélies, et paraissent presque adhérentes et comme imbriquées : ce genre de lichens est en partie propre aux montagnes, il est peu nombreux, et les espèces qui le composent sont pour la plupart rares avec des apothèces. Nous trouvons, en France, les espèces suivantes : *cetraria juniperina*, qui a le thalle d'un jaune citron en dessous, un peu plus pâle en dessus, à divisions planes, ascendantes, et les apothèces d'un jaune brun ; *cetraria pinastri*, qui diffère de la précédente par ses folioles arrondies, crénelées, étalées, crispées sur les bords, pulvérulentes ; *cetraria sepincola*, qui a le thalle brun, à découpures planes, ascendantes, ondulées, crénelées, et les apothèces brunes, à rebords saillans, crénelés ; *cetraria glauca*, qui a un peu le port de la *parmelia perlata*, et dont le thalle est d'un blanc glauque en dessus, brun en dessous, sinué, lobé, à découpures lacérées, ascendantes, et les apothèces élevées, brunes (cette espèce, quoique commune sur les rochers ombragés et sur les arbres, est extrêmement rare en fructification : je ne l'ai trouvée dans cet état que dans le sommet des sapins des hautes montagnes) ; *cetraria fallax*, qui n'en est probablement qu'une variété à thalle blanchâtre en dessous ; *cetraria nivalis*, qui a le thalle d'un blanc un peu jaunâtre, cavernoso-réticulé, à découpures dressées, incisées-multifides, crispées, crénelées, et les apothèces d'un rouge pâle ; *cetraria cucullata*, qui a le thalle d'un blanc très légèrement jaunâtre, à folioles dressées, tubuleuses, canaliculées, dichotomes, laciniées, très découpées sur les bords, et les apothèces rares, d'un rouge très pâle ; *cetraria islandica*, qui a le thalle d'un brun olivâtre, et d'un rouge sanguin à sa base, à folioles dressées, linéaires, multifides, canaliculées, ciliées, dilatées quand elles sont apothéciphores, et les fructifications planes, d'un brun olivâtre. C'est cette espèce qui est le *lichen islandicus* employé en médecine : il est très commun dans les montagnes ; il fournit, par la décoction, un mucilage très nourrissant, qu'on emploie avec quelque succès dans les maladies de poitrine ; mais il faut auparavant le débarrasser de son amertume en le faisant bouillir quelques minutes avec une petite quantité de sous-carbonate de potasse ou de soude.

Genre STICTA (*Sticta*, Ach. DC.).

Thalle membraneux, portant des apothèces scutelliformes sur ses bords, et marqué en dessous de petits enfoncemens (*cyphelles*) plus ou moins apparens; glabres et épars, au milieu d'un duvet épais.

Les stictas se distinguent facilement de tous les autres lichens par les cyphelles ou petites fossettes glabres, placées à la face inférieure du thalle; les espèces sont assez abondantes dans les pays chauds; mais la France n'en possède qu'un petit nombre; telles sont: *sticta pulmonacea*, ACH.; *lichen pulmonarius*, L., qui a le thalle olivâtre, réticulé et caverneux en dessus; blanchâtre, bosselé, avec un duvet roux en dessous, à folioles lobées, et dont les apothèces sont rousses, marginales; *sticta scrobiculata*, qui est d'un gris plombé en dessus, à thalle très large, scrobiculé, grisâtre et tomenteux en dessous, et dont les apothèces sont rousses, à rebords crénelés. (Ces deux espèces font partie du genre *lobaria* de De Candolle); *sticta fuliginosa*, qui a le thalle orbiculaire, brunâtre, couvert d'aspérités fuligineuses en dessus, qui est velu en dessous et dont les apothèces, très rares, sont d'un noir ferrugineux; *sticta limbata*, qui a le thalle orbiculaire, d'un brun glauque, à lobes portant sur leurs bords une pulvérulence d'un glauque ardoisé, et dont les apothèces, extrêmement rares, ont le disque ferrugineux; *sticta sylvatica*, qui a le thalle brun, un peu scrobiculé en dessus, à folioles lobées-incisées, sinuées, crénelées, et dont les apothèces ont le disque d'un brun roux; *sticta aurata*, qui a le thalle d'un glauque rutilant, lobé, à folioles portant des paquets d'une puvérulence d'un jaune d'or. Cette espèce, qu'on a crue long-temps propre à l'Amérique, se retrouve en Normandie et en Bretagne.

Genre PELTIGÈRE (*Peltigera*, DC. *Peltidea*, ACH.).

Thalle coriace, foliacé, membraneux, lobé, libre, nu ou velu en dessous; apothèces retournées, formées par les lobes du thalle, adhérentes par toute leur surface inférieure.

Les peltigères ont un peu le port des stictas; comme eux elles croissent ordinairement sur la terre parmi les mousses; mais elles se distinguent de tous les autres lichens par les veines qui existent en dessous, et par leurs apothèces unguiformes. Les espèces les plus communes sont : *peltigera canina*, qui a le thalle large, d'un gris cendré en dessus, marqué de nervures roussâtres en dessous, et dont les apothèces sont rousses, ascendantes; *peltigera horizontalis*, qui a le thalle grand, étalé, d'un brun-olivâtre glauque, veiné de roux en dessous, et dont les apothèces sont dressées, à rebord horizontal; *peltigera polydactyla*, qui se distingue de la précédente par ses apothèces portées sur des languettes plus longues et ascendantes; *peltigera venosa*, qui a le thalle petit, d'un gris blanchâtre en dessus, garni en dessous de veines rousses, tomenteuses, saillantes, et dont les apothèces sont brunes; *peltigera spuria*, qui se distingue de la précédente par son thalle d'un gris cendré en dessus, un peu lobé, et par ses veines blanches; *peltigera aphtosa*, qui a le thalle papyracé, membraneueux, d'un gris glauque parsemé de granulations en dessus, velu et veiné en dessous, et dont les apothèces ont le rebord vertical.

### Genre NÉPHROME (*Nephroma*, Ach. *Peltigera*, DC.).

Thalle coriace, membraneux, d'une seule pièce, plus ou moins lobé, nu ou légèrement velu en dessous; apothèces planes, retournées, réniformes, détachées et pourvues d'un rebord analogue au thalle.

Les néphromes croissent sur la terre, sur les rochers, parmi les mousses et quelquefois sur les troncs d'arbres. Le *nephroma resupinata* est à peu près la seule espèce qui croisse en France; son thalle est d'un brun clair, portant çà et là des granulations, et ses apothèces sont d'un roux vif; il croît sur les rochers, sur la terre, parmi les mousses et aussi sur les troncs d'arbres, dans les lieux montueux et couverts. Quant aux *nephroma parilis* et *papyracea*, ils paraissent être des variétés de cette espèce.

## Genre ROCCELLE (*Roccella*, Ach. DC.)

Thalle libre, cartilagineux, rameux, à divisions longues, étroites, linéaires, cylindriques ou planes, dressées ou pendantes; apothèces scutelliformes, épaisses, enfoncées en partie dans le thalle.

Les roccelles sont des lichens d'un gris de souris, découpés en longues lanières étroites, très épaisses; elles croissent sur les rochers maritimes. Nous en trouvons deux espèces sur nos rochers maritimes des provinces de l'Ouest : *roccella phycopsis*, qui a les lanières cylindriques anguleuses, comprimées, fastigiées, et les apothèces d'un noir un peu pruineux; et *roccella fuciformis*, qui a les lanières longues, dichotomes, et les apothèces marginales.

## Genre ÉVERNIE (*Evernia*, Ach. *Physcia*, *Usnea* et *Cornicularia*, DC.).

Thalle coriace, rameux, à divisions étroites, comprimées-planes, dressées ou pendantes; apothèces sessiles, scutelliformes, à rebords un peu élevés.

Les évernies croissent sur les arbres et sur le bois des palissades; elles sont peu nombreuses, et nous ne possédons en France que, *evernia divaricata*, Ach., *usnea flaccida*, DC., qui pend en longs faisceaux dans les sapins des montagnes, dont les lanières grêles sont flasques, mollasses, lâches, divariquées, rugueuses, presque articulées, et dont les apothèces sont d'un rouge brun; *evernia vulpina*; qui a le thalle d'un beau jaune, à divisions rameuses, très étroites, anguleuses, comprimées, flexueuses, et dont les apothèces sont brunes (croît sur les chalets, dans les montagnes); *evernia pinastri*, qui a le thalle blanc, à découpures dichotomes, multifides, dressées, ascendantes, canaliculées en dessous, et dont les apothèces, rares, sont brunes.

## Genre CÉNOMYCE (*Cenomyce*, Ach. *Cladonia* et *Scyphorus*, DC.).

Thalle foliacé, cartilagineux, un peu imbriqué, presque toujours libre, donnant naissance à de petites tiges fistuleuses, nues ou foliacées, portant à leur sommet des apothèces charnues, presque globuleuses, sessiles, recouvertes d'une lame épidermoïde fournie par le thalle.

Les cénomyces sont faciles à reconnaître à leur tige cylindrique, portant des fructifications globuleuses, charnues; une grande partie des lichens de ce genre est très remarquable par les scyphules ou espèces d'entonnoirs qui terminent les tiges, et sur les bords desquels naissent les apothèces. Ce genre est assez nombreux, et les espèces qu'il renferme offrent beaucoup de variétés. Les cénomyces croissent sur la terre ou sur les vieilles souches d'arbres dans les lieux ombragés, ou sur les bruyères arides ou parmi les mousses.

L'une des divisions de ce genre n'a jamais les tiges dilatées en entonnoir (*cladonia*, DC.); tels sont: *cenomyce vermicularis*, qui est très blanc et qui naît en petits faisceaux vermiculaires, couchés; *cenomyce subulata*, qui est dressé, d'un gris verdâtre, à rameaux aigus, subulés, imperforés dans leurs aisselles; *cenomyce rhangiferina*, qui est d'un blanc grisâtre, gazonnant, très rameux, à aisselles perforées et à fructifications brunes; *cenomyce uncialis*, qui est dressé, blanc, gazonnant, à rameaux ouverts au sommet en une espèce d'étoile denticulée, et dont les fructifications sont brunes; *cenomyce papillaria*, qui est blanchâtre, dressé, gazonnant, à rameaux bifurqués, renflés, obtus au sommet, et dont les fructifications sont d'un brun clair.

L'autre division (*scyphophorus*, DC.) a les tiges dilatées en entonnoir, et quelquefois garnies de petites folioles; de ce nombre sont: *cenomyce pyxidata*, qui a les folioles petites, étalées, souvent presque nulles, et les entonnoirs turbinés ou un peu allongés, à fructifications brunes; *cenomyce fimbriata*, qui n'en est probablement qu'une variété, qui ne s'en distingue que par son entonnoir frangé ou déchiqueté sur les bords; *cenomyce coccifera*, qui a les folioles petites, lobées, crénelées et étalées, et dont les entonnoirs cyathiformes portent des fructifications d'un rouge écarlate; *cenomyce convoluta*, qui a les feuilles d'un blanc jaunâtre, sinuées, roulées, et dont les entonnoirs petits, turbinés, portent des fructifications brunes; *cenomyce cervicornis*, qui a les feuilles d'un vert glauque, roulées au sommet, et les entonnoirs cylindracés, à fructifications brunes; *cenomyce diffusa*, qui a les feuilles dressées, glauques, incisées-laciniées, les tiges rameuses, les entonnoirs grêles; *cenomyce endiviæfolia*, qui forme sur les bruyères arides des touffes d'un vert jaunâtre, à folioles très larges, pinnatifides, crénelées, recoquillées, et dont les entonnoirs sont avortés; *cenomyce delicata*, qui forme sur les souches et les troncs pourris des plaques blanchâtres, granulées, d'où s'élèvent de petites tiges granuleuses, portant de petits tubercules brunâtres: cette dernière espèce fait partie du genre *helopodium* de De Candolle, qui ne diffère des cénomyces de la seconde division que par les entonnoirs percés à la base.

Il existe un bien plus grand nombre d'espèces que celles que nous venons de citer; nous croyons cependant qu'il y a aussi une grande quantité de variétés que l'on a regardées à tort comme des espèces.

### Genre BÉOMYCE (*Beomyces*, Ach. DC.).

Croûte crustacée, granuleuse, adhérente; apothèces fungoïdes, en petites têtes tuberculeuses, sessiles ou pédicellées.

Les béomyces croissent sur la terre ou sur les souches pourries, et ils y forment des plaques crustacées, granuleuses, portant des tubercules colorés, charnus, offrant un peu l'organisation des champignons; plusieurs espèces sont assez communes; telles sont: *beomyces roseus*, Pers., *lichen ericetorum*, Linn., qui forme sur les bruyères des plaques grenues, d'un gris verdâtre, portant des tubercules légèrement pédicellés et d'une couleur rose; *beomyces rufus*, qui forme dans les bois, sur les souches pourries, des croûtes grenues, d'un cendré verdâtre, et dont les fructifications sont brunes, légèrement pédicellées.

## Genre ISIDIE (*Isidium*, Ach. DC.).

Thalle crustacé, uniforme, adhérent, d'où s'élèvent des tiges très courtes et très rapprochées; apothèces arrondies, convexes, devenant ensuite presque globuleuses.

Les isidies forment, sur les rochers ou sur les arbres, des plaques arrondies, blanchâtres, paraissant épaisses à cause des petites tiges fasciculées et très rapprochées, qui les constituent en grande partie; les espèces les plus communes sont: *isidium corallinum*, qui forme sur les rochers des croûtes épaisses, d'un blanc grisâtre, quelquefois un peu aréolées ou étagées; *isidium stalactiticum*, qui forme aussi sur les rochers des plaques d'un blanc sale, souvent teinté de verdâtre, à tiges extrêmement courtes, terminées par un petit tubercule blanchâtre, farineux; *isidium Westringii*, qui a une croûte blanchâtre, fendillée, et dont les tiges portent des tubercules munis de points bleuâtres enfoncés; *isidium phymatodes*, qui a une croûte pulvérulente, granuleuse, fendillée, verruqueuse, d'un gris jaunâtre; *isidium coccodes*, qui a une croûte grenue, fendillée, granuleuse, blanchâtre. Ces deux dernières espèces croissent sur les arbres; elles ressemblent plutôt à des *lepraria* ou à des thalles de *lecidea*, qu'à des isidies.

## Genre STÉRÉOCAULON (*Stereocaulon*, Ach. DC.).

Thalle coriace, en petits arbrisseaux solides, rameux, couverts de granulations nombreuses; apothèces sessiles, planes, turbinées, entourées d'une bordure un peu plus pâle.

Les stéréocaulons sont des lichens qui ressemblent un peu à des hypnes qui seraient recouverts d'incrustations calcaires ; les espèces ne sont pas très nombreuses ; elles croissent sur la terre dans les lieux montueux : nous ne possédons guère que les suivantes :

*Stereocaulon paschale*, qui a une tige solide, droite, haute de 2-3 pouces, très rameuse, recouverte de grains grisâtres, et dont les apothèces sont brunes, planes, légèrement turbinées ; *stereocaulon botryosum*, qui a la tige d'un blanc grisâtre, à granulations rapprochées en grappes très épaisses, et dont les apothèces sont petites et d'un brun obscur ; *stereocaulon condyloideum*, qui a le thalle blanchâtre, presque nu, et les tiges très courtes, déformées, onduleuses-grenués, et dont les apothèces sont rousses, rapprochées ; *stereocaulon pileatum*, qui a les tiges hautes de 6-15 lignes, presque simples, et dont les apothèces sont brunes et terminales (cette espèce est assez rare : elle croît sur les rochers granitiques, en Suisse et en Bretagne) ; *stereocaulon nanum*, qui a les tiges hautes de 2-4 lignes, filiformes, très grêles, à rameaux fastigiés, d'un gris-blanc, et dont les apothèces sont latérales, assez rapprochées et d'un noir-brun.

## Genre SPHÉROPHORON (*Sphærophoron*, Ach. *Sphærophorus*, DC.).

Tiges dressées, rameuses, fasciculées, solides, coriaces ; apothèces latérales, grosses, sessiles, globuleuses, composées d'une masse noire, compacte, pulvérulente, se déchirant spontanément.

Les sphérophorons forment des petits gazons très élégans par la manière dont leurs tiges sont groupées ; celles-ci sont assez fragiles, et ressemblent un peu à certains coraux ; on ne connaît que les trois espèces suivantes, qui croissent sur la terre, parmi les mousses, dans les lieux montueux.

*Sphærophoron coralloides*, qui a les tiges solides, demi-ligneuses, blanchâtres, divisées en rameaux étalés, dendroïdes, et dont les apothèces sont lisses, globuleuses ; *sphærophoron fragile*, qui a la tige rameuse, dendroïde, dichotome, grisâtre, à rameaux courts, serrés, nivelés, et dont les apothèces sont globuleuses, un peu verruqueuses à leur surface; *sphærophoron compressum*, qui a la tige blanchâtre, dendroïde, à rameaux garnis de ramuscules nus, et dont les apothèces sont globuleuses, lisses et déprimées à leur surface.

### TROISIÈME TRIBU. HOMOTHALAMES (*Homothalami*, ACH.).

Cette tribu comprend tous les lichens dont les apothèces sont formées par la substance médullaire et corticale du thalle, et qui sont en outre de la même couleur que lui; celles-ci sont tantôt scutelliformes, presque sessiles et bordées, et tantôt peltées, sans rebords; ciliées ou un peu dentées.

### Genre ALECTORIE (*Alectoria*, ACH. *Cornicularia*, DC.).

Thalle filiforme ou capillaire, très rameux, légèrement fistuleux; apothèces sessiles, planes, scutelliformes, bordées, et de la couleur du thalle.

Les alectories croissent sur les arbres ou sur les rochers; leurs tiges sont longues, très grêles, capillaires ou filiformes, pendant sur les arbres comme des espèces de crinières; telles sont:

*Alectoria jubata*, qui pend en touffes épaisses sur les branches des pins et des sapins, et dont les tiges sont d'un brun livide; *alectoria chalybeiformis*, qui pend de même sur les arbres et quelquefois sur les rochers, et dont les tiges sont plus grosses, tortueuses, et d'un noir plombé; *alectoria cana*, qui est en longs faisceaux blanchâtres, et dont les tiges sont très rameuses et extrêmement grêles; *alectoria crinalis*, qui a les tiges blanchâtres, très grêles, très rameuses, comprimées, et les rameaux cylindriques; *alectoria thrausta*, qui a les tiges comprimées-cylindriques, noires à la base, et les rameaux flexueux, garnis de fibrilles; *alectoria sarmentosa*, qui est blanchâtre; à tiges très grêles, cavernoso-anguleuses, dichotomes, à rameaux très grêles, et très nombreux à l'extrémité.

### Genre RAMALINE (*Ramalina*, ACH. *Physcia* et *Cornicularia*, DC.).

Thalle cartilagineux, rameux, lacinié, concolore sur les deux faces, souvent muni de paquets pulvérulens; apothèces épaisses, scutelliformes, planes, bordées.

Les ramalines croissent sur les arbres ou sur les rochers; ce sont des lichens rameux, divisés en lanières plus ou moins larges, telles que *ramalina fastigiata*, qui a le thalle cylindrique, comprimé, lisse, rameux, sillonné, d'un blanc glauque, à rameaux renflés, fastigiés, presque nivelés; *ramalina fraxinea*, qui a le thalle plane, divisé en longs segmens linéaires-rubanés, réticulés, d'un blanc grisâtre; *ramalina farinacea*, qui a les tiges redressées, d'un blanc grisâtre, portant des paquets pulvérulens sur les côtés des rameaux; *ramalina scopulorum*, qui a le thalle sillonné, comprimé, d'une couleur grisâtre, et les rameaux linéaires atténués, et dont les apothèces, souvent déformées, sont d'un blanc un peu incarnat (cette espèce, qui est assez commune sur nos rochers des provinces de l'Ouest, présente une foule de variétés pour la forme et pour la taille); *ramalina polymorpha*, qui a le thalle dur, très coriace, dressé, rameux, comprimé ou cylindrique, sillonné, muni de paquets pulvérulens, assez gros, terminaux et capituliformes, et dont les apothèces sont d'un blanc rosé; *ramalina pollinaria*, qui est tantôt d'une couleur blanche, et tantôt d'une couleur grisâtre, dont les tiges sont dressées, aplaties, un peu élargies au milieu, à rameaux déchiquetés sur les bords et au sommet, garnis de paquets pulvérulens, et dont les apothèces sont terminales et d'un blanc rosé.

### Genre CORNICULAIRE (*Cornicularia*, ACH. DC.).

Thalle fruticuleux, dendroïde, coriace, solide; apothèces orbiculaires, dentelées dans leur contour et sans rebord.

Les corniculaires croissent sur la terre, sur les rochers et sur les arbres, surtout dans les pays de montagnes; leurs tiges sont rameuses et dressées, quelquefois elles sont capillaires ou filiformes, comme celles des *alectoria*; les espèces les plus communes sont :

*Cornicularia aculeata*, qui a le thalle roide, rameux, d'un brun-marron, en forme de buisson, à rameaux très nombreux, garnis au sommet d'espèces d'aiguillons avortés, et dont les fructifications sont rousses, dentelées; *cornicularia tristis*, qui est d'un noir-brun, luisant, très rameuse, dichotome, à divisions cylindriques, et dont les apothèces sont noires; *cornicularia bicolor*, qui a le thalle légèrement scabriuscule, noir, rameux, cylindrique, filiforme, à rameaux blanchâtres au sommet; *cornicularia ochroleuca*, qui a le thalle roide, cylindrique, très rameux, d'un blanc jaunâtre, à ramuscules très nombreux, noirâtres au sommet; *cornicularia pubescens*, qui a le thalle couché, un peu rugueux, à rameaux très grêles, capillaires, entremêlés en manière de tissu laineux; *cornicularia lanata*, qui a le thalle couché, filiforme, capillaire, à rameaux très nombreux, entrelacés, et formant des touffes noirâtres, comme feutrées.

### Genre USNÉE (*Usnea*, Ach. Dill. DC.).

Thalle très rameux, souvent pendant, cartilagineux, cylindrique, filamenteux à l'intérieur, recouvert d'une substance corticale crustacée; apothèces peltées, terminales, ordinairement ciliées dans leurs contours.

Les usnées croissent sur les arbres ou sur les rochers, elles ont un port fort élégant, et elles sont distinctes de tous les autres lichens, par leur substance corticale. On n'en connaît qu'un petit nombre, dont les plus remarquables sont :

*Usnea florida*, qui a le thalle blanchâtre, dressé, très branchu, à rameaux garnis de fibres horizontales, et dont les apothèces sont grandes, munies de longs cils rayonnans; *usnea plicata*, qui est pendante, d'un gris blanchâtre, à rameaux longs, très nombreux, capillaires à l'extrémité, et dont les apothèces sont grandes, munies de longs cils très grêles; *usnea bar-*

*bata*, qui est pendante, d'un blanc glauque, à rameaux nombreux, grêles, filamenteux, entrelacés, garnis de fibrilles sétacées, et dont les apothèces sont dépourvues de cils; *usnea articulata*, qui a le thalle gros, articulé, d'un blanc glauque, à rameaux très nombreux, très longs, capillaires, et garnis de fibrilles à leur extrémité; *usnea ceratina*, qui a le thalle dressé, roide, scabre, blanchâtre, à rameaux flexueux, étalés, diffus, et dont les apothèces sont munies de cils longs et assez forts.

## Genre COLLÈME (*Collema*, ACH. DC.).

Thalle homogène, demi-gélatineux dans l'état frais, dur et cartilagineux à l'état sec; apothèces scutelliformes, sessiles, légèrement bordées.

Les collèmes sont des lichens dont le thalle est granulé ou membraneux, à folioles quelquefois à demi imbriquées, d'une consistance gélatineuse, ce qui les rapproche un peu des *nostochs*; ils croissent sur les troncs d'arbres, sur les rochers, sur la terre nue ou parmi les mousses. Les espèces sont nombreuses et assez difficiles à bien déterminer. On les partage en plusieurs sections.

* *Thalle uniforme, crustacé.*

Cette division est la plus nombreuse; elle comprend toutes les espèces dont le thalle est formé par une substance uniforme, crustacée, et qui sont peu gélatineuses dans l'état frais; tels sont:

*Collema nigrum*, qui forme sur les murs des taches très minces et très adhérentes, à folioles et à apothèces peu distinctes, *collema microphyllum*, qui forme sur la terre ou sur les troncs d'arbres des croûtes d'un noir verdâtre, composées de beaucoup de petites folioles, épaissies vers leur sommet, et dont les apothèces sont concolores; *collema cheilum*, qui a le thalle arrondi, imbriqué, à lobes petits, épais, arrondis, crénelés, et les apothèces concolores; *collema fragrans*, qui forme sur les troncs d'arbres des rosettes orbiculaires, à lobes étalés, arrondis, épais sur leurs bords, crénelés, ascendans, et dont les apothèces sont petites et d'un jaune-brun; *collema formosum*, qui forme sur la terre des rosettes orbiculaires, à lobes plissés, épais, rapprochés, plus ou moins arrondis, d'un gris verdâtre, et dont les apothèces sont marginales et d'un jaune de cire; *collema pulposum*, qui a le thalle imbriqué, à lobes épais, sinués-crénelés, plissés, et dont les apothèces sont centrales, rousses; *collema crispum*, qui a le thalle orbiculaire, d'un brun noirâtre, à lobes du centre dressés, granulés et à lobes de la circonférence plus grands, déprimés, obtus, crénelés, et dont les apothèces sont roussâtres; *collema prasinum*, qui a le thalle plane, lobé, crénelé, d'un noir verdâtre, et dont les apothèces sont rousses, urcéolées, à rebords très entiers; *collema turgidum*, qui a le thalle étalé, déprimé, lobé, presque imbriqué, à lobes renflés, rugueux, et dont les apothèces sont d'un brun obscur, urcéolées, à rebords un peu renflés; *collema melænum*, qui a le thalle orbiculaire, en rosette étoilée, imbriquée, à lobes laciniés, ondulés-crépus, crénelés, et dont les apothèces sont concolores; *collema myriococcum*, qui a le thalle d'un noir verdâtre, imbriqué, partagé irrégulièrement en lobes crépus, granuleux et très rapprochés, et dont les apothèces sont turbinées, petites, très rétrécies à leur ouverture; *collema fasciculare*, qui a le thalle d'un vert-noir, à folioles imbriquées, plissées, à lobes arrondis, incisés, crénelés, redressés, et dont les apothèces sont marginales, turbinées, fasciculées; etc., etc.

** *Thalle foliacé, à lobes arrondis, garnis en dessous d'un duvet tomenteux ou de fibrilles.*

Cette division ne comprend qu'un petit nombre d'espèces assez faciles à reconnaître; telles sont:

*Collema saturninum*, qui a le thalle d'un vert-noir, membraneux, ondulé, tomenteux en dessous, et dont les apothèces sont très proéminentes et rougeâtres.

*** *Thalle foliacé, à lobes membraneux nus ou d'un violet noirâtre.*

Les collèmes qui constituent ce groupe, sont minces, membraneux, presque transparens; tels sont :

*Collema nigrescens*, qui a le thalle membraneux, d'un noir olivâtre, presque transparent, peu gélatineux, plissé, et dont les fructifications sont petites, rapprochées, d'un roux brun; *collema flaccidum*, qui a le thalle foliacé, membraneux, d'un noir verdâtre, à lobes lâches, flexueux, et dont les apothèces sont rousses; *collema tunæforme*, qui a le thalle verdâtre, rugueux, foliacé, membraneux, saupoudré d'une pulvérulence fuligineuse, à lobes oblongs, incisés, sinués-crépus, et dont les apothèces sont épaisses et d'une couleur rousse; *collema furvum*, qui a le thalle olivâtre, un peu rugueux, plissé, membraneux, granulé sur les deux faces, à lobes arrondis, crépus, très entiers, et dont les apothèces sont d'un noir-brun; *collema thysanæum*, qui a le thalle foliacé-membraneux, nu, d'un noir verdâtre, à lobes dressés, arrondis, plissés, ondulés et granulés sur les bords; *collema azureum*, qui a le thalle très mince, membraneux, lisse, bleuâtre, à lobes arrondis, entiers, glabres, et dont les apothèces sont rouges, à rebord plus pâle (cette belle espèce, que l'on croyait propre au nouveau continent, a été retrouvée dans les montagnes de l'île de Corse); *collema rivulare*, qui a le thalle membraneux, foliacé, très mince, transparent, d'un glauque olivâtre, à lobes dressés, oblongs, sinués-crépus, et dont les apothèces sont brunes; *collema lacerum*, qui a le thalle membraneux, demi-transparent, un peu rugueux, légèrement réticulé, à lobes laciniés, denticulés-ciliés, presque imbriqués, et dont les apothèces sont rouges, à rebord plus pâle.

**** *Thalle finement découpé, à lobes dressés et un peu rameux.*

Cette dernière série se compose d'un petit groupe de collèmes, dont le thalle est à folioles ascendantes et très découpées; de ce nombre sont : *collema velutinum*, qui a le thalle noir, formant des petits coussinets, comme la *cornicularia pubescens*, et dont les divisions sont très grêles, cylindriques, presque simples, fastigiées, et dont les apothèces sont petites, concolores; *collema muscicola*, qui a le thalle fruticuleux, disposé en un-petit coussinet brunâtre, à fructifications brunes; *collema schraderi*, qui forme des petits gazons serrés parmi les mousses, dont le thalle est à divisions planes, grêles, crénelées sur les bords, et dont les apothèces sont concolores; *collema subtile*, qui a le thalle étoilé, à divisions très étroites, rayonnantes, rapprochées, serrées, et dont les apothèces sont planes, concolores.

QUATRIÈME TRIBU. ATHALAMES (*Athalami*, ACH.).

Cette tribu, composée du seul genre *lepraria*, comprend les lichens dont on n'a point encore découvert les apothèces. A l'exemple d'Acharius, nous les plaçons à la fin de la famille des lichénées, en manière d'appendice, car il est probable que ces sortes de lichens sont des thalles de *lecidea* ou de *lecanora*, dont la fructification est tellement rare, qu'il n'a point encore été permis de l'observer.

Genre LEPRARIE (*Lepraria*, ACH. *Lepra*, VIGGERS, DC.).

Thalle pulvérulent, uniforme, toujours dépourvu d'apothèces.

Les lepraries forment sur les arbres, sur les rochers ou sur les mousses, des croûtes pulvérulentes, souvent disposées par paquets. Ainsi que nous venons de le dire, ce genre n'existe peut-être pas dans la nature. On rencontre presque par toute la France les espèces suivantes:

*Lepraria antiquitatis*, qui forme sur les rochers et sur les statues, des croûtes noires, très adhérentes; *lepraria leiphæma*, qui forme sur les troncs des chênes des croûtes minces, d'un blanc grisâtre, ou teinté de verdâtre; *lepraria lactea*, qui forme sur les mousses et les troncs d'arbres des croûtes grenues, pulvérulentes, d'un blanc de lait; *lepraria incana*, qui forme sur les écorces des croûtes glauques, grenues, blanchâtres; *lepraria botryoides*, qui forme sur les murs humides des croûtes verdâtres, fendillées, pulvérulentes-grenues; *lepraria glaucella*, qui forme sur les troncs d'arbres des croûtes grenues, rugueuses, d'un vert glauque; *lepraria sulphurea*, qui forme sur l'écorce des sapins des croûtes très minces, pulvérulentes, et d'un jaune de soufre; *lepraria flava*, qui forme sur les troncs d'arbres et le bois mort des croûtes minces, grenues, d'un jaune vif; *lepraria chlorina*, qui forme sur les rochers des croûtes grenues, assez épaisses, d'un beau jaune verdâtre; *lepraria odorata*, DC., qui forme sur les écorces des croûtes très minces, inégales, pulvérulentes, d'un rouge plus ou moins pâle.

*Nota.* Ainsi que nous l'avons dit dans notre préface, nous n'avons pas eu l'intention de donner la description des agames; nous avons seulement voulu donner les caractères de chaque genre, et faire connaître les divisions adoptées; et en citant la plupart des lichens qui croissent en France, si nous nous sommes permis de donner, sur quelques espèces, un léger aperçu diagnostique, nous ne l'avons fait que d'une manière très abrégée, nous réservant, pour plus tard, le soin de les décrire dans le *Manuel de Cryptogamie*, que nous nous proposons de publier dans quelques années. Toutes les espèces de lichens où nous n'avons cité aucun auteur, sont décrits sous le même nom dans Acharius, dont nous avons adopté provisoirement la méthode, quoiqu'elle soit très peu naturelle.

## FAMILLE 116. HYPOXYLÉES (*Hypoxyleæ*).

Les plantes de cette famille ont ordinairement une consistance coriace, subéreuse ou même cornée, de couleur sombre plus ou moins foncée; les fructifications sont des espèces de réceptacles (sporanges), tantôt d'une forme arrondie, tantôt d'une forme allongée, qui constituent souvent la plante entière, ou qui sont portés sur des tiges filamenteuses, rameuses ou pulvérulentes; à la maturité, les sporanges s'ouvrent par un trou qui se pratique à leur sommet, et laissent paraître une matière gélatineuse ou pulvérulente, qui s'en échappe sous forme de grains pulvérulens ou sporules.

Nous ne répéterons pas pour la reproduction de ces singuliers végétaux, ce que nous avons dit pour les lichens; mais nous ajouterons que, d'après les recherches microscopiques de M. Raspail, il paraît que beaucoup d'hypoxylées et de champignons ne sont point des plantes, mais bien une maladie de la plante sur laquelle ils vivent, qui détermine une modification dans les principes constituans de son tissu; ainsi l'*uredo carbo*, d'après ce physiologiste, ne serait rien autre que du carbone, produit par l'absorption d'une partie de l'hydrogène et de l'oxigène du végétal, d'où il résulterait que dans les cellules du tissu où cette altération aurait eu lieu, il se produirait un grand excès de carbone; de même, l'*uredo rubigo* ne serait que de la cire qui serait élaborée dans certaines cellules, par suite de modifications morbides, etc., etc.

Ce qu'il y a de certain, c'est que presque toutes les hypoxylées vivent sur les autres végétaux, et plus particulièrement quand ceux-ci sont morts, ou dans un état de décomposition.

Quelques botanistes placent dans cette famille plusieurs genres, qu'à l'exemple d'Acharius nous avons mis avec les lichens, tels sont : *opegrapha*, *verrucaria*, *thelotrema* et *porina*.

### Genre HYSTÉRIE (*Hysterium*, DC.).

Réceptacles oblongs, graniformes, enfoncés, s'ouvrant par une fente longitudinale.

Les hystéries connues sont encore peu nombreuses, elles croissent sur les bois morts, et se rapprochent un peu, par le *faciès*, de certaines opégraphes ou de quelques arthronies; telles sont : *hysterium ostraceum*, qui croît sur les vieilles souches; *hysterium pulicare*, qui forme sur l'écorce des grands arbres de petits tubercules ovoïdes; *hysterium angustatum*, qui forme sur le bois mort des raies noires, étroites, etc.

### Genre XYLOME (*Xyloma*, Persoon, DC.).

Réceptacle dur, de forme variable, ordinairement noirâtre, charnu à l'intérieur, indéhiscent, ou s'ouvrant en différens sens pour laisser sortir une espèce de pulpe gélatineuse.

Les xylomes croissent presque tous à la face supérieure des feuilles mortes ou vivantes, et ils y forment des petites taches noires, de figure variable et plus ou moins proéminentes. On désigne ordinairement les espèces nombreuses qui composent ce genre, par le nom de la plante sur laquelle elles croissent; telles sont : *xyloma acerinum*, *xylostei*, *salignum*, *populneum*, *alneum*, *virgaureæ*, *betulinum*, *pseudo-platani*, *pteridis*, etc.; d'autres fois, et cela surtout lorsqu'il s'en trouve plusieurs espèces sur le même végétal, on les a nommées d'après leur forme, comme *xyloma punctatum*, *punctulatum*, *lichenoides*, *stellare*, *multivalve*, etc.

### Genre NÉMASPORE (*Næmaspora*, Persoon, DC.).

Pulpe séminifère, demi-solide, renfermée dans des loges uniloculaires, dont elle sort sous forme vermiculée, en se moulant comme à travers une filière.

Les némaspores croissent sur les troncs des arbres morts, elles ont la forme d'appendices vermiculés ou rubannés. Elles paraissent sortir à travers l'écorce, comme les gommes, dont elles se rapprochent extrêmement par leur *facies*, par leur solubilité dans l'eau, et par leurs propriétés chimiques; on ne connaît guère que les *næmaspora crocea*, *chrysosperma* et *leucosperma*.

### Genre SPHÉRIE (*Sphæria*, Haller, DC. Tode, Fries).

Réceptacles tuberculeux, arrondis, osseux, noirâtres ou rougeâtres, s'ouvrant au sommet par un orifice circulaire, ordinairement agglomérés et quelquefois isolés.

Les sphéries croissent sur les végétaux morts ou vivans, le plus souvent sous l'épiderme, qu'elles soulèvent et qu'elles percent. Il arrive quelquefois que l'ouverture des loges séminifères n'existe pas, mais elle est toujours indiquée par les bosselures qui en tiennent lieu. Les espèces de ce genre sont excessivement nombreuses, et pour faciliter leur étude, on les partage en plusieurs groupes.

* *Réceptacles portés sur une base allongée, subéreuse ou charnue:*

Les sphéries de cette division ressemblent aux *clavaria*, avec lesquelles Linné et Bulliard les avaient confondues; elles croissent sur le bois pourri et rarement sur la terre; telles sont : *sphæria militaris*, qui est d'un beau jaune safran, et qui croît sur la terre; *sphæria radicosa*, qui est noirâtre, avec la chair et la base jaunâtre, et qui croît sur les sapins; *sphæria cornuta*, qui est noire, coriace, subéreuse, et qui croît sur les vieux pieux; *sphæria digitata*, qui est noire, glabre, coriace, subéreuse, avec la chair blanche, et qui croît sur le bois pourri, etc.

** *Réceptacles réunis sur une base ou espèce de croûte lichenoïde étalée, plus ou moins apparente.*

Cette série est beaucoup plus nombreuse que la précédente; elle renferme toutes les espèces dont les loges séminales sont placées sur une base étalée ordinairement assez distincte; elles croissent sur l'écorce des arbres vivans, et quelquefois sur le bois mort; leurs réceptacles sont presque toujours d'une couleur noirâtre; parmi les espèces communes, nous citerons :

*Sphæria concentrica*, qui est noire, grosse, ovoïde, arrondie, sessile, et dont la coupe verticale présente des couches concentriques, d'un blanc de neige (elle croît sur les saules); *sphæria deusta*, qui forme de larges plaques charbonneuses, ondulées, rugueuses sur les vieilles souches; *sphæria spinosa*, qui est grosse, étalée, épineuse et épaissie vers l'ouverture des réceptacles; *sphæria granulosa*, qui est grosse, toute noire, ondulée, plane, garnie de globules granuleux, et qui croît sur les troncs morts; *sphæria scoria*, qui est grosse, convexe, noirâtre, avec la base blanchâtre, et qui croît sur le bois mort; *sphæria decipiens*, qui est étalée par plaques d'un blanc sale, avec les loges noires, enchâssées dans la croûte; *sphæria bicolor*, qui forme des tubercules agrégés, d'abord rouges, qui, avec l'âge, deviennent noirs à l'extérieur, et qui croît sur le tronc des noyers et des marronniers; *sphæria coryli*, qui forme sur l'écorce des noisetiers des boutons d'un rouge brunâtre, à loges grandes et dont l'orifice est peu distinct; *sphæria peltata*, qui forme sur l'écorce des chênes un tubercule d'un rouge-brun, dont les loges ont l'orifice peu distinct; *sphæria scabrosa*, qui est, dans sa jeunesse, d'une couleur de brique, et qui, plus tard, forme une croûte large, mince, noirâtre et très raboteuse, sur les arbres morts; *sphæria xylomoïdes*, qui forme à la face supérieure des feuilles d'ormes des taches noires qui deviennent proéminentes et confluentes; *sphæria serpens*, qui forme sur les saules des plaques noires, tuberculeuses; *sphæria stigma*, qui forme sur les branches d'arbres de larges plaques minces, d'un noir luisant et dont l'orifice de chaque loge est surmonté par une espèce d'opercule ombiliqué; *sphæria tiphyna*, qui croît sur le chaume des graminées, et qui y forme une croûte ochracée grumeleuse; *sphæria disciformis*, qui forme sur l'écorce des hêtres des tubercules d'un noir mat, composés d'un grand nombre de loges dont la présence est indiquée par des points d'un noir très foncé; *sphæria decorticata*, qui est noire, crustacée, légèrement étalée, blanche à l'intérieur, dont les loges sont très rapprochées, à orifice conique, proéminent, et qui croît sur les chênes et les hêtres, dont elle détruit l'épiderme; etc., etc.

**** Loges séminifères rapprochées ou soudées en groupes, et jamais réunies dans un réceptacle commun.*

Ces sphéries, quoique moins nombreuses que les précédentes, le sont encore passablement; elles croissent de même sur les rameaux des arbres ou sur les tiges des végétaux herbacés; telles sont :

*Sphæria graminis*, qui forme sur plusieurs graminées des taches linéaires noires, luisantes, glabres, à orifice très peu distinct; *sphæria nivea*, qui forme sur les branches sèches du peuplier-tremble des petits points blancs enfoncés dans l'épiderme; *sphæria coronata*, qui forme sur l'écorce du bouleau blanc des taches annulaires très petites, et dont l'orifice des loges est cylindrique; *sphæria laburni*, qui forme sur les rameaux du *cytisus laburnum* des groupes arrondis, noirs, composés d'un grand nombre de loges; *sphæria cerastosperma*, qui forme sur l'écorce de la *rosa canina* des boutons d'un noir-brun, composés de plusieurs loges, enfoncés dans l'écorce, et dont les orifices sont légèrement épineux; *sphæria clavata*, qui forme sur les vieux bois de petits groupes noirs, à loges allongées, amincies à la base, pubescentes et réunies 8-10; *sphæria berberidis*, qui forme sur les rameaux du berbéris des petites taches noires, tuberculeuses, mamelonnées, convexes, rugueuses, fendillées; *sphæria faginea*, qui forme sur les branches des hêtres des taches noires, annulaires, composées de loges réunies 3-5, à orifices pointus; *sphæria pustulata*, qui forme sur les écorces des saules et des aunes des tubercules pustuleux, aplatis, noirâtres, très peu proéminens, composés de plusieurs loges agrégées; etc., etc.

***** Loges toujours distinctes, rapprochées ou solitaires.*

Ce dernier groupe est le plus nombreux de tout le genre; il se compose de toutes les espèces dont les loges sont distinctes, soit qu'elles soient isolées, soit qu'elles soient réunies; elles croissent sur le bois mort, sur les feuilles et les rameaux des plantes vivantes, sur les végétaux en décomposition ou même sur le fumier; parmi le grand nombre de ces sphéries, nous ne citerons que les suivantes comme les plus communes :

*Sphæria stercoris*, qui forme sur le fumier de cerf des loges noires, ovoïdes, solitaires, ou rapprochées 2-3, très adhérentes; *sphæria mammæformis*, qui croît sur le hêtre, par petites loges noires, isolées, à peine de la grosseur de la tête d'une petite épingle; *sphæria peziza*, qui forme sur le bois mort des petits tubercules d'un rouge orangé, qui se vident par le sommet, et qui deviennent concaves en dedans comme une pezize; *sphæria byssioida*, qui forme sur les bois morts et sur les troncs vivans des petites plaques tomenteuses, byssoïdes, d'où naissent des tubercules sphériques, à moitié cachés dans le duvet; *sphæria spermoides*, qui naît sur le bois mort en petites masses, composées de petites loges sphériques, rugueuses, de la grosseur d'une graine de pavot; *sphæria patella*, qui forme sur les tiges en décomposition des petites taches noires composées de loges éparses, sphériques, plissées sur leur disque; *sphæria sanguinea*, qui naît sur le bois mort, éparse en petits grains ovales, d'un rouge de sang, à moitié enchâssés et à orifice déprimé, concave; *sphæria inquinans*, qui forme sur les érables des petites taches composées de loges éparses, noires au sommet, blanchâtres à la base, légèrement proéminentes; *sphæria maculiformis*, qui forme à la surface des feuilles d'aune des petits globules noirâtres, arrondis et réunis en une tache noire inégale; *sphæria complanata* qui forme sur les tiges des plantes herbacées de très petits globules noirs, épars d'abord, un peu convexes, et devenant ensuite planes; *sphæria punctiformis*, qui naît sur les feuilles des chênes, etc., en petits globules punctiformes, protubérans, noirs, convexes, un peu ombiliqués; *sphæria pustulata*, qui forme sur les feuilles sèches des chênes des petites taches noirâtres, aplaties, pustuleuses, remplies d'une gelée noirâtre qui se répand sur la feuille; *sphæria tiliæ*, qui naît en petits globules sphériques, noirâtres, épars, à orifice circulaire, sur l'écorce des chênes et des tilleuls, etc., etc.

Genre RHIZOMORPHE (*Rhizomorpha*, ROTH. DC. ACH.).

Tiges allongées, rameuses, racidiformes ou sétiformes, cotonneuses à l'intérieur; réceptacles presque globuleux, s'ouvrant à leur sommet par un pore persistant.

Les rhizomorphes croissent dans les lieux humides et obscurs, sur des débris de végétaux, souvent à des profondeurs considérables. Quelquefois ils s'enfoncent et se ramifient dans l'intérieur des troncs d'arbres qui commencent à se décomposer. Acharius place ce genre dans la famille des lichénées, à côté des *sphærophoron*, dans la tribu des Cœnothalames. Persoon, dans son *mycologia*, le met parmi les *byssus*. M. De Candolle le range dans la famille des hypoxylées. Malgré l'affinité qu'il paraît avoir, d'un côté avec les algues, et de l'autre avec les lichens, nous avons pensé qu'il était plus convenable de le laisser avec les hypoxylons. Acharius en décrit une douzaine d'espèces européennes, mais on n'a guère observé, en France, que les suivantes:

*Rhizomorpha fragilis*, DC. *Rh. subcorticalis*, ACH., qui ressemble à de longues racines noirâtres à l'extérieur, comprimées, branchues, à rameaux anastomosés, et qui croît dans les arbres creux, entre le bois et l'écorce; *rhizomorpha terrestris*, qui naît en touffes serrées, composées de tiges striées, comprimées, dichotomes, fragiles et d'un brun noirâtre, sur la terre, dans les lieux humides; *rhizomorpha setiformis*, qui est noir, de la grosseur d'un gros crin de cheval, et qui naît en automne et en hiver parmi les tas de feuilles mortes, dans les bois de toute la France. On a trouvé plusieurs autres espèces en Angleterre, dans les souterrains des mines de plomb, mais on ne les a point encore observées en France.

## FAMILLE 117. CHAMPIGNONS (*Fungi*).

Plantes terrestres ou parasites, de forme et de couleurs très variables, jamais colorées en vert; d'une consistance subéreuse, charnue ou mucilagineuse, membraneuse, coriace, rarement filamenteuse, se présentant, tantôt sous la forme de petits tubercules à peine distincts, ou de filamens déliés, tomenteux, tantôt sous celle de coraux ou de madrépores; ressemblant souvent à des parasols convexes ou concaves en dessus et portant en dessous des *lames rayonnantes*, des *tubes*, des *pores*, des *stries*, etc.; dans ceux qui affectent cette dernière forme, la partie supérieure porte le nom de *chapeau*, et l'espèce de tige qui la supporte, celui de *pédicule*; il arrive fréquemment que le champignon tout entier est renfermé dans une espèce de bourse membraneuse qui se déchire irrégulièrement, et que l'on nomme *volva*; souvent la face inférieure du chapeau est recouverte par une membrane qui se rompt irrégulièrement et qui reste adhérente au pédicule; après s'être détachée de la circonférence du champignon, elle forme une espèce d'anneau qui a reçu le nom de *collier*. Sur diverses parties de ces végétaux on aperçoit des globules ovoïdes ou arrondis, appelés *sporules*, qui paraissent, lorsqu'on les examine au microscope, être des capsules remplies de grains séminifères, ou *gongyles*; ce sont ces gongyles que l'on regarde comme les semences de ces plantes.

Nous ne rappellerons pas ici ce que nous avons dit relativement à la multiplication des familles précédentes, mais il est bien autrement difficile de concevoir la reproduction des champignons. Seraient-ils le résultat de la décomposition des substances organiques? C'est une question que nous n'entreprendrons pas de résoudre; nous dirons seulement que dans presque tous les pays du monde, on retrouve, en quelque sorte, les mêmes champignons, lorsque le local où ils doivent se développer se trouve dans les mêmes circonstances; ainsi notre *agaricus edulis* croît dans tous les pays, sur les couches, etc., etc.

Les champignons croissent généralement sur la terre, dans les bois humides ou sur les feuilles; beaucoup sont parasites sur d'autres végétaux; quelques uns habitent sous terre ou dans l'eau. C'est surtout en été ou en automne, après les pluies, que les champignons sont le plus communs.

### Première tribu. ANGIOCARPES (*Angiocarpi*, Pers.).

Les espèces qui font partie de cette tribu, ont leurs capsules séminifères, renfermées dans un réceptacle (*peridium*) fermé de toutes parts, au moins dans la jeunesse de la plante, ou ne s'ouvrant jamais.

† Péridium membraneux ou charnu, jamais pulvérulent intérieurement.

#### Genre TRUFFE (*Tuber*, Bull. Pers. DC.).

Fongosités charnues, arrondies, croissant sous terre, dont l'intérieur ne se remplit jamais de poussière, comme dans les lycoperdons, mais qui offre, à l'intérieur, des veines se dirigeant en tous sens. (Voy. *Atl.*, pl. 5, f. 1.)

Les truffes, que Linné avait réunies avec les lycoperdons, en diffèrent très évidemment, par leur chair toujours compacte et par leur habitation. Les espèces ne sont pas nombreuses; les plus remarquables sont:

La truffe comestible, *tuber cibarium*, qui forme sous la terre des fongosités noirâtres, manquant de racine, à surface verruqueuse, parcourues intérieurement par des veines blanchâtres; elle croît dans les terrains légers et sablonneux: c'est un mets de luxe, très estimé des gourmets; *tuber moschatum*, qui est lisse, arrondi, noirâtre en dessus et en dedans, à chair molle, et d'une forte odeur de musc; *tuber album*, qui est d'abord blanc en dessus et en dedans, et qui devient en vieillissant d'une couleur roussâtre; *tuber griseum*, qui est lisse, grisâtre, de la grosseur et de la forme de la truffe comestible, et qui répand une odeur d'ail.

Genre SCLÉROTE (*Sclerotium*, Tode, Pers. DC.).

Champignon tuberculeux, à écorce dure, recouvrant une masse charnue, compacte, dépourvue de veines à l'intérieur, dans laquelle on suppose que sont nichés les gongyles.

Les sclérotes naissent sur les végétaux ou sur les substances en décomposition; ils se développent au printemps et sont généralement très peu connus; les plus communs sont :

*Sclerotium stercorarium*, qui croît sur les bouses de vache, sous forme de tubercules noirâtres; *sclerotium durum*, qui forme entre l'écorce et l'aubier des arbres des tubercules très durs, d'une couleur noire, blanche à l'intérieur, etc.

L'ergot, espèce de maladie qui se développe dans la balle des graminées, surtout sur le seigle, à la place du grain, a été placé dans ce genre par M. De Candolle, et décrit sous le nom de *sclerotium clavus*. M. Leveillé, qui a étudié depuis cette singulière production, a remarqué que ce que l'on considère comme la plante ou l'ergot, n'était que le support d'un autre champignon très fugace, qu'il a décrit sous le nom de *sphacelaria*. Depuis quelques années on fait usage du seigle ergoté pour hâter l'accouchement, mais c'est une subtance dont il faut user avec circonspection, car elle est capable de déterminer la gangrène.

Genre TUBERCULAIRE (*Tubercularia*, Tode, Pers. DC.).

Tubercules charnus, sessiles, mollassés, ne se changeant point en poussière, contenant intérieurement une espèce de liquide dans lequel l'on suppose que les graines sont mêlées.

Les tuberculaires croissent sur l'écorce des arbres et de quelques autres plantes; elles sont toutes d'une couleur rouge; telles sont : *tubercularia vulgaris*, *confluens*, *cinnabarina*, *rosea*, *granulata*, etc.

### Genre ÉRYSIPHÉ (*Erysiphe*, HEDW., DC. *Mucor*, LIN. *Sclerotium*, PERS.).

Tubercules charnus, entourés d'un réseau blanchâtre ou grisâtre, engagés dans la feuille, et se prolongeant en plusieurs rayons simples, ou rameux, renfermant plusieurs péricarpes ovoïdes, pointus, dont chacun contient des gongyles.

Les érysiphés croissent sur les feuilles vivantes; leurs réceptacles sont d'abord jaunes. et passent successivement au noir; les prolongemens de la base restent toujours blanchâtres et ordinairement étendus en forme de réseau membraneux. On a observé déjà un assez grand nombre de ces champignons, qui ne semblent différer l'un de l'autre que par leur habitation. On désigne les espèces par le nom de la plante sur laquelle ils se développent; tels sont :

*Erysiphe humuli*, qui croît sur les feuilles du houblon; *populi*, sur les feuilles des peupliers; *polygoni*, sur le *polygonum aviculare*; *evonymi*, *aquilegiæ*, *oxyacanthæ*, *cichoracearum*, *graminis*, *betulæ*, *lonicerœ*, *convolvuli*, *berberidis*, etc., etc.

### Genre RHIZOCTONIE (*Rhizoctonia*, DC.).

Petits champignons hypogés, consistant en des tubercules charnus, ovoïdes, arrondis, émettant en différens sens des prolongemens byssoïdes. (Voy. *Atl.*, pl. 5, f. 1.)

Les rhizoctonies ressemblent un peu aux sclérotes; elles croissent sous la terre, parasites sur les racines de plusieurs végétaux, qu'elles ne tardent point à épuiser et à faire mourir; on n'a encore observé que les espèces suivantes :

*Rhizoctonia crocorum*, qui forme sur la racine des safrans des tubercules rougeâtres, irréguliers, entourés d'une couche byssoïde; *rhizoctonia medicaginis*, qui forme sur la luzerne cultivée des tubercules irréguliers, d'un rouge pourpre, et entourés de longs filamens byssoïdes; *rhizoctonia orobanches*, MÉR., qui a été trouvée par Palisot de Beauvois sur l'orobanche rameuse.

Genre THÉLÉBOLE (*Thelebolus*, TODE, PERS. DC.).

Réceptacle cortical, globuleux, entier sur les bords, renfermant, dans sa jeunesse, une vésicule qui contient un grand nombre de capsules libres, pointues; allongées.

Les thélébolés croissent sur les écorces d'arbres ou sur les matières animales en décomposition; elles forment des expansions qui ont quelque analogie avec les trichies: on n'a encore observé en France que le *thelebolus hirsutus*, qui habite sur l'écorce des vieux arbres, et le *thelebolus stercoreus*, qui croît sur les fientes de différens animaux.

Genre PILOBOLE (*Pilobolus*, TODE, PERS. DC.).

Réceptacle en filet, s'évasant vers le sommet en une petite vessie pleine d'eau, sur le disque de laquelle il y a une espèce d'opercule que l'on croît contenir les graines.

Les piloboles sont de très petits champignons, à pédicelles filiformes; terminés par une petite vessie ovoïde, ce qui les a quelquefois fait confondre avec les œufs de l'*hemerobius perla*, FAB., que l'on rencontre assez souvent par petits groupes portés sur de longs pedicelles capillaires. Bulliard avait confondu ce genre avec les moisissures. Le seul *pilobolus cristallinus*, PERS., a été observé en France. On le trouve en automne sur la fiente des chevaux, des daims, des chevreuils, etc.

Genre ONYGÈNE (*Onygena*, PERS.).

Peridium globuleux, sec, pédiculé, membraneux, tombant en poussière par portion.

Les onygènes ressemblent un peu à des tuberculaires qui seraient pédicellées; on en connaît deux espèces, *onygena equina*, qui croît sur les vieilles cornes des pieds des chevaux, dans les voiries, et *onygena cæspitosa*, qui croît sur la même substance: ces deux plantes ont aussi été observées sur les écorces d'arbres et même sur la terre, par M. le docteur Mérat.

Genre STICTIS (*Stictis*, Pers. DC. *Sphærobolus*, Tode).

Petits champignons ayant de petites coupes membraneuses, enfoncées à moitié dans l'écorce, contenant une matière non pulvérulente qui renferme les gongyles, fermées dans leur jeunesse, et s'ouvrant ensuite en forme de petites coupelles.

Ce genre, que Linné avait confondu avec les lycoperdons, en est très distinct par la non-pulvérulence de son intérieur, et par la manière dont il s'ouvre dans l'âge adulte; le *lycoperdon radiatum*, L., qui croît sur les vieilles branches mortes, et qui a l'aspect d'une petite pezize, fait seul partie de ce genre.

Genre CYATHUS (*Cyathus*, Hall. DC. *Nidularia*, Bull.).

Petits champignons concaves, cyathiformes, dont l'orifice est d'abord voilé par une membrane, et contenant dans leur intérieur un suc visqueux, limpide; après que la membrane est déchirée et le liquide évaporé, on trouve dans le fond quelques capsules adhérentes à la base, par un prolongement filamenteux, et que l'on suppose renfermer les gongyles. (Voy. *Atl.*, pl. 5, f. 3.).

Les cyathus croissent sur le bois mort ou sur la terre; dans les bois; tels sont: *cyathus striatus*, qui est d'un brun roussâtre strié; *cyathus lævis*, qui est jaunâtre et lisse, quelquefois un peu pelucheux à l'extérieur; *cyathus complanatus*, qui est hémisphérique, d'un brun cendré, ferrugineux à l'extérieur et blanc à l'intérieur; *cyathus vernicosus*, qui est, en dehors, d'un jaune ferrugineux, un peu pelucheux, et d'un gris plombé à l'intérieur, etc.

†† Péridium membraneux, rempli d'une poussière mélangée de filamens.

## Genre TULOSTOME (*Tulostoma*, Pers. DC. *Lycoperdon*, Lin.).

Péridium globuleux, porté sur un pédicelle fistuleux dans toute sa longueur, et ouvert à son sommet par un orifice à bords cartilagineux; chair blanchâtre, se convertissant en une poussière fine, entremêlée de filamens.

Les tulostomes ont le port des lycoperdons; on ne connaît que le *tulostoma bruniale*, Pers., qui croît sur la terre sablonneuse, au printemps et à l'automne.

## Genre POLYSAC (*Polysaccum*, DC. *Pisolithus*, Alb. Schw. *Scleroderma*, Pers.).

Ce genre a tout le *facies* des lycoperdons, mais il en est très distinct par l'intérieur de son péridium, divisé par des cloisons renfermant chacune un grand nombre de cellules, ou des petits sacs remplis de poussière et fermés de toutes parts.

Les polysacs croissent sur la terre, à la manière des lycoperdons; tels sont: *polysaccum crassipes*, qui a le péridium roux, globuleux, et qui est porté sur un pédicule long, caché sous la terre; *polysaccum acaule*, qui a le péridium globuleux, roussâtre, et qui est sans pédicule distinct: ces deux espèces croissent sur la terre sablonneuse.

## Genre LYCOPERDON (*Lycoperdon*, Lin., Bull. DC.).

Péridium s'ouvrant à la maturité, globuleux ou turbiné, rempli d'une chair blanche, ferme, qui se change en une poussière d'un jaune verdâtre, entremêlée de filamens. (Voy. *Atl.*, pl. 6, f. 1.)

Les lycoperdons, appelés vulgairement *vesses-de-loup*, sont des champignons de taille variable, ordinairement d'une forme sphérique ou un peu turbinée, qui croissent sur la terre. Les espèces sont assez nombreuses; nous citerons comme se trouvant partout:

*Lycoperdon giganteum*, champignon blanc, sphérique, plus gros que la tête d'un homme; *lycoperdon proteus*, qui est très variable, tantôt sphérique, tantôt turbiné, se prolongeant en un pédicule aminci; *lycoperdon verrucosum*, qui est verruqueux, arrondi, d'un roux brunâtre, et dont la chair est d'un bleu rougeâtre; *lycoperdon utriforme*, qui est cylindrique, obovale, à pédicule peu distinct; *lycoperdon hirtum*, qui est turbiné, blanchâtre, recouvert d'écailles allongées, distantes; *lycoperdon molle*, qui est d'un blanc grisâtre, très petit; *lycoperdon cervinum*, qui est d'un blanc jaunâtre, sans pédicule, et qui croît dans la terre, à la manière des truffes; *lycoperdon aurantium*, qui est gros, d'un beau jaune, lisse, sphérique, et qui durcit en vieillissant; *lycoperdon mammosum*, qui est d'un blanc roussâtre, avec une proéminence mamelonnée, etc., etc.

Genre GÉASTRE (*Geastrum*, Pers. DC. *Lycoperdon*, Lin. Bull.).

Champignons globuleux, à plusieurs enveloppes, dont une se déchire et s'ouvre en forme d'étoile; péridium s'ouvrant au sommet, et laissant échapper les séminules sous forme de poussière noirâtre. (Voy. *Atl.*, pl. 6, f. 1.)

Les géastres sont très distincts des lycoperdons, par l'enveloppe externe, qui se fend en plusieurs rayons pour former une espèce de piédestal au péridium. Ces champignons croissent sur la terre; les espèces les plus remarquables sont: *geastrum quadrifidum*, dont l'enveloppe externe se sépare en quatre rayons; *geastrum multifidum*, dont l'enveloppe se fend en 7-8 rayons; *geastrum striatum*, très petite espèce, dont l'enveloppe se déchire en 7-8 rayons; *geastrum hygrometricum*, dont l'enveloppe externe se fend en 6-7 rayons qui se recoquillent en dessous, etc.

Genre LYCOGALA (*Lycogala*, Pers. DC.).

Péridium lisse, arrondi, membraneux, rempli d'une masse pulpeuse, demi-liquide, qui, à la maturité, se change en une poudre très fine, mêlée de filamens.

Les lycogalas ont le port de petits lycoperdons;

mais ils croissent tous sur les troncs d'arbres en décomposition ; on ne connaît guère que les espèces suivantes :

*Lycogala miniata*, qui forme sur le bois mort des petits tubercules de la grosseur d'un pois, d'un rouge orangé, remplis d'un liquide rougeâtre, qui se change en une poussière rose ; *lycogala punctata* ; qui naît en tubercules grisâtres, ponctués de noirâtre et de la grosseur d'une cerise ; *lycogala argentea*, qui ne diffère de la précédente que par l'absence des points noirâtres et par sa forme, qui est tantôt sphérique et tantôt turbinée.

### Genre SPUMAIRE (*Spumaria*, Pers. DC.).

Substance écumeuse, réticulée, renfermant, après la dessiccation, des espèces d'étuis coriaces, membraneux, cylindriques, qui contiennent les gongyles.

Les spumaires ressemblent à de l'écume ou à de la mousse de cheval. On en trouve assez fréquemment une espèce, *spumaria alba*, sur les feuilles mortes et les branches d'arbres, dans les bois humides ; elle acquiert souvent le volume d'un œuf.

### Genre RÉTICULAIRE (*Reticularia*, Bull. Pers. DC.).

Champignons mous, pulpeux, étalés, difformes, celluleux à l'intérieur, pleins d'une poussière qui se répand au moment où la plante se détruit. (Voy. *Atl.*, pl. 5, f. 2.)

Les réticulaires, dans leur jeunesse, sont mollasses, étalées, ressemblant à de l'écume ; elles croissent ordinairement sur les feuilles mortes ou sur les substances végétales en décomposition. Les plus communes sont :

*Reticularia rosea*, qui naît en mamelons pulpeux, d'un rose vif à la fin du printemps, sur les vieux troncs humides ; *reticularia lutea*, qui est jaune, étalée, arrondie ; *reticularia hortensis*, qui est d'un blanc jaunâtre, paraissant cotonneuse à l'extérieur, et qui croît sur la tannée des jardins ; *reticularia hemisphærica*, qui est portée sur une petite tige striée, et dont le péridium jaunâtre est de la grosseur d'une tête d'épingle, etc.

### Genre DIDERME (*Diderma*, Pers. DC.).

Péridium placé sur une membrane commune, revêtu d'une double enveloppe, et rempli d'une poussière mêlée de filamens. Les didermes forment sur les vieilles souches et le bois mort des plaques membraneuses. On en connaît deux espèces : *diderma floriforme*, qui est d'un beau jaune, à pédicule grêle, et dont l'enveloppe extérieure se déchire en 6-7 rayons, pour former une espèce de corolle ; *diderma ramosum*, qui a le pédicule rameux et le péridium globuleux.

### Genre STÉMONITE (*Stemonitis*, Pers. DC.).

Péridium stipité, porté sur une membrane commune ; pédicelles traversant les péridiums à la manière d'un axe.

Les stémonites croissent sur les substances végétales en décomposition ; elles ressemblent à de petits pompons ou à de petits épis de typha ; on n'a encore observé que les espèces suivantes :

*Stemonitis leucopodia*, qui a le péridium cylindrique, grisâtre, le pédicule blanc, et qui croît sur les graminées en décomposition ; *stemonitis typhoides*, qui a le péridium cylindrique, d'abord blanc, noircissant ensuite, et le pédicule d'un noir luisant, plus épais à la base ; *stemonitis fasciculata*, qui croît en groupes sur une membrane blanchâtre, et qui a les pédicules noirs et le péridium d'abord blanc et ovoïde.

### Genre TRICHIE (*Trichia*, Hall. Pers. DC.).

Péridiums sessiles ou pédiculés, portés sur une membrane commune, toujours apparente dans la jeunesse, renfermant des prolongemens filamenteux attachés au péridium et au pédicule, et portant des globules pulvérulens très nombreux.

Les trichies naissent par plaques sur le vieux bois ; le volume de leur péridium dépasse rarement la grosseur de la tête d'une grosse épingle. Les espèces sont assez nombreuses ; mais nous ne citerons que les suivantes :

*Trichia chrysosperma*, qui a la membrane blanche et les péridiums sphériques, sessiles, jaunes, et de la grosseur d'une tête d'épingle; *trichia ovata*, qui a les péridiums sessiles, nombreux, rapprochés, d'un jaune d'ocre, et qui croît communément sur les mousses et le bois mort; *trichia fallax*, qui a la membrane blanche dans sa jeunesse, devenant ensuite brûne et coriace, et dont les péridiums rougeâtres ont le pédicule strié; *trichia antiades*, qui a les pédicules rameux, noirs, portés sur une membrane blanchâtre, et dont les péridiums sont jaunâtres, globuleux; *trichia turbinata*, qui a une membrane commune, blanchâtre, portant des pédicelles simples évasés en péridiums orangés, turbinés; *trichia alba*, qui a la membrane blanche et le péridium blanc, globuleux, penché; porté sur un pédicule blanc de la même couleur; *trichia lutea*, qui a la membrane et le pédicule blancs, les péridiums blancs, rugueux, contenant une poussière séminale jaunâtre; *trichia aurantia*; qui a la membrane blanche, le pédicule renflé, strié, et le péridium orangé; *trichia globulifera*, qui a la membrane blanchâtre, les pédicules épais, rougeâtres, et les péridiums blanchâtres, luisans, avec de petits globules vésiculeux après leur destruction; *trichia capsulifera*, qui a la membrane blanchâtre, le pédicule très court et le péridium d'un bleu noirâtre, devenant ensuite blanchâtre; *trichia cinnabarina*, qui a la membrane blanche et le péridium blanc, devenant ensuite rouge; *trichia coccinea*, qui a la membrane blanche et le péridium sphérique, d'un rouge de sang, etc. Les trois dernières espèces, dont le péridium se rompt en laissant une sorte de calice persistant au sommet du pédicule; font partie du genre *Arcyria*, PERS.

Genre CRIBRAIRE (*Cribraria*, PERS: *Trichia*, DC.).

Ce genre a le port des trichies; mais il en diffère parce que le péridium se détruit en laissant une espèce de réseau anastomosé à travers les mailles duquel sortent les gongyles.

Les cribraires croissent, comme les trichies, sur le

bois en décomposition. On en connaît deux espèces : *cribraria semicancellata*, qui a le pédicelle simple, strié, noirâtre, un peu penché, et dont le péridium est jaune, globuleux ; et *cribraria reticulata*, qui a le pédicelle court et le péridium globuleux, rouge.

††† Péridium membraneux, rempli de poussière, non mélangée avec des filamens.

### Genre TUBULINE (*Tubulina*, Pers. DC.).

Péridiums cylindriques, sessiles, placés plusieurs ensemble sur une membrane commune contenant une poussière sans mélange de filamens.

Ces petits champignons croissent sur le bois mort, à la manière des trichies. On en connaît deux espèces : *tubulina cylindrica* ; qui naît en petits groupes cylindriques, blanchâtres, pointus, longs de deux ou trois lignes ; *tubulina fragiformis*, qui a le péridium rouge, aggloméré, granuleux, s'évasant au sommet et s'ouvrant spontanément.

### Genre LICÉE (*Licea*, Schrad. DC.).

Péridiums fragiles, sessiles, membraneux, dépourvus de membrane commune ; poussière séminale, toujours sans filamens.

Les licées croissent sur le bois mort ; on en connaît deux espèces : *licea circumscissa*, petits champignons sessiles, friables, d'abord jaunâtres, devenant ensuite brunâtres, s'ouvrant en travers comme une boîte à savonnette, et remplies d'une poussière d'un jaune doré ; *licea strobilina*, qui a les péridiums roux, devenant bruns, arrondis, oblongs, s'ouvrant irrégulièrement en boîte à savonnette et remplis d'une poussière d'un jaune sale.

### Genre MOISISSURE (*Mucor*, Pers. DC.).

Péridium stipité, membraneux, globuleux, d'abord transparent, se déchirant ensuite irrégulièrement pour laisser échapper des séminules dépourvues de filamens. (Voy. *Atl.*, pl. 7, f. 1.)

Les moisissures croissent sur les substances fermentescibles en décomposition. On connaît trois espèces de ce genre : *mucor mucedo*, qui naît en touffes sur toutes les substances fermentescibles, qui a les pédicules simples, grêles, allongés, portant un péridium globuleux grisâtre ; *mucor ramosus*, qui naît en larges touffes sur les champignons pourris, et dont les pédicules rameux portent des péridiums blanchâtres qui deviennent bruns ; *mucor herbariorum*, qui a les péridiums jaunâtres, sessiles, placés sur un duvet tomenteux, byssoïde, et qui croît sur les plantes, dans les herbiers, et sur le vieux pain.

## Genre ÉCIDIE (*Æcidium*, Pers.).

Péridium tuberculeux, s'ouvrant, à la maturité, en un orifice circulaire plus ou moins denté et renfermant intérieurement une poussière farineuse, jamais mélangée de filamens.

Les écidies croissent toutes en vrais parasites sur les feuilles vivantes ; elles y forment de petites taches diversement colorées qui changent quelquefois entièrement le facies de la plante sur laquelle elles habitent. Ce genre est extrêmement nombreux, et pour faciliter son étude on le partage en plusieurs groupes.

### a. *Tubercules épars.*

Les écidies qui font partie de cette division forment, sous la face inférieure des feuilles, des tubercules épars, arrondis ; on les désigne presque toutes, de même que les espèces des autres sections, par le nom de la plante sur laquelle elles vivent ; tels sont : *æcidium pini*, qui forme sous les feuilles du pin sauvage des tubercules jaunes ; *æcidium epilobii*, *thesii*, *cyani*, *rubi*, *cichoracearum*, *falcariæ*, *violarum*, *periclymeni*, *scrophulariæ*, *euphorbiarum*, etc., qui se développent sur les végétaux dont ils portent le nom spécifique ; les *æcidium leucospermum*, *punctatum* et *quadrifidum*, croissent sur les *anemone* ; etc.

b. *Tubercules rapprochés en anneau circulaire.*

Toutes ces écidies naissent en petits tubercules arrondis et disposés sous les feuilles en manière d'anneau; les espèces les plus communes sont: *œcidium tussilaginis*, qui forme sous les feuilles du *tussilago farfara* de petits tubercules d'un jaune orangé, serrés et disposés en rond; *œcidium rubellum*, qui naît sous les feuilles des *rumex* en tubercules d'un jaune pâle, disposés circulairement, et qui forme sur la surface opposée de la feuille des taches rougeâtres; *œcidium asperifolii, cirsii* qui croît sur le *cirsium oleraceum, nymphoidis, arunci, rhamni-alpini, geranii* qui habite sur le géranium à feuilles rondes, etc.

c. *Tubercules groupés sans ordre, par paquets irréguliers.*

Cette division, la plus nombreuse du genre, a les tubercules arrondis ou quelquefois cylindriques, toujours réunis sans ordre, par paquets, sous la face inférieure des feuilles; tels sont: *œcidium urticæ*, qui forme sous les feuilles de l'*urtica dioica* des groupes serrés d'un beau jaune; *menthæ*, qui naît sur la tige et sous les feuilles de la *mentha sylvestris*, en petits groupes d'un blanc jaunâtre; *œcidium confertum*, qui forme sous les feuilles de la ficaire et des violettes des taches blanchâtres en dessus et des groupes d'un blanc jaunâtre très pâle en dessous; *œcidium irregulare*, qui forme des groupes mamelonnés, irréguliers, jaunâtres, sous la feuille du *rhamnus catharticus*, et qui correspondent à des ponctuations qui sont sur la face opposée des feuilles; *œcidium cornutum*, qui forme sous les feuilles du sorbier des oiseleurs des taches orangées, tuberculeuses, à péridium long, cylindrique; *œcidium equiseti, ranunculacearum, berberidis, crassum* qui forme sous les feuilles et sur les pétioles du nerprun bourdaine des groupes d'un jaune orangé, entassés, épais, irréguliers, convexes; *œcidium behenis, clematitis, bunii, hippocrepidis, leucanthemi, prenanthes, orobi, barbareæ, phyllireæ, amelanchieris, mespili*, etc., etc.

Nous répéterons ici ce que nous avons dit pour les

érysiphés, qu'il est probable qu'on a fait beaucoup trop d'espèces dans ce genre, dont un grand nombre ne semblent différer que par l'*habitat*.

†††† Péridium nul ; petits champignons parasites, naissant sous l'épiderme des végétaux, et presque toujours recouverts par une lame de celui-ci.

Genre URÉDO (*Uredo,* PERS. DC. *Æcidium*, GM.).

Capsules pulvérulentes, naissant à nu sous l'épiderme des plantes vivantes, qui se déchire pour laisser sortir par cet orifice des grains ovoïdes toujours dépourvus de cloison transversale; leur couleur est brune, jaune ou roussâtre.

Les urédos sont encore plus nombreux que les écidies; ils croissent tous sous l'épiderme des feuilles, ou des tiges des végétaux herbacés. Quelques botanistes, entre autres M. Raspail, dont les travaux microscopiques sont connus de tout le monde, pensent qu'on doit plutôt regarder ces sortes de végétations comme une maladie des plantes que comme des champignons. On en observe tous les jours de nouvelles espèces, et le temps n'est pas éloigné où il y en aura autant que de phanérogames; ce qui, joint aux puccinies et aux écidies, doublera au moins le nombre des végétaux que l'on connaissait il y a une vingtaine d'années. Les premiers urédos que l'on a remarqués ont été nommés d'après leur forme ou leur couleur. Ensuite les espèces devenant plus nombreuses, on les a désignées par le nom de la plante sur laquelle elles croissent; mais, en supposant avec les mycologistes que ces petites productions soient des plantes, j'avoue qu'il m'est impossible de croire que la plupart des prétendues espèces ne soient pas de simples variétés d'*habitat*.

a. *Espèces noires, brunes ou rousses.*

Ce groupe est très nombreux ; nous citerons seulement quelques unes des espèces que l'on observe le plus fréquemment : *uredo scutellata*, qui croît sur l'euphorbe à feuilles de cyprès ; *uredo excavata*, sur l'*eu-*

*phorbia dulcis; uredo suaveolens*, qui est très commun sous les feuilles du *cniscus arvensis*; *uredo carbo* (1), poussière noire très commune dans les glumes du blé, de l'avoine et d'autres graminées; *uredo caries*, poussière noire qui croît dans l'intérieur des grains de blé, sans les déformer; *uredo olivacea*, qui naît sur le *carex riparia*; *uredo antherarum*, qui attaque les filets et les anthères des *silene nutans* et *inflata*, du *lychnis dioica*, etc.; *uredo sedi, betæ, fabæ, vincæ, polygonorum, labiatarum, cynapii, epilobii, violarum, geranii, cichoracearum, cichorii, cyani, ranunculacearum, maydis, bistortarum*, *receptaculorum*, qui forme sur le réceptacle du *tragopogon pratense* et de la *scorzonera humilis*, une masse pulvérulente d'un noir violet, etc., etc.

b. *Espèces jaunes ou blanches.*

Cette division est encore plus nombreuse que la précédente. Les espèces les plus communes sont : *uredo rubigo-vera*, qui forme sur les feuilles des graminées, et surtout sur celles du blé, de très petites pustules, d'où s'échappe une poussière jaune, appelée vulgairement la *rouille des blés*; *uredo mycophila*, qui croît sur le *boletus chrysentheron*; *uredo salicis*, *vitellinæ*, *capræarum*, *rhinanthacearum*, *tussilaginis*, *senecionis*, *potentillarum*, *helioscopiæ*, *rosæ*, *polypodii*, *hypericorum*, *alliorum*, *festucæ*, *caricina*, *prunastri*, *campanulæ*, *rubi-idæi*, *ruborum*, *lini*, *symphiti*, *petasitis*, *behenis*, *pisi*, *trifolii*, *phyteumarum*, *primulæ*, *ficariæ*, *rumicum*, *phaseolorum*, *laburni*, *portulacæ*, *candida*, *inaperta*, etc. Les trois dernières espèces sont les seules dont la poussière soit blanche.

Le genre *bullaria*, DC., diffère des urédos, parce qu'il croît sur les tiges mortes; il en décrit une espèce, *bullaria umbelliferarum*, DC. (*uredo bullata*, Pers.), qui naît sur les tiges mortes des ombellifères.

---

(1) *Voyez* le Mémoire que M. Raspail a publié en 1827 dans les Mémoires de la Société d'Histoire naturelle de Paris.

## Genre PUCCINIE (*Puccinia*, Pers., DC.).

Très petits champignons, composés d'une base compacte et gélatineuse, sur laquelle s'élèvent des réceptacles portés sur un pédicelle roide, ordinairement divisés en 2 ou plusieurs loges par des cloisons transversales, d'où les gongyles sortent par le sommet ou par le côté. (1)

Les puccinies, aussi nombreuses que les urédos, naissent sur les feuilles et les jeunes pousses vivantes, ordinairement sous l'épiderme, et quelquefois à sa surface. Il est inutile que nous répétions ici ce que nous avons dit en parlant du genre précédent, c'est-à-dire qu'il y aura sans doute beaucoup à retrancher, et très peu de chose à ajouter, par rapport au nombre prodigieux d'espèces que l'on a décrites. Les puccinies ont, comme les urédos et les écidies, reçu leur nom spécifique de la plante sur laquelle elles habitent. On les partage en plusieurs groupes, d'après le nombre des loges que l'on a cru remarquer dans leur intérieur; mais, comme ce caractère microscopique est très peu distinct, nous ne les diviserons pas; nous citerons seulement les espèces les plus communes : telles sont *puccinia rosæ*, *rubi*, *ulmi*, *spergulæ*, *jasmini*, *adoxæ*, *dianthi*, *circeæ*, *avicu-lariæ*, *ribis*, *menthæ*, *calcitrappæ*, *pruni*, *tanaceti*, *anemones*, *graminis*, *scirpi*, *polygoni-amphibii*, *laburni*, *phaseolorum*, *pisi*, *phyteumarum*, *trifolii*, *ficariæ*, *rubi-idæi*, *sanguisorbæ*, *fragariastri*, *globulariæ*, *ulmariæ*, *glechomæ*, *lychnidis*, *betonicæ*, *absinthii*, *clinopodii*, *echinopis*, *centaureæ*, *eryngii*, etc., etc.

## Genre GYMNOSPORANGE (*Gymnosporangium*, Hedw. F. *Puccinia*, Pers. Mich.).

Champignons présentant une masse gélatineuse à la surface de laquelle sont des péricarpes graniformes, à deux loges coniques appliquées par leur base, et se

---

(1) On ne peut distinguer l'organisation de ce genre, ainsi que celle des précédens, qu'à l'aide du microscope.

séparant l'une de l'autre à la maturité; ces péricarpes sont portés sur des filamens faibles et menus qui traversent la masse gélatineuse.

Les gymnosporanges sont peu nombreux; tous ceux que l'on connaît croissent sur l'écorce des genévriers: tels sont *gymnosporangium conicum*, DC. (*tremella juniperini*, L.), qui est conique, allongé, d'un jaune brun, et qui croît sur le genévrier de Virginie, quoique les premiers individus de cet arbre qui ont été transportés en Europe ne portaient probablement pas de gymnosporanges. Cependant je dois dire que ce champignon n'est pas plus rare dans la Virginie qu'en France; ce qui ne paraîtra pas extraordinaire quand on saura que tous nos champignons européens se retrouvent dans l'Amérique septentrionale; *gymnosporangium clavariæformis*, qui est cylindrique, d'un jaune orangé, simple ou partagé en deux pointes divergentes, et qui croît sur le genévrier commun.

## DEUXIÈME TRIBU. GYMNOCARPES (*Gymnocarpi*, PERS.).

Cette tribu renferme tous les champignons dont les capsules séminifères sont placées à la surface extérieure.

### † Champignons sortant d'une volva, et dont la surface fructifère dégénère en matière pultacée.

#### Genre CLATHRE (*Clathrus*, LIN. BULL. PERS. DC.).

Réceptacles gongylifères, composés de rameaux charnus, anastomosés en manière de grillage, et formant une espèce de voûte; ces réceptacles, qui dans leur jeunesse sont entourés d'une volva, répandent à la maturité une liqueur visqueuse d'une odeur fétide, qui entraîne les gongyles. (Voy. *Atl.*, pl. 6, f. 2.)

On ne connaît en France qu'une espèce de ce genre, *clathrus cancellatus*, qui croît dans le Midi, et qui est un des plus beaux et des plus curieux champignons que l'on connaisse. Il est d'abord sessile, arrondi, blanc, de la grosseur d'un œuf; mais, après que la volva s'est déchirée, on découvre une espèce de grillage dont la couleur varie du rouge vif au jaune pâle.

### Genre PHALLUS (*Phallus*, Lin. Jus. Pers. DC.)

Chapeau perforé à son sommet et marqué d'enfoncemens polygones, d'où sort une liqueur visqueuse gongylifère; pédicule celluleux, enveloppé d'une volva à sa base.

Les phallus sont très peu nombreux; on n'en connaît que deux espèces en France, qui sont: *phallus impudicus*, dont le nom rappelle la forme honteuse; il est d'abord en boule ovoïde, blanchâtre, de la grosseur d'un œuf; mais, à une époque déterminée, cette boule se déchire, et il en sort un pédicule blanchâtre très celluleux, soutenant un chapeau conique, traversé par le pédicule, et couvert d'une humeur visqueuse tellement fétide, qu'on le découvre dans les bois à plus de cinquante pas; il n'est pas rare dans les grands bois après les pluies d'été. L'autre espèce est le *phallus Hadriani*, Vent., qui a été trouvé dans le temps par Lécluse, sur les bords de la Loire, et que l'on n'a pas retrouvé depuis ce botaniste.

†† Champignons dont la surface fructifère est garnie de rides proéminentes ou de feuillets.

### Genre MORILLE (*Morchella*, Pers. DC. *Phallus*, Lin.).

Ce genre se distingue des phallus par l'absence de la volva, et par les cellules polygones du chapeau qui ne sont point recouvertes d'une liqueur glaireuse séminifère comme dans le genre précédent.

Les morilles ont un pédicule cylindrique et un chapeau ovoïde à cellules polygones, imperforé au sommet; elles croissent sur la terre, au printemps et en été; on peut les manger toutes sans inconvénient. Les espèces sont peu nombreuses; les plus remarquables sont: la morille comestible, *morchella esculenta*, dont le pédicule est cylindrique, et le chapeau ovoïde ou arrondi, de grosseur variable, jaunâtre, grisâtre ou blanchâtre; *morchella rimosipes*, *crassipes*, *tremelloides*, *agaricoides*, *semilibera*, qui se rapprochent plus ou moins de la précédente.

Genre AGARIC (*Agaricus*, LIN. BULL. PERS. DC.).

Champignons tantôt munis d'une volva, tantôt dépourvus de volva, portant un chapeau pédiculé garni en dessous de lames ou de feuillets parallèles, très rapprochés, et s'étendant du centre à la circonférence. (Voy. *Atl.*, pl. 8.)

Les agarics sont excessivement nombreux; ils croissent presque tous sur la terre; quelques uns seulement viennent sur le bois mort ou les végétaux en décomposition. Ce grand genre renferme plusieurs espèces bonnes à manger, un grand nombre d'innocentes et beaucoup de vénéneuses. Pour faciliter son étude, on le partage en plusieurs sections (1), que nous allons indiquer, et dans chacune desquelles nous citerons quelques espèces des plus communes ou des plus remarquables.

a. *Volva nulle, pédicule nul, latéral ou excentrique.*

Les agarics de cette division sont généralement coriaces; quelques uns ont le chapeau concave ou irrégulier. M. Persoon en a formé un genre particulier sous le nom de *pleuropus*. On en connaît un grand nombre d'espèces, parmi lesquelles il y en a plusieurs épidendres. Les plus communs sont: *agaricus quercinus*, qui est sessile, coriace, subéreux, à feuillets sinueux, rameux, et qui croît sur les troncs d'arbres; *agaricus abietinus*, qui est sessile, coriace, d'un brun terreux, dont le chapeau est large et qui croît sur les poutres de sapin; *agaricus tricolor*, qui est sessile, coriace, versicolore, à lames sinuées, dichotomes, et qui croît sur les troncs du bouleau; *agaricus coriaceus*, qui est sessile, pâle, tomenteux, à zones noirâtres, concentriques, et qui croît communément sur les troncs d'arbres; *agaricus alneus*, qui est presque sessile, d'un

(1) Les divisions de ce genre sont celles adoptées par M. De Candolle daus sa *Flore française*.

blanc grisâtre, demi-coriace, à chapeau lacinié, et qui croît sur les troncs des aunes; *agaricus variabilis*, qui est sessile, d'un blanc de lait, à pédicule central, à feuillets inégaux, ferrugineux, et qui croît sur le bois mort et sur la terre; *agaricus stypticus*, qui est d'un brun cannelle, coriace, à chapeau échancré, à pédicule comprimé, ascendant, et qui croît sur le bois mort; *agaricus inconstans, palmatus, tesselatus, ulmarius, orcellus, glandulosus, petaloides, mitis, avellanus, olearius*, etc.

b. *Volva nulle; pédicule central; feuillets égaux entre eux, et non terminés sur un bourrelet annulaire.*

Cette section, beaucoup moins nombreuse que la précédente, constitue le genre *russula* de Persoon. Toutes les espèces croissent sur la terre, dans les bois; telles sont: *agaricus sanguineus*, qui a le pédicule blanc, strié, le chapeau d'un rouge sanguin, avec les feuillets blancs; *agaricus bifidus*, qui a le pédicule blanc, épais, le chapeau concave, verdâtre, pâle, et les feuillets blanchâtres, presque tous bifides; *agaricus piperatus*, qui a le pédicule épais, d'un jaune sombre, et le chapeau très grand, déprimé, d'une couleur terreuse et d'une saveur poivrée, piquante; *agaricus pectinaceus*, qui a le pédicule blanchâtre, cylindrique, le chapeau d'un blanc jaunâtre ou un peu rougeâtre, et dont les feuillets sont très saillans et adhérens au pédicule.

Ces quatre espèces sont assez communes dans presque tous les bois, et très bien figurées dans l'ouvrage de Bulliard.

c. *Volva nulle; pédicule central; feuillets inégaux; suc laiteux, le plus souvent blanc, quelquefois jaune ou rouge.*

Les champignons qui composent ce groupe font partie du genre *lactarius* de Persoon. Ils croissent tous sur la terre, dans les bois. Les espèces sont moins nombreuses que dans la section suivante; les principales sont: *agaricus deliciosus*, qui a le chapeau ombiliqué, d'un jaune orangé, avec les feuillets et le suc d'un orangé vif; *agaricus necator*, qui a le chapeau ombiliqué, d'un jaune rougeâtre, les feuillets blancs, et le dessus du chapeau pelûcheux dans sa jeunesse; *agaricus azonites*, qui a le chapeau arrondi, lobé, d'un gris roussâtre, toujours dépourvu de zones, les feuillets et la base des pédicules jaunes; *agaricus subdulcis*, qui a le chapeau roussâtre, concave, souvent marqué de cercles noirâtres concentriques, le suc blanchâtre, et les lames d'un rose pâle; *agaricus plumbeus*, qui a le chapeau large, infundibuliforme, brunâtre, le pédicule fuligineux, les feuillets jaunâtres et le suc très âcre; *agaricus pyrogalus*, qui a le chapeau presque plane, zoné, d'une couleur plombée, les feuillets rougeâtres, et le pédicule fuligineux; *agaricus zonarius*, qui a le chapeau ombiliqué, jaune, à zones concentriques très distinctes, les feuillets blancs et le suc très âcre; *agaricus acris*, *dycmogalus*, *theiogalus*, *serifluus*, etc.

On mange seulement l'agaric délicieux; tous les autres champignons de cette division sont des poisons âcres et très dangereux.

d. *Volva nulle; pédicule nu, ou muni d'un collier; chapeau membraneux; feuillets inégaux, se décomposant en un liquide noirâtre.*

Cette section forme le genre *coprinus* de Persoon, et les champignons qui la composent sont en grand nombre; ils sont tous remarquables par la promptitude avec laquelle ils se détruisent; beaucoup n'ont qu'une existence éphémère; ils croissent sur la terre, les fumiers, ou sur les bois en décomposition. Nous citerons seulement les espèces suivantes :

*Agaricus typhoides*, qui a le chapeau grisâtre, squameux, conique, devenant noirâtre, le pédicule très long, les feuillets d'un blanc rougeâtre, et qui croît en groupes dans les bois et dans les jardins; *agaricus ephemeroides*, qui a le chapeau d'abord ovoïde, puis plane, blanchâtre, avec le disque jaunâtre et les bords striés, le pédicule fistuleux, renflé à sa base, et qui croît sur les fumiers; *agaricus lacrymabundus*, qui a le chapeau roussâtre, campanulé, un peu tomenteux, le pédicule nu, et qui croît sur la terre, dans les bois; *agaricus pi-*

*caccus*, qui a le chapeau très fugace, très menu, d'abord conique, ensuite plane et à bords déchirés, les feuillets bruns, et qui croît sur les débris des végétaux en décomposition; *agaricus atramentarius,* qui a le chapeau mince, d'abord globuleux, devenant campaniforme, jaunâtre, marqué de taches noires, et qui croît par touffes, dans les prairies humides; *agaricus digitaliformis*, qui a d'abord le chapeau ovoïde, puis en forme de dé, à centre roussâtre, strié de noir sur les bords, et qui croît communément sur les vieux troncs des saules; *agaricus extinctorius*, qui a le chapeau mince, d'abord cylindrique, puis conique, blanc, jaunâtre au sommet, le pédicule glabre, fistuleux, assez long, et qui croît pendant tout l'été sur les fumiers; *agaricus deliquescens*, qui a le chapeau grisâtre, strié, d'abord hémisphérique, ensuite campaniforme, et qui croît par touffes dans les jardins; *agaricus stercorarius*, qui est très petit, à chapeau pelucheux, grisâtre, devenant plane, se déchirant en plusieurs rayons, et qui croît sur les fumiers; *agaricus fimitris, congregatus, hydrophorus, gossypinus*, *cinereus*, *tomentosus*, *coprophilus*, *bullaceus*, *titubans*, etc.

e. *Volva nulle; pédicule central, nu ou muni d'un collier; chapeau ordinairement charnu; feuillets noircissant sans se résoudre en anneau.*

Cette section, aussi nombreuse que la précédente, se compose d'un grand nombre de champignons qui tous font partie du genre *pratella* de Persoon; ils croissent sur la terre, dans les bois et dans les prairies. Tels sont :

*Agaricus edulis*, Bull., *agaricus campestris*, Lin., qui est toujours facile à reconnaître à son chapeau, d'abord sphérique, ensuite convexe, lisse, blanc, ou un peu jaunâtre dans la variété *arvensis*, à feuillets roses non adhérens au pédicule, recouverts d'une membrane qui, en se déchirant, laisse un collier, et à sa pellicule, qui s'enlève aisément : c'est cette espèce que l'on cultive sur couches, et la seule qu'il soit permis de vendre sur les marchés; *agaricus cyaneus*, qui a le chapeau visqueux, d'une couleur bronzée, les feuillets rougeâtres, et le pédicule écailleux; *agaricus appendiculatus*, qui a le chapeau fauve, livide, aqueux, les feuillets d'un rouge brun, recouverts par une membrane qui se déchire; *agaricus nigricans*, qui est grand, à chapeau déprimé, olivâtre ou grisâtre, devenant ensuite d'un noir charbonneux, à lames épaisses, blanchâtres, et à pédicule court, cendré; *agaricus amarus*, qui est grand, à chapeau charnu, visqueux, d'un rouge de brique, jaunâtre sur les bords, à lames distantes, d'un gris verdâtre, à pédicule long, solide, et qui croît dans les forêts, sur les troncs d'arbres en décomposition; *agaricus aquosus*, *conocephalus*, *striatus*, *campanulatus*, *violaceo-lamellatus*, *semi-orbicularis*, *pulverulentus*, etc.

f. *Volva nulle; pédicule grêle, filiforme, central; feuillets terminés par un bourrelet annulaire entourant le pédoncule.*

Cette petite division, formée sur le genre *rotula* de Persoon, renferme seulement deux espèces; ce sont de très petits agarics, à pédicelle long, grêle, filiforme, qui croissent en été dans les bois et les prairies, sur les feuilles mortes; ces deux espèces sont:

*Agaricus androsaceus*, jolie petite espèce blanche, à pédicelle grêle, noirâtre à la base, à chapeau ombiliqué, sillonné; *agaricus stylobates*, qui a le chapeau en cloche, puis plane, à feuillets étroits, inégaux, et le pédicelle fistuleux.

g. *Volva et collier nuls; pédicule central, fistuleux; chapeau jamais ombiliqué; feuillets ne noircissant pas.*

Cette série est très nombreuse; elle comprend tout le genre *mycena* de Persoon. Les espèces qu'elle renferme croissent ordinairement sur la terre, et quelquefois sur les troncs d'arbres ou sur les feuilles mortes; les plus communes sont:

*Agaricus arundinaceus*, qui a le chapeau d'un jaune un peu roussâtre, plus foncé vers le centre, strié sur les bords, les feuillets fauves, et le pédicule comprimé, fistuleux; *agaricus nigripes*, qui a le chapeau glabre, brunâtre, sinué, charnu, le pédicule noirâtre, tomenteux, et qui naît en groupes dans les bois pendant l'hiver; *agaricus alliaceus*, qui a le chapeau d'un blanc roussâtre, plane ou convexe, souvent gibbeux vers le centre, les feuillets libres, concolores, le pédicule rougeâtre, atténué au sommet et un peu velu à la base; *agaricus ventricosus*, qui a le chapeau et les feuillets d'un jaune pâle, le pédicule roussâtre, renflé à la base, et qui croît communément dans les bois; *agaricus fistulosus*, qui a le chapeau membraneux, blanchâtre ou grisâtre, le pédicule lisse, très fistuleux, et qui croît très communément par groupes, sur les arbres; *agaricus filopes*, qui a le chapeau conique ou campaniforme, d'un jaune grisâtre, strié de brun, et le pédicule très long et très grêle; *agaricus foraminulosus*, qui est brun, à chapeau campaniforme ou conique, jamais strié de brun, et à pédicule grêle, allongé; *agaricus melinoides*, qui est d'un jaune ochracé pâle, à chapeau hémisphérique, charnu, membraneux, et à pédicule s'épaississant subitement; *agaricus squarrosus*, qui est roussâtre, à chapeau hémisphérique, devenant quelquefois plane, garni souvent de squames blanchâtres, et dont le pédicule est épaissi, squameux, et qui croît par groupes sur la terre; *agaricus physaloides*, qui a le chapeau jaunâtre, campaniforme, devenant plane, les feuillets très larges, roussâtres, et le pédicule d'un jaune plus ou moins foncé; *agaricus corticalis*, qui est très petit, à chapeau hémisphérique, jaunâtre, strié, à feuillets blanchâtres, un peu décurrens, et à pédicule courbé; *agaricus pumilus*, *pygmæus*, *clavus*, *roseus*, *adonis*, *Hudsonii*, *epiphyllus*, *perpendicularis*, etc.

h. *Volva et collier nuls; pédicule central, plein ou fistuleux; chapeau ombiliqué; feuillets presque toujours décurrens, ne devenant jamais noirs.*

Ce groupe, établi sur le genre *omphalia* de Persoon, n'est guère moins nombreux que le précédent. Les espèces qu'il renferme sont généralement assez petites ou de taille médiocre; elles croissent sur la terre ou sur les troncs d'arbres, tantôt par groupes, tantôt solitairement. Les plus communes sont :

*Agaricus dryophilus*, qui a le chapeau hémisphérique, un peu charnu, d'un jaune brun, les feuillets plus pâles, le pédicule creux, d'un jaune rutilant, et qui croît très communément par groupes dans les bois, en automne; *agaricus cupularis*, qui a le chapeau un peu charnu, jaunâtre, à feuillets plus obscurs, et le pédicule blanc, long, grêle, fistuleux; *agaricus ardosiaceus*, qui est assez grand, dont le chapeau, d'une couleur plombée et d'abord campaniforme, devenant infundibuliforme, et dont le pédicule est long et d'une couleur plombée; *agaricus hydrogrammus*, qui est blanc ou roux, à chapeau strié, à pédicule fistuleux, épais, un peu fléchi, et qui croît par petits groupes sur les feuilles mortes; *agaricus pseudo-androsaceus*, qui est gris, membraneux, à chapeau convexe, devenant infundibuliforme, à feuillets larges, à pédicule plein, et qui croît en petits groupes, sur les bruyères; *agaricus infundibuliformis*, qui est assez grand, d'un jaune ferrugineux luisant, à chapeau roide, infundibuliforme, à rebords réfléchis, à pédicule plein, épais, et qui croît par touffes sur les feuilles humides; *agaricus tigrinus*, qui a le chapeau blanc, charnu, tacheté de peluches brunes, qui a le pédicule plein, dur et squameux, et qui croît par groupes sur les vieux troncs d'ormes; *agaricus amethysteus*, qui est violet, devenant ensuite blanchâtre, quelquefois un peu pelucheux, à feuillets larges, inégaux, à pédicule plein, long, solide et d'un beau violet, et qui croît en touffes dans les bois; *agaricus contiguus*, *pyxidatus*, *mollis*, *cyathiformis*, *fibula*, etc.

i. *Volva et collier nuls; pédicule plein; chapeau charnu; feuillets ne devenant jamais noirs.*

Cette division, qui constitue le genre *gymnopus* de Persoon, est extrêmement nombreuse, et pour rendre son étude moins difficile on la subdivise en trois groupes, selon que les feuillets sont décurrens, libres ou adhérens sur le pédicule.

Parmi les espèces de la première subdivision, nous citerons : *agaricus pellucidus*, qui est très petit, roussâtre, à chapeau charnu, membraneux, campanulé, strié, à feuillets larges et à pédicelle grêle; *agaricus eryngii*, qui a le chapeau arrondi, d'un gris sale, les feuillets blancs, inégaux, le pédicule central, et qui croît en octobre, sur la racine de l'*eryngium*: on mange cette espèce, appelée vulgairement *brigoule*, *oreille de chardon*, etc.; *agaricus vinosus*, qui a le chapeau d'un roux noirâtre, d'abord arrondi, puis sinué ou lobé, les feuillets nombreux et le pédicule cylindrique; *agaricus eburneus*, qui est d'un blanc d'ivoire, à chapeau charnu, visqueux, convexe, à feuillets peu décurrens et à pédicule long, squameux au sommet; *agaricus odorus*, qui a le chapeau charnu, verdâtre, un peu plane, les feuillets blancs, rapprochés, et le pédicelle solide, un peu flexueux; *agaricus fusipes*, qui est grand, roussâtre, à chapeau devenant plane, sinueux, à feuillets éloignés, d'un blanc roussâtre, et à pédicule sillonné, renflé; *agaricus ericetorum*, *acerbus*, *albellus*, *lignatilis*, *ficoides*, *undulatus*, etc., etc.

Parmi les espèces à feuillets adhérens au pédicule et non décurrens, les plus remarquables sont :

*Agaricus ovinus*, qui a le chapeau charnu, roussâtre, campanulé, glabre ou pelucheux, les feuillets éloignés et le pédicule creux, fuligineux; *agaricus ramosus*, qui est brun, à chapeau d'abord hémisphérique, à feuillets inégaux et à pédicules partant d'un tronc commun; *agaricus tuberosus*, qui est très petit, blanchâtre, à chapeau convexe, squamuleux, à pédicule roussâtre, tuberculé à sa base, et qui croît en touffes dans les bois; *agaricus brevipes*, qui est gris noirâtre, à chapeau charnu, à lames rapprochées, échancrées et à pédicelle très court; *agaricus purus*, qui est d'une couleur variable, à chapeau conique, campanulé, sinué sur les bords, et à pédicule fistuleux recouvert de poils nombreux; *agaricus cameleo*, qui est petit, visqueux, à chapeau d'un jaune roussâtre, à feuillets d'un jaune brillant, et à pédicelle varié de fauve et de verdâtre; *agaricus butyraceus*, qui a le chapeau roussâtre, convexe, les feuillets blanchâtres, et le pédicule conique, hérissé; *agaricus carneus*, qui est petit, à chapeau d'un roux incarnat, charnu, convexe, à feuillets blanchâtres et à pédicule épais; *agaricus sulphureus*, qui est d'un jaune soufre, à chapeau charnu, convexe, à feuillets distincts, et à pédicule long, fistuleux, et d'un jaune très pâle; *agaricus hariolorum*, qui est d'un jaune pâle, à chapeau convexe, devenant plane, un peu charnu, à feuillets concolores, très rapprochés, à pédicule hérissé, et qui croît dans les forêts, sur les feuilles pourries; *agaricus phaiopodius*, *parasiticus*, *glaucus*, *grammopodius*, *arcuatus*, *sinuatus*, etc.

Enfin, parmi les espèces de cette division à feuillets non adhérens au pédicule, les plus remarquables sont les suivantes :

*Agaricus urens*, qui a le chapeau hémisphérique, lisse, d'une couleur obscure, les feuillets étroits, roussâtres et le pédicule solide, très long; *agaricus longipes*, qui a le chapeau brunâtre, rugueux, les feuillets blancs, et le pédicule très long, muni d'une racine fusiforme; *agaricus repens*, qui a le chapeau d'un jaune soufre, les feuillets concolores, le pédicule rougeâtre, naissant d'une souche commune; *agaricus phaiocephalus*, qui est grand, à chapeau brun châtain, à feuillets jaunâtres, et à pédicule long, solide, un peu renflé à sa base; *agaricus fulvus*, qui a le chapeau d'un brun rougeâtre, à feuillets sinueux, tronqués, jaunâtres, et à pédicule jaune, solide, strié, épaissi à la base; *agaricus coccineus*, qui est d'un rouge écarlate, à chapeau convexe, un peu visqueux, à pédicule fistuleux, comprimé, et qui croît en groupes dans les bois; *agaricus grammocephalus*, qui a le chapeau jaunâtre, marqué de lignes noirâtres et rougeâtres rayonnantes, les feuillets jaunes, tronqués à la base, et le pédicule solide, jaunâtre, cylindrique; *agaricus cartilagineus*, qui a le chapeau noirâtre, déformé, ondulé, les feuillets rapprochés, arrondis, et le pédicule solide, cendré, comprimé; *agaricus lividus*, qui a le chapeau d'un gris livide, luisant, souvent marqué de zones concentriques, d'abord campanulé, devenant plane, les feuillets rouges et le pédicule plein, d'un blanc rougeâtre;

*agaricus leucocephalus*, qui est d'un blanc de lait, à chapeau sphérique, devenant plane, sinué sur les bords, et à pédicule plein; *agaricus argyraceus*, qui a le chapeau laineux, blanchâtre, garni de squamules d'un gris noirâtre, et qui a le pédicule blanc, assez long; *agaricus croceus*, qui a le chapeau conique, un peu visqueux, d'un orangé verdâtre, les feuillets rapprochés, jaunâtres, et le pédicule fauve, très long; *agaricus rimosus*, qui a le chapeau conique, fendillé, roussâtre, les feuillets olivâtres, blancs sur leurs bords, et le pédicule pâle, squamuloso-farineux; *agaricus ramealis*, qui est petit, à chapeau hémisphérique, blanchâtre, roussâtre sur le disque, à feuillets étroits, rapprochés, à pédicule dur, courbé, pulvérulent, et qui croît en petits groupes sur les branches mortes; *agaricus geophilus*, qui a le chapeau hémisphérique, d'un blanc roussâtre, devenant plane et se déchirant sur les bords, les feuillets bruns, ascendans, et le pédicule grêle, plein, roussâtre; *agaricus tortilis*, qui a le chapeau fauve ou roussâtre, hémisphérique, un peu charnu, et le pédicule plein, se tortillant par la dessiccation; *agaricus horizontalis*, *leucopodius*, *pleopodius*, *inodorus*, *caulinalis*, *repandus*, *pyrrospermus*, *columbarius*, *furfuraceus*, *sericeus*, *murinaceus*, *villosus*, etc.

k. *Volva nulle; pédicule central; feuillets ne noircissant pas, recouverts dans leur jeunesse d'une membrane qui laisse des débris sur les bords du chapeau, et presque toujours une espèce de collier filamenteux sur le pédicule.*

Persoon a formé, avec les champignons qui font partie de cette section, son genre *cortinaria*; les espèces sont assez nombreuses, et on pourrait quelquefois les confondre avec celles que ce mycologiste place dans son genre *pratella*; mais on pourra les distinguer en ce que les feuillets ne deviennent jamais noirs, tandis que dans les pratella ils le deviennent constamment. Nous citerons comme assez communes les espèces suivantes:

*Agaricus nudus*, qui a le chapeau assez grand, hémisphérique, charnu dans son centre, devenant plane, irrégulier et concave, les feuillets étroits et le pédicule épais; *agaricus psammocephalus*, qui est brun, petit, à chapeau épais, campanulé, furfuracé, écailleux, à lames larges, échancrées, et à pédicule écailleux, lisse, et plus mince au sommet; *agaricus turbinatus*, qui a le chapeau charnu, convexe, d'un jaune sale, roussâtre sur le disque, les feuillets roux, adhérens au pédicule, qui est solide, tuberculeux à la base, et entouré d'un collier filamenteux; *agaricus purpureus*, qui est assez grand, d'un beau rouge orangé, à chapeau conique devenant concave, irrégulier, écailleux, à pédicule rougeâtre, et qui croît par groupes sur la terre; *agaricus araneosus*, qui est variable pour la taille, à chapeau d'un brun violacé, jaunâtre ou noirâtre, roulé sur les bords, adhérent au pédicule à l'aide d'un tissu arachnoïdien, à feuillets blancs, devenant bruns, et à pédicule plein, renflé à la base; *agaricus muscosus*, qui est grand, à chapeau d'un jaune brun, d'abord hémisphérique, devenant plane, sinué, à feuillets rougeâtres et à pédicule plein, écailleux et annulé; *agaricus squammosus*, qui est très grand, d'un brun noirâtre, écailleux, à chapeau cilié sur les bords, à feuillets presque droits, et à pédicule dépourvu d'écailles; *agaricus hydrophilus*; *hybridus*, *lanuginosus*, *lamprocephalus*, *castaneus*, *hæmatochelis*, *xylophilus*, etc.

1. *Volva nul; pédicule central muni d'un collier; feuillets ne noircissant jamais, recouverts dans leur jeunesse par une membrane souvent incomplète, qui forme avec l'âge un anneau sur le pédicule.*

Cette section, qui constitue le genre *lepiota* de Persoon, comprend un assez grand nombre de champignons qui ont plus ou moins de ressemblance avec ceux du groupe précédent. La plupart des espèces croissent sur la terre, et quelques unes sur les troncs d'arbres. Les plus communes sont:

*Agaricus piluliformis*, qui est petit, roussâtre, à chapeau presque sphérique, blanc sur le bord, à feuillets blancs, à pédicule fistuleux, et qui croît en groupes nombreux, au pied des arbres; *agaricus nitens*, qui a le chapeau jaune, luisant, campanulé, les feuillets d'un blanc noirâtre, et le pédicule plein, grêle, blanc, renflé à sa base; *agaricus helveolus*, qui a le chapeau charnu, d'un jaune roussâtre, les feuillets éloignés, concolores, et le pédicule cylindrique, très long; *agaricus annularius*, qui a le chapeau d'un jaune ochracé, fuligineux, poilu, écailleux, les feuillets blanchâtres, un peu décurrens, et le pédicule conique, d'un gris olivâtre; *agaricus aureus*, qui est d'un jaune orangé vif, à chapeau globuleux, devenant convexe, à feuillets blancs, et à pédicule plein, atténué à sa base; *agaricus ochraceus*, qui est de taille moyenne, à chapeau ferrugineux, un peu charnu, à feuillets pâles, rapprochés, et à pédicule écailleux, pelucheux; *agaricus colubrinus*, qui est grand, à chapeau charnu, écailleux, panaché de blanc et de roux, à feuillets blancs, très éloignés, et à pédicule bulbeux très long (cette espèce croît dans les bois; on la mange dans beaucoup d'endroits, sous le nom de *grisette*); *agaricus togularis, hœmatospermus, clypeolarius, pudicus, ramentaceus, mesomorphus*, etc.

m. *Une volva recouvrant tout le champignon dans sa première jeunesse, et laissant quelquefois des lambeaux sur le chapeau.*

Cette dernière section, l'une des moins nombreuses, fait partie du genre *amanita* de Persoon; tous les agarics qu'elle renferme sont recouverts dans leur jeunesse par une volva qui se déchire, et qui laisse souvent des lambeaux sur le pédicule. On peut le séparer en deux sous-sections, selon que la volva est complète ou incomplète. Parmi cette dernière, il n'y a que quatre espèces, qui sont : *agaricus asper*, qui a le chapeau charnu, compacte, d'un rouge un peu brun, couvert de protubérances nombreuses, d'un gris rougeâtre, les feuillets blancs, rapprochés, et le pédicule long, un peu bulbeux; *agaricus solitarius*, qui est grand, d'un blanc sale, à chapeau plane, déprimé au milieu, couvert de verrues, à feuillets larges, n'adhérant pas au pédicule, et à pédicule plein, écailleux, bulbeux, et muni d'un collier; *agaricus muscarius*, qui a le chapeau d'un orangé rouge, portant quelques verrues blanches, les feuillets blancs ainsi que le pédicule (cette belle espèce, figurée par Bulliard sous le nom de *pseudo-aurantiacus*, est appelée vulgairement *fausse-oronge*; elle passe pour vénéneuse); *agaricus dyctiorhizus*, qui est blanc, à chapeau sessile, ou presque sessile, attaché par le côté, et à pédicule garni à sa base de fibrilles cotonneuses, anastomosées, émettant çà et là de nouveaux champignons. Cette dernière espèce est rare, et elle paraît se rapprocher beaucoup des *pleuropus* de Persoon.

Les espèces pourvues d'une volva complète sont: *agaricus aurantiacus*, qui est grand et délicieux, à chapeau d'un beau rouge orangé, campanulé, toujours dépourvu de verrues, à feuillets d'un beau jaune, et à pédicule blanc; *agaricus ovoideus*, *oronge blanche Vulg.*, qui diffère du précédent par sa couleur toute blanche, par son chapeau à peine strié sur les bords, à feuillets roses, et qui est une des espèces les plus délicates à manger; *agaricus bulbosus*, *oronge-ciguë Vulg.*, qui a le chapeau blanc ou verdâtre, humide, luisant, les feuillets blancs, nombreux, non adhérens, et le pédicule très bulbeux; *agaricus vernus*, *oronge-ciguë blanche Vulg.*, qui diffère du précédent par sa couleur blanche et son chapeau roussâtre; *agaricus vaginatus*, qui est grand, à chapeau gris ou orangé, entouré dans sa jeunesse par une volva verdâtre ou grisâtre, à feuillets blancs, et à pédicule blanc engaîné dans la volva; *agaricus pusillus*, *verrucosus*.

### Genre MÉRULE (*Merulius*, Hall. Pers. DC. *Agaricus* et *Helvella*, Lin.).

Chapeau charnu ou membraneux, garni en dessous de veines ou de plis renflés et anastomosés.

Les mérules croissent sur la terre ou sur les troncs d'arbres après les pluies d'été, excepté le *merulius lycoperdoides*, qui croît en parasite sur les agarics; elles ont toutes le chapeau plane ou concave, tantôt sessile et tantôt pédiculé, ce qui les a fait partager en deux sections, quoiqu'elles ne soient pas très nombreuses.

a. *Mérule à chapeau pédiculé.*

Toutes les espèces de cette section ont le chapeau concave, et elles croissent sur la terre, dans les bois; tels sont : *merulius cantharellus*, qui est d'un jaune abricot, à chapeau charnu, glabre, déprimé, irrégulier, et qui croît en groupes dans presque tous les bois; *merulius nigripes*, qui a le chapeau jaunâtre, infundibuliforme, et le pédicule long, d'un noir fuligineux; *merulius lutescens*, qui a le chapeau jaunâtre, ombiliqué, déformé, lobé, à nervures jaunes, et le pédicule d'un jaune orangé; *merulius tubæformis*, qui est petit, à chapeau brun, membraneux, ombiliqué, rugueux, écailleux, à plis jaunes, et à pédicule jaune, renflé; *merulius cornucopioides*, qui est noirâtre, coriace, à chapeau écailleux, membraneux, à plis peu marqués, à pédicule fistuleux, et qui croît par groupes dans les bois; *merulius undulatus, hydrolips*.

b. *Mérule à chapeau sessile.*

Les espèces de cette division sont dépourvues de pédicule, ou, s'il existe, il est si court, qu'il paraît presque nul; elles croissent sur les troncs des arbres ou sur les plantes vivantes; les plus communes sont : *merulius muscigenus*, qui est très petit, à pédicule latéral très court, à chapeau brunâtre, à veines rameuses, et qui croît sur les mousses vivantes; *merulius retirugus*, qui est mince, arrondi, fragile, petit, grisâtre, réticulé en dessous de brun grisâtre; *merulius tenellus*, qui est petit, fragile, gélatineux, noir en dessus, brun en dessous, à veines inégales; *merulius lacrymans*, qui est mince, souvent très large, d'un jaune rougeâtre, blanc et tomenteux sur les bords, à plis renflés, sinueux, tomenteux sur les bords, et qui croît sur les vieilles poutres humides; *merulius crispus, tremellosus, alveolaris*.

††† Champignons à surface fructifère munie de pointes ou de tubes.

## Genre BOLET (*Boletus*, Lin. DC.).

Chapeau sessile ou pédiculé, muni sur la face inférieure, et quelquefois aussi sur la face supérieure, de tubes renfermant les gongyles. (Voy. *Atl.*, pl. 9.)

Les bolets sont, après les agarics, l'un des genres les plus nombreux. Ce sont des champignons d'assez grande taille, qui ont quelquefois le port des agarics, mais que l'on en distingue facilement en ce que leur face inférieure est garnie de tubes parallèles au lieu de feuillets. M. De Candolle les partage en quatre groupes, qui sont autant de genres pour beaucoup de mycologistes. Ces champignons sont généralement moins fugaces et beaucoup plus coriaces que les agarics; ils croissent sur la terre ou sur les troncs d'arbres; quelques uns sont vénéneux; un très petit nombre est comestible, et la majeure partie est innocente.

a. *Tubes libres, et non soudés ensemble.*

Cette division, établie sur le genre *fistularia* de Bulliard, ne renferme qu'une espèce, *boletus hepaticus*, qui est tantôt sessile et tantôt pédiculé, attaché par le côté, rouge, charnu, mollasse, à tubes jaunâtres, et qui croît en automne, sur les vieilles souches et sur les tas de feuilles mortes.

b. *Chapeau nul; tubes soudés et placés sur toute la surface.*

Ce petit groupe, composé du genre *poria* de Persoon, contient cinq espèces : *boletus ramosus*, qui est coriace, fragile, d'un jaune fauve, partagé en rameaux cylindriques, garnis de tubes sur toute leur surface, et qui croît sur les poutres, dans les souterrains; *boletus cryptarum*, qui est coriace, spongieux, sessile, mince, d'un brun ferrugineux, composé de rides nombreuses, et qui croît dans les souterrains; *boletus Vaillantii*, qui naît au milieu de filamens byssoïdes, dont la surface supérieure est analogue à l'expansion, et qui croît dans les caves; *boletus medula-panis*, qui naît en plaques blanches, irrégulières, crustacées, très adhérentes sur les vieilles poutres; *boletus favus*, qui est étalé, irrégulier, coriace, subéreux, brunâtre, fuligineux, zoné, et à tubes longs, larges comme des alvéoles d'abeilles.

c. *Tubes soudés ensemble, et ne pouvant être séparés de la substance du chapeau.*

Cette section, extrêmement nombreuse, renferme tout le genre *boletus* de Persoon. M. De Candolle y établit trois subdivisions, selon que le chapeau est sessile, le pédicule latéral ou central.

Les espèces de la première subdivision sont généralement très coriaces; elles croissent toutes sur les troncs d'arbres; tels sont : *boletus versicolor*, qui est coriace, attaché par le côté, à surface zonée de gris, de noir et de blanc cendré, et qui croît communément sur les vieux arbres morts ou mourans; *boletus unicolor*, qui diffère du précédent par sa surface supérieure zonée, presque unicolore, et par sa taille un peu plus grande; *boletus imberbis*, qui diffère des deux précédens en ce qu'il est glabre; *boletus coccineus*, qui est coriace, d'un beau rouge, et qui croît en groupes sur le merisier; *boletus igniarius*, qui est gros, très coriace, subéreux, d'un noir ferrugineux, obtus, semi-orbiculaire, à tubes étroits, concolores, et qui croit sur les vieux troncs, dans les forêts; *boletus ungulatus*, qui est très gros, coriace, subéreux, d'abord mollasse, devenant dur, ligneux, persistant, d'un brun noir, à tubes très longs, et qui croît dans les forêts sur les vieux troncs d'arbres : cette espèce, appelée vulgairement agaric de chêne, sert, ainsi que la précédente, dans les arts, à fabriquer de l'*amadou; boletus pseudo-igniarius*, qui est coriace, d'un rouge ferrugineux, un peu grisâtre, à tubes extrêmement longs; *boletus labyrinthiformis*, qui est coriace, ligneux, scabre, zoné, raboteux en dessus, à tubes grisâtres, sinués en labyrinthe; *boletus suaveolens*, qui est coriace, subéreux, d'abord très blanc, devenant ensuite un peu brun, à tubes roussâtres, allongés ; *boletus laricis,* qui est gros, conique, charnu, lisse, inégal, imbriqué, étagé, à chair blanche, à tubes courts, très peu distincts, et qui croît sur le tronc des mélèzes (c'est cette espèce que l'on employait autrefois comme purgative sous le nom d'*agaric blanc*); *boletus salicinus*, qui est blanc, un peu mollasse, arrondi, sinueux, à tubes très courts, devenant roussâtres, et qui croît sur les vieux saules, avec le *suaveolens; boletus hispidus*, qui est ferrugineux, mollasse, coriace, hérissé en dessus de poils roides, et garni en dessous de tubes ciliés; *agaricus suberosus*, *fraxineus*, *sulphureus*, etc.

Parmi les espèces à pédicule latéral ou excentrique, nous citerons : *boletus juglandis*, qui est fauve, grand, charnu, subéreux, à pédicule court, écailleux ; *boletus obliquatus*, qui est coriace, d'un brun luisant, vernissé, à sillons concentriques, à tubes brunâtres et à pédicule blanc ; *boletus acanthoïdes*, qui est fragile, mollasse, grand, d'un brun rougeâtre, à chapeau sinué, zoné, réticulé en dessous, à pédicule cylindrique, et qui croît en groupes sur les vieilles souches ; *agaricus calceolus*, etc.

Enfin, au nombre de ceux qui ont le pédicule central, se trouvent les quatre suivans ; *boletus nummularius*, qui est petit, glabre, à chapeau coriace, blanchâtre, et à pédicule noir à la base ; *boletus perennis*, qui est coriace, d'un brun clair, à chapeau mince, zoné, velouté, à pédicule velu à la base ; *boletus fimbriatus*, qui ne diffère du précédent que par ses bords frangés et sa racine annuelle au lieu d'être vivace ; *boletus polyporus*, qui est mou, un peu coriace, à chapeau fuligineux, grisâtre, à chair blanche, très mince, et à pédicule jaune, rougeâtre à la base.

d. *Tubes soudés ensemble, et se détachant facilement du chapeau.*

Toutes les espèces qui présentent ce caractère ont été réunies par Persoon dans son genre *suillus*. Ce sont des champignons beaucoup moins coriaces que les précédens, qui ont le *facies* de certains agarics. Excepté le *betulinus*, qui croît sur le bouleau, et le *parasiticus*, qui habite sur le *lycoperdon verrucosum*, ils naissent tous sur la terre, particulièrement dans les bois. Les plus remarquables sont :

*Boletus rubeolarius*, qui a le chapeau voûté, rougeâtre, ou d'un brun olivâtre, d'assez grande taille, les tubes rouges, devenant orangés, et le pédicule long, réticulé, rougeâtre et un peu bulbeux; *boletus æreus*, *le ceps noir Vulg.*, qui a le chapeau bronzé, à chair ferme, très épaisse, blanche ou jaunâtre, les tubes jaunes et le pédicule long, d'un jaune brunâtre; *boletus edulis*, Bull., *boletus bovinus*, Lin., qui est quelquefois très grand, à chapeau large, épais, voûté, d'un brun plus ou moins clair, à chair blanche, quelquefois jaunâtre, d'une teinte vineuse sous la peau, et à pédicule gros, cylindrique ou renflé au milieu, blanchâtre ou fauve et réticulé (on mange cette excellente espèce, ainsi que la précédente, surtout dans le Midi, où elles acquièrent de grandes dimensions); *boletus felleus*, qui a le chapeau devenant plane et même concave, à peau très unie, à chair blanche, devenant rose quand on le coupe, à tubes blancs, devenant roses, et à pédicule jaunâtre, réticulé, renflé à la base; *boletus cyanescens*, qui a le chapeau large, fuligineux, à chair blanche, devenant bleue quand on la coupe, et à pédicule roussâtre, renflé; *boletus piperatus*, qui a le chapeau jaune, devenant fauve, les tubes d'un roux ferrugineux, et le pédicule jaune à sa base et dans son intérieur; *boletus chrysenteron*, qui est de taille moyenne, à chapeau bombé, roux ou brunâtre, à chair jaune, changeant en vert quand on la froisse, et à pédicule grêle, jaune ou roussâtre; *boletus aurantiacus*, qui a le chapeau charnu, luisant, fauve ou orangé, et le pédicule long, blanc, garni de squamules orangées; *boletus annularius*, qui a le chapeau jaune, campanulé, visqueux, varié de taches rougeâtres, les tubes jaunes et le pédicule muni d'un collier; *boletus scaber*, *castaneus*, etc.

### Genre HYDNE (*Hydnum*, Lin. DC.).

Champignons portant inférieurement, et quelquefois supérieurement, des pointes ou des lames longues, gongylifères, dirigées vers la terre. (Voy. *Atl.*, pl. 3.)

Les hydnes sont assez nombreux ; ils croissent ordinairement sur les troncs d'arbres, et quelquefois sur la terre ; ils sont tantôt charnus et tantôt coriaces. Persoon en forme quatre genres, qui sont seulement des divisions pour M. De Candolle.

a. *Chapeau nul ; champignons rameux épidendres.*

Cette petite division constitue le genre *hericium* de Persoon ; les champignons qu'elle renferme sont gros, très rameux, et très garnis d'aiguillons ; tels sont :

*Hydnum caput-medusæ*, qui est d'un blanc grisâtre, avec le tronc court, charnu, épais, se terminant en une multitude de divisions simples, grêles et réunies en une grosse touffe très serrée ; *hydnum erinaceus*, qui est très grand, charnu, d'un blanc jaunâtre, coriace, convexe, garni d'un grand nombre d'aiguillons qui pendent tous perpendiculairement ; *hydnum coralloides*, qui est la plus grande espèce du genre, sessile, blanche ou un peu jaunâtre, charnue, partagée en un grand nombre de rameaux, dont la surface inférieure est hérissée d'une multitude d'aiguillons.

b. *Chapeau nul ; champignons étalés sur les troncs d'arbres.*

Cette section, assez peu nombreuse, est fondée sur le genre *odontia* de Persoon. Les espèces qui en font partie sont étalées sur les troncs d'arbres en manière de plaques ; tels sont :

*Hydnum barba-jovis*, qui forme une expansion coriace, d'un blanc jaunâtre ou roussâtre, à face inférieure hérissée d'aiguillons sur lesquels il se développe des filamens jaunes ; *hydnum membranaceum*, qui est d'un roux ferrugineux, coriace, membraneux, très adhérent, à aiguillons épais, courts, cylindriques ; *hydnum niveum*, qui est blanc, formant une plaque large, coriace, irrégulière, à aiguillons rapprochés, très courts ; *hydnum cerasi*, *farinaceum*, etc.

*c. Un chapeau distinct, muni de pointes cylindriques ou coniques.*

Cette section, la plus nombreuse de toutes, renferme tout le genre *hydnum* de Persoon. Les espèces qui en font partie croissent sur la terre, dans les bois, et quelquefois sur les troncs d'arbres; parmi les espèces les plus communes, nous citerons :

*Hydnum gelatinosum*, qui est demi-gélatineux, à pédicule très court, latéral, d'un gris pâle, à chapeau arrondi, lisse en dessus, garni en dessous de papilles coniques, et qui croît sur les vieux troncs ; *hydnum auriscalpium*, qui a le pédicule droit, cylindrique, velu, et le chapeau coriace, velu, muni en dessous d'aiguillons grêles, pointus ; *hydnum cinereum*, qui est d'un gris brunâtre, à chapeau turbiné, entièrement couvert d'aiguillons, à pédicule renflé à sa base, et qui croît ordinairement en petits groupes ; *hydnum repandum*, qui est jaunâtre, charnu, fragile, à chapeau convexe, à bords minces, à pédicule plein, court et gros, et qui croît communément en famille, dans les bois (on mange quelquefois cette espèce sous le nom de *rignoche*) ; *hydnum hybridum*, *cyathiforme*, *imbricatum*, etc..

*d. Chapeau plus ou moins distinct ; des lamelles au lieu de pointes cylindriques.*

Peu de champignons présentent ce dernier caractère ; ils diffèrent assez des hydnes de la division précédente, pour que Persoon en ait formé un genre sous le nom de *systotrema*. On en connaît seulement trois espèces, qui sont :

*Hydnum bienne*, qui a le chapeau convexe, devenant cyathiforme, épais, ferrugineux, garni en dessous de pores labyrinthiformes, et le pédicule velu, laineux et renflé à sa base ; *hydnum decipiens*, qui a le chapeau sinueux, sec, coriace, blanchâtre, tomenteux en dessus, violâtre en dessous, et qui croît, mais rarement, sur les troncs d'arbres ; *hydnum sublamellosum*, qui a le chapeau charnu, épais, tendre, blanchâtre, et le pédicule court, plein et cylindrique.

### †††† Champignons dont la surface fructifère est unie, et ne dégénère pas en pulpe.

### Genre CONIOPHORE (*Coniophora*, DC.).

Champignon orbiculaire, mince, membraneux, adhérent par le côté stérile, et portant sur la face opposée, qui est lisse, des amas de poussière disposées par zones concentriques : on ne connaît encore qu'une seule espèce de ce genre, *coniophora membranacea*, qui forme, sur les vieilles poutres, une expansion membraneuse, lichénoïde, épaisse comme une feuille de papier, d'un gris blanchâtre en dessus, et d'un gris noirâtre sur la surface adhérente.

### Genre TÉLÉPHORE (*Telephora*, Pers. Willd. DC. *Auricularia*, Bull.).

Champignon coriace, sessile, irrégulier, attaché par le côté ou par le dos, et dont la face inférieure est lisse ou garnie de papilles gongylifères.

Les téléphores, appelés aussi *auriculaires*, croissent ordinairement sur les troncs d'arbres et quelquefois sur la terre ; dans quelques espèces qui naissent appliquées contre les troncs, par leur face stérile, il en existe qui se renversent de manière que la face inférieure devient supérieure. Ce genre, assez nombreux, se partage en deux sections ; M. De Candolle le partage même en trois, d'après Persoon.

a. *Expansion membraneuse plus ou moins épaisse, attachée par le côté ou par le centre.*

Ce petit groupe renferme les genres *craterella* et *stereum* de Persoon, dont les espèces les plus remarquables sont : *telephora cariophyllea*, qui est charnue, molle, roussâtre, zonée, pelucheuse en dessus, lisse en dessous; *telephora tremelloides*, qui est cartilagineuse, transparente, zonée, velue en dessus, glabre et sinuée en dessous; *telephora ferruginea*, qui est d'un brun ferrugineux, coriace, glabre, zonée, munie en dessous de petites papilles qui la font paraître poreuse; *telephora reflexa*, qui croît très communément en groupes sur les arbres morts et mourans, et qui est mince, coriace, zonée, velue en dessus et glabre en dessous.

b. *Expansions membraneuses, coriaces, attachées par leur face stérile.*

Ce groupe, plus nombreux que le précédent, constitue le genre *corticium* de Persoon. Les champignons qui en font partie croissent presque tous sur les troncs d'arbres et le bois mort; tels sont: *telephora frustulata*, qui forme sur les vieilles poutres des expansions épaisses, coriaces, dures, roussâtres en dessus, glabres, noirâtres et zonées en dessous; *telephora papyrina*, qui est mince, mollasse, velue et zonée en dessus, glabre et devenant poreuse en dessous; *telephora cærulea*, qui est d'un beau bleu et exactement appliquée sur l'écorce des arbres; *telephora Persoonii*, qui est ferrugineuse, arrondie, tomenteuse, et qui croît dans les fissures des vieux troncs; *telephora cinerea*, *corticalis*, *polygonia*, *calcea*, *phylacteris*, *byssoidea*, etc.

### Genre CLAVAIRE (*Clavaria*, LINN. DC.).

Champignon simple ou rameux, allongé, ordinairement charnu, rarement coriace, n'ayant rien qui ressemble à un chapeau, et répandant ses gongyles par tous les points de sa surface. (Voy. *Atl.*, pl. 1.)

Les clavaires croissent ordinairement sur la terre, et quelquefois sur les troncs d'arbres ou les tas de feuilles en décomposition. Ce sont des champignons simples ou rameux, mous ou coriaces, qui se développent surtout à l'automne, et dont aucune espèce n'est vénéneuse, suivant Persoon.

a. *Clavaires simples, charnues ou coriaces.*

Cette section renferme le genre *clavaria* de Holmsk, et le genre *geoglossum* de Persoon. Les *clavaria ophioglossoides* et *herbarum*, font seules partie du dernier genre; elles sont noires et coriaces; la première est grande, et croît sur la terre; la seconde est petite, et naît sur l'écorce des herbes sèches. Les *clavaria pistillaris*, *eburnea*, *lutea*, *fasciculata*, *fistulosa*, *micans*, *gyrans*, etc., croissent sur la terre, et appartiennent au genre *clavaria* de Holmsk.

b. *Clavaires rameuses, charnues et quelquefois coriaces.*

Les espèces charnues de cette division appartiennent au genre *ramaria* de Holmsk, et les espèces coriaces au genre *merisma* de Persoon. Nous réunissons provisoirement ces deux groupes, qui ne diffèrent guère l'un de l'autre que par la consistance. Les espèces sont nombreuses; nous ne citerons que les suivantes:

*Clavaria bifurca*, qui est jaune, fragile, d'abord simple, devenant ensuite fourchue; *clavaria filiformis*, qui est très grêle, longue, filiforme, rameuse, et d'un rouge briqueté; *clavaria aculeiformis*, qui est très petite, jaune, très fragile, simple ou bifide, acuminée au sommet; *clavaria rugosa*, qui est blanche, ridée, fragile, glabre et atténuée à la base; *clavaria byssoides*, qui est très petite, à peine visible, blanche, à rameaux en massue, et qui croît communément sur le bois pourri; *clavaria fastigiata*, qui est jaunâtre, gazonnante, se divisant en un grand nombre de rameaux nivelés; *clavaria coralloides*, qui est fragile, blanche ou jaunâtre, coralliforme, à rameaux pleins, cylindriques; *clavaria cinerea*, Bull., *menottes grises Vulg.*, qui est grêle, à rameaux épais, coralliformes, pleins, dilatés au sommet, et qui naît en groupes très épais; *clavaria amethystea*, qui diffère de la précédente par sa couleur violette; *clavaria laciniata*, qui est très coriace, couchée, à rameaux dilatés au sommet, et naissant d'une croûte informe; *clavaria coriacea*, qui est très coriace, à divisions comprimées, coralloïdes, striées longitudinalement; *clavaria tomentosa*, qui est brune, tomenteuse, ordinairement ramifiée, sans ordre.

Genre SPATULAIRE (*Spathularia*, Pers. DC. *Clavaria*, Diks.).

Ce genre ne diffère des clavaires que parce qu'on peut y distinguer un chapeau qui est comprimé, vertical, au lieu d'être horizontal.

On connaît une espèce de ce genre : *spathularia flavida*, qui est d'un jaune plus ou moins foncé, à pédicule un peu comprimé et à chapeau vertical, ce qui donne à ce champignon l'aspect d'une spatule.

Genre HELVELLE (*Helvella*, Lin. Bull. DC.).

Champignon pédiculé, uni, à chapeau ordinairement irrégulier, ayant ses gongyles sur la face inférieure, dépourvu, tant en dessus qu'en dessous, de veines, pores ou feuillets. Les helvelles ressemblent un peu à quelques pezizes; mais elles en sont très distinctes en ce que dans celles-ci c'est la face supérieure qui est gongylifère. Les espèces sont peu nombreuses; elles croissent presque toutes sur les feuilles pourries, dans les bois; telles sont :

*Helvella acaulis*, qui est coriace, irrégulière, bosselée, roussâtre en dessus, pâle et garnie de fibrilles en dessous; *helvella mitra*, qui est grande, à pédicule blanc, demi-transparent, sillonné, et à chapeau renflé, à deux ou trois lobes réfléchis vers le ciel; *helvella elastica*, qui est blanchâtre, à pédicule grêle, contractile, élastique lorsqu'on le coupe, lacuneux, fistuleux, et à chapeau lobé; *helvella gelatinosa*, qui a le pédicule orangé, fistuleux, et le chapeau vésiculeux, verdâtre, ondulé, rempli d'une matière gélatineuse.

Genre TREMELLE (*Tremella*, Lin. Pers. DC. Bull.).

Champignon gélatineux, de forme extrêmement variable, portant des gongyles sur toute sa superficie.

Les tremelles croissent d'ordinaire sur les troncs d'arbres; leur couleur et leur forme varient à l'infini.

Linné a réuni dans ce genre un assez grand nombre d'espèces qui ont été reportées en partie dans les genres *tubercularia*; *gymnosporangium* et *nostoch*. Parmi les tremelles des mycologistes modernes, nous citerons :

*Tremella ustulata*, qui forme sur les citrons pourris une expansion noirâtre, gélatineuse, portant des petits boutons arrondis et sillonnés; *tremella glandulosa*, qui forme sur le bois mort une expansion noire, hémisphérique, gélatineuse, parsemée de boutons glanduleux; *tremella amethystea*, qui est violette, gélatineuse, divisée en lobes profonds, à surface glabre, sillonnée; *tremella deliquescens*, qui est petite, gélatineuse, d'un jaune brun, globuleuse ou turbinée, à surface sillonnée; *tremella cerebrina*, qui est gélatineuse, blanchâtre, munie d'anfractuosités cérébriformes; *tremella mesenteriformis*, *helvelloides*, *urticæ*, etc.

## Genre PEZIZE (*Peziza*, Lin. Bull. Pers. DC.).

Champignon sessile ou pédiculé, hémisphérique, concave, creusé en forme de coupe, laissant échapper ses gongyles sous forme de poussière, par sa face supérieure.

Les pezizes croissent sur la terre ou sur les troncs d'arbres; leur consistance est charnue, cériforme, gélatineuse ou coriace. Les espèces sont très nombreuses, et pour faciliter leur détermination on les divise en plusieurs sections.

### a. *Pezizes coriaces.*

Les espèces de cette division sont très petites et d'une consistance plus ou moins coriace; elles croissent sur l'écorce des végétaux ligneux; telles sont :

*Peziza coriacea*, qui est grisâtre, infundibuliforme, à pédicelle tortueux; *peziza ribesia*, *cerasi*, *pinastri*, *prunastri*, *farinacea*, *abietis*, *sanguinea* et *strobilina*.

### b. *Pezizes charnues.*

Cette section, la plus nombreuse de toutes, renforme un très grand nombre d'espèces, dont les plus remarquables sont :

*Peziza aquatica*, qui est d'un beau rouge, et qui est la seule espèce connue qui habite sous l'eau ; *peziza cinerea*, qui est petite, grisâtre, plus pâle sur les bords, et qui croît par petits groupes sur les troncs pourris ; *peziza lenticularis*, qui est d'un beau jaune, un peu convexe et à pédicule noirâtre presque nul ; *peziza callosa*, qui est bleuâtre, scutelliforme, légèrement velue, lisse en dedans ; *peziza araneosa*, qui est d'un rouge minium, petite, fragile, munie de fibrilles en dessous, *peziza scutellata*, qui est plane, rougeâtre, velue sur les bords ; *peziza ciliata*, qui est fauve, concave, ciliée sur les bords ; *peziza crinita*, qui est petite, sessile, rouge en dedans, grise et ciliée en dessous ; *peziza carnosa*, qui est urcéolée, d'un rouge sanguin, garnie d'un léger duvet ; *peziza stercoraria*, qui est concave, brune ou verdâtre, et qui croît sur les fumiers ; *peziza granulosa*, qui est petite, d'un rouge orangé, presque plane, granuleuse en dessous, et qui croît sur les bouses de vache ; *peziza bicolor*, qui est velue en dehors, blanche, avec le disque écarlate ; *peziza lactea*, qui est extrêmement petite, blanche, turbinée, concave, velue en dessous ; *peziza coronata*, qui est petite, pédicellée, blanchâtre, bordée de dents sétacées et dressées ; *peziza echinophila*, qui est grande, épaisse, glabre, fuligineuse, et qui croît très communément sur le péricarpe des châtaignes, dans les bois ; *peziza subularis*, *clandestina*, *poriœformis*, *fructigena*, *cyathoidea*, *imberbis*, *solenia*, *papillaris*, *corticalis*, *leucomela*, *ligustici*, *compressa*, *nigrina*, etc., etc.

c. *Pezizes d'une consistance analogue à celle de la cire.*

Cette série, quoique moins nombreuse que la précédente, comprend encore un grand nombre d'espèces, qui toutes sont remarquables par leur consistance et leur demi-transparence, ce qui leur donne un aspect cériforme ; telles sont :

*Peziza acetabulum*, qui est cyathiforme, d'un brun terreux, pédicellée, munie en dessous de veines rameuses; *peziza badia*, qui est d'un brun obscur, présque sessile, un peu roulée sur les bords, et olivâtre à l'extérieur; *peziza rapulum*, qui est mince, fragile, d'un brun pâle, à pédicule s'enfonçant profondément dans la terre; *peziza stipitata*, qui est très grande, polymorphe, blanche ou brunâtre, lisse en dessus, tomenteuse en dessous, à pédicule plein, sillonné; *peziza epidendra*, qui est d'un brun rouge en dedans, jaunâtre en dessous, et qui croît sur le bois mort; *peziza coccinea*, qui est grande, d'un rouge écarlate en dedans, jaunâtre en dessous, et qui croît sur la terre, dans les bois; *peziza lanuginosa*, qui est grande, grise et lisse à l'intérieur, et garnie en dessous d'un duvet laineux; *peziza vesiculosa*, qui est très grande, grisâtre d'abord, creusée en grelot, et qui croît sur les fumiers; *peziza cerea, crenata, labellum, tuberosa, cochleata*, etc.

d. *Pezize d'une consistance gélatineuse.*

Cette dernière section est la moins nombreuse; les pezizes qui en font partie sont demi-gélatineuses, et croissent toutes sur le bois mort ou mourant; telles sont:

*Peziza auricula*, qui est très grande, brunâtre, élastique, plissée et tomenteuse en dessous, et qui croît en groupes sur les troncs de sureau (c'est cette espèce que l'on désigne vulgairement sous le nom d'*oreille de Judas*, et que l'on employait autrefois macérée dans le vinaigre contre les inflammations de la gorge); *peziza tremelloidea*, qui est d'un rouge un peu violet, charnue, veinée en dessous, et qui croît sur les vieux troncs pourris; *peziza gelatinosa*, qui est gélatineuse, mollasse, brunâtre, à pédicule latéral; *peziza nigra*, qui est noire, gélatineuse, épaisse, élastique, rugueuse en dessous, et qui croît par groupes sur les troncs des chênes, dans les forêts.

Genre HÉLOTIUM (*Helotium*, PERS. DC. *Helvella*, BULL.).

Champignon pédiculé, muni d'un chapeau convexe, lisse sur les deux faces, et portant en dessus ses gongyles.

Les hélotiums sont très peu nombreux; ils ne diffèrent guère des pezizes que par leur chapeau pédiculé et convexe; ils croissent sur le bois mort ou sur les fumiers; tels sont : *helotium agariciforme*, qui est petit, blanc, à chapeau menu, bombé, à pédicule plein, aciculaire, et qui croît sur le bois pourri; *helotium fimetarium*, qui est très petit, d'un beau rose, et qui croît sur les vieilles bouses de vache.

††††† Champignons filamenteux.

Genre PÉRICONIE (*Periconia*, Tode, DC. Pers.).

Pédicelle roide, cylindrique, se terminant par une tête sphérique recouverte d'une pulvérulence farineuse, qui paraît être composée de grains sessiles, caduques, gongylifères.

Les périconies ressemblent à des puciníes; elles naissent en petits groupes, qui forment sur les tiges sèches des taches noirâtres. On en connaît deux espèces : *periconia lichenoides* et *periconia byssoides*, qui sont de très petites plantes à peine visibles à l'œil nu.

Genre STILBUM (*Stilbum*, Tode, DC.).

Tiges dressées, pédicellées, assez fermes, offrant une tête arrondie, gélatineuse, qui, par la suite, devient dure et opaque.

Ces petits champignons ont une grande ressemblance avec les moisissures; mais leur consistance est plus ferme. Ils croissent sur les troncs ou sur les matières végétales en décomposition; tels sont : *stilbum rigidum, tomentosum, villosum, piliforme, vulgare*, etc.

Genre MONILIE (*Monilia*, Pers. DC.).

Filamens stipités ou étalés, en petits gazons très serrés, portant à leur sommet des fils articulés ou moniliformes.

Les monilies sont des moisissures qui croissent ordinairement sur les fruits pourris ou sur les viandes gâtées; elles y forment de petites plaques d'un aspect velu. Les *monilia glauca*, *racemosa*, *digitata*, etc., sont très communes.

### Genre ISARIE (*Isaria*, Pers. DC.).

Filamens dressés, simples ou rameux, tantôt cylindriques, tantôt se terminant en massue, portant une très grande quantité de petits globules pulvérulens, très rapprochés.

Les isaries sont des espèces de petites moisissures de couleur variable que l'on rencontre sur les matières végétales et animales en décomposition; elles sont beaucoup plus petites que les moisissures proprement dites. L'*isaria epiphylla* croît sur les feuilles pourries et les vieux morceaux de cuir exposés à l'air humide.

### Genre CÉRATIUM (*Ceratium*, Alb. et Schwen. DC.).

Filamens mous, rameux, assez gros, tremblans, gélatineux.

On connaît très peu de champignons de ce genre; ils croissent sur le bois en décomposition; ils ressemblent à des taches blanchâtres, et se détruisent très promptement; le *ceratium hydnoides* est assez commun au commencement de l'hiver sur les troncs coupés, dans les bois humides.

### Genre BOTRYTE (*Botrytis*, Pers.).

Petits filamens dressés, rameux, dichotomes, portant à leur sommet de petits globules ramassés en grappes.

Les botrytes ressemblent beaucoup aux moisissures, et on les confond vulgairement sous ce nom; elles croissent comme elles sur les substances en décomposition; telles sont : *botrytis dendroides*, *racemosa*, *umbellata*, *glomerulosa*.

### Genre ÉGÉRITE (*Ægerita*, Pers.).

Filamens très déliés, fibrilliformes, couchés, rameux, très difficiles à distinguer à l'œil nu.

Les égérites forment de très petites plaques ou de

petits tubercules qui croissent sur les matières végétales ou animales en décomposition. On n'en connaît pas encore un très grand nombre d'espèces; les plus remarquables sont : *ægerita crustacea*, qui croît sur les vieux fromages; *ægerita cinnabarina*, qui est commune dans les caves sur les crottes de chat; *ægerita aurantia* et *epixylon*, qui habitent sur le bois mort.

### Genre CONOPLÉE (*Conoplea*, Pers.).

Filamens rameux et anastomosés, munis de gongyles globuleux.

Les conoplées croissent aussi sur les feuilles des végétaux. La *conoplea puccinioides*, Pers., est la plus commune; elle forme sur les tiges des carex de petites tâches noirâtres qui ressemblent à des puccinies.

### Genre ÉRINÉUM (*Erineum*, Pers. *Byssus*, Nees.).

Filamens ou petits tubes dressés, tronqués au sommet, hypophylles, disposés en une petite touffe courte et très serrée.

Les *erineum* forment des petits coussinets sur la page inférieure des feuilles de beaucoup de plantes. On ne connaît point leurs gongyles, ce qui les a fait mettre par Link dans les champignons *incertæ sedis*. Ce genre est assez nombreux, et on désigne ordinairement les espèces par le nom de la plante sur laquelle elles vivent ou par leur couleur. Les *crineum vitis, juglandis, tiliaceum, fagineum, mespilinum, acerinum*, etc., croissent sous les feuilles de ces différens arbres, dans toute la France. Les *erineum aureum* et *purpureum*, Pers., sont aussi assez communs sur les feuilles de différens arbres, etc.

### Genre BYSSE (*Byssus*, Linn. DC.).

Filamens simples ou rameux; tantôt lâches, tantôt très serrés, et imitant un tissu drapé; organes de la reproduction inconnus.

Les bysses ressemblent à une espèce de feutrage plus ou moins épais; ils forment des plaques plus ou moins grandes sur les troncs d'arbres, les murs ou les rochers humides; la plupart aiment les lieux ombragés, humides et surtout obscurs; on les rencontre dans les caves, les souterrains, etc.; quelques uns croissent sur les plantes en décomposition. Les *byssus aurea* et *aurantiaca* sont d'un jaune plus ou moins brillant; les *byssus cryptarum*, *fodina*, etc., sont noirâtres; les *byssus candida*, *aluta*, *elongata*, *gigantea*, ont une teinte plus ou moins blanche.

## FAMILLE 118. ALGUES (*Algæ*).

Plantes aquatiques (très rarement terrestres) diversement colorées, herbacées quelquefois d'une consistance un peu ligneuse, souvent cartilagineuse, cornée ou membraneuse, simples ou découpées en frondes plus ou moins longues ou filamenteuses, capillaires, avec ou sans articulations, quelquefois cloisonnées.

La substance des algues paraît homogène dans tous ses points. Les fructifications consistent dans des *conceptacles* ou *sporanges*, renfermant des spoudes, déhiscens ou indéhiscens, placés tantôt à l'extérieur, tantôt à l'intérieur, et dans la substance même de la plante, et des séminules nageant souvent au milieu d'une liqueur gélatineuse, que quelques algologistes regardent comme un fluide fécondateur. Tous les végétaux de cette famille jouissent de la propriété de reverdir et de reprendre une apparence de vie lorsqu'on les plonge dans l'eau. Les espèces qui sont terrestres se multiplient presque toujours par la division naturelle de leur partie. Il est très probable que les espèces qui habitent dans la profondeur des mers se reproduisent au moins autant de cette manière que par leurs sporules.

Cette famille, qui semble lier les plantes avec les derniers êtres de l'échelle animale, renferme un très grand nombre d'espèces dont quelques unes sont autant animales que végétales.

Les algues, surtout celles qui croissent dans la mer, sont des plantes très élégantes, souvent peintes de couleurs très brillantes, et qui se conservent parfaitement bien.

D'après les travaux de MM. Lamouroux, Bory de Saint-Vincent, etc., cette famille a subi de nombreux changemens; mais, comme nous ne voulons pour le moment qu'indiquer les principaux genres des agames, nous changerons peu de chose à ceux décrits par M. De Candolle : il nous suffira de dire que maintenant on les partage en huit tribus qui sont : les CHAONIDÉES, les CONFERVÉES, les CÉRAMIAIRES, les DICTYOTÉES, les FLORIDÉES, les FUCACÉES et les ULVACÉES.

Genre VAUCHERIE (*Vaucheria*, DC. *Letospermu*, VAUCH.).

Filamens verts, herbacés, dépourvus de cloisons, portant un ou plusieurs tubercules qui deviennent en se séparant les rudimens d'une nouvelle plante.

Les vaucheries avaient été réunies par Linné sous le nom de *conferva fontinalis*. Excepté la *vaucheria terrestris*, qui croît sur les vieux murs humides et à la base des troncs d'arbres, toutes les espèces habitent dans les eaux douces; telles sont : *vaucheria infusionum*, qui forme un dépôt verdâtre dans l'eau pure qui est exposée à l'air pendant quelque temps; *vaucheria sessilis, cæspitosa, hamata, geminata, cruciata, multicornis*, etc.

Henre HYDRODYCTIE (*Hydrodyction*, ROTH. VAUCH. DC.)

Végétation ayant l'apparence d'un sac presque fermé aux deux extrémités, et formé par un tissu réticulé à aréoles polygones.

On connaît une espèce de ce genre : *hydrodyction pentagonum*, qui a les cellules pentagones, et qui nage dans les eaux douces et tranquilles.

Genre THORÉE (*Thorea*, B.-ST.-VINCENT. *Batrachospermum*, DC.).

Tiges solides, garnies extérieurement de cils courts, fins, et formant un duvet sur toutes les parties de la plante.

Ce genre, établi sur le *batrachospermum hispidum*, renferme une seule espèce, *thorea ramosissima*, qui est grande, noirâtre, et qui croît dans les grandes rivières, attachée aux poutres ou aux pierres.

Genre DRAPARNALDIE (*Draparnaldia*, B. St.-Vincent. *Batrachospermum*, DC.).

Filamens cylindriques, à articulations également espacées, chargées de rameaux réunis par faisceaux irréguliers, très rameux, et se terminant par un prolongement transparent, capillaire.

Ce genre, établi aux dépens de quelques uns des batrachospermes de Roth, habite seulement dans les eaux douces; ces plantes adhèrent aux pierres ou autres corps fixes, plongés dans l'eau; telles sont : *draparnaldia fasciculata, intricata, hypnosa, mutabilis*, etc.

Genre BATRACHOSPERME (*Batrachospermum*, Roth. DC. B.-St.-Vincent.).

Filamens articulés, rameux, enduits d'une matière gélatineuse, munis de rameaux verticillés, à articles ovoïdes, portant des corpuscules gemmifères, épars.

Les batrachospermes, ainsi que leur nom l'indique, sont recouverts d'une manière muqueuse, ayant un peu de ressemblance avec le frai de grenouilles; ils ont le port des conferves, et ils croissent dans les eaux douces; tels sont : *batrachospermum helminthosum, moniliforme*, etc.

Genre CONFERVE (*Conferva*, Lin. DC. *Conjugata*, Vauch. *Mougeotia, Zygnema* et *Conferva*, Agarh.).

Filamens simples, cloisonnés, ne portant jamais à l'extérieur ni tubercules, ni renflemens fructifères, renfermant entre les cloisons une matière verte, disposée en spirale, en étoile, ou éparse, s'accouplant à une certaine époque, avec un autre filament, et y communiquant au moyen de tubes fistuleux, qui naissent sur le milieu des loges, et par lesquels passe la matière, pour aller former un globule, qui devient le rudiment d'une plante nouvelle.

Les conferves ont beaucoup d'analogie avec les animaux microscopiques, et beaucoup d'auteurs ont confondu avec elles des oscillatoires qui en ont entièrement le *facies*, mais qui en diffèrent en ce qu'ils se meuvent spontanément, caractère d'animalité dont ne jouissent pas les vraies conferves. Les espèces sont nombreuses : elles croissent ordinairement dans les eaux stagnantes, et viennent quelquefois former, à la surface du liquide, une matière verdâtre, filamenteuse, ressemblant à une espèce d'écume ; les plus communes sont :

*Conferva jugalis*, *porticalis*, *condensata*, *inflata*, *lutescens*, *gracilis*, *stellina*, *cruciata*, *genuflexa*, *floccosa*. Linné avait réuni presque toutes ces espèces sous le nom de *conferva bullosa*.

Genre CHANTRANSIE (*Chantransia*, DC. *Conferva*, LIN.).

Filamens rameux, cloisonnés, renfermant un grand nombre de séminules très petites, cachées entre les filamens.

Les chantransies ressemblent beaucoup aux conferves : elles croissent de même dans les eaux douces, mais elles sont presque toujours adhérentes aux pierres ou aux corps fixes plongés dans l'eau ; on en connaît un assez grand nombre, dont les plus communes sont :

*Chantransia rivularis*, qui est verdâtre, à filamens très longs, renflés de place en place, et à loges beaucoup plus longues que larges ; *chantransia glomerata*, qui est verdâtre, à filamens très ramifiés et à articulations oblongues, renflées au milieu ; *chantransia atra*, qui est noirâtre, à filamens rameux, très grêles, à articles longs, cylindriques ; *chantransia torulosa*, qui est d'un vert noirâtre, à filamens presque simples, et à articles ovales, renflés au milieu ; *chantransia fluviatilis*, qui est verdâtre, à filamens peu rameux, cartilagineux et à articles cylindriques ; *chantransia dichotoma*, *crispata*, *vesicata*, etc.

Genre DIATOME (*Diatoma*, DC. *Conferva*, ROTH.).

Filamens simples, formés d'articulations, qui, à la fin de la vie, se séparent transversalement, excepté par un de leurs angles, pour former une série d'articles rhomboïdaux.

Les diatomes sont peu nombreux; ils croissent dans les eaux de la mer. Ce genre est assez paradoxe, et devra peut-être un jour être reporté dans la zoologie. On connaît deux espèces de diatomes, qui habitent toutes deux dans l'Océan : *diatoma rigidum*, qui est en filamens courts et roides, et *diatoma flocculosum*, qui est en filamens mous et très grêles.

Genre CÉRAMIUM (*Ceramium*, ROTH. DC. *Conferva*, LIN.).

Filamens simples ou rameux, cloisonnés ou articulés, portant des conceptacles tuberculeux et remplis de globules gongylifères.

Les céramiums habitent tous dans les eaux de la mer; leurs cloisons sont souvent si peu distinctes, qu'on ne peut les distinguer qu'avec une forte loupe. Les algologistes divisent les céramiums en plusieurs genres, qui renferment chacun un bon nombre d'espèces; nous les partagerons, d'après M. De Candolle, provisoirement en trois sections.

a. *Tiges garnies de filamens fasciculés, très rapprochés ou verticillés.*

Les espèces de cette division semblent se rapprocher un peu des draparnaldies; elles croissent toutes dans l'Océan; tels sont :

*Ceramium spongiosum*, qui est d'un brun verdâtre, à rameaux simples, très rapprochés et comme imbriqués; *ceramium verticillatum*, qui est d'un vert noirâtre, à rameaux verticillés, rapprochés, un peu rameux, et plus longs que les entre-nœuds; *ceramium equisetifolium*, qui est d'une couleur pourpre, à rameaux dichotomes, verticillés, et plus longs que les entre-nœuds; *ceramium simplicifilum*, qui est d'une couleur pourpre, à rameaux simples, verticillés, plus longs que les entre-nœuds; *ceramium cancellatum*, *casuarinæ*, etc.

b. *Tiges rameuses ou dichotomes.*

Les espèces de cette division sont extrêmement nombreuses; elles croissent presque toutes dans l'Océan; quelques unes seulement sont propres à la Méditerranée; les plus communes sont:

*Ceramium coccineum*, qui a la tige rameuse, cylindrique, hérissée de poils longs, les rameaux alternes, les ramuscules opposés et les conceptacles ovales et légèrement pédicellés; *ceramium roseum*, qui a les tiges très rameuses, gazonnantes, les ramuscules très pointus, les articulations comprimées et les conceptacles unilatéraux et presque sessiles; *ceramium byssoides*, qui est purpurin, à tige quadripinnée, très tendre, à rameaux alternes allongés et à conceptacles sessiles, globuleux; *ceramium scoparium*, qui est d'un brun olivâtre; coriace, très rameux, à branches pinnées et à ramuscules capillaires roides; *ceramium ægagropilum*, qui est d'un vert foncé, à filamens très nombreux, rameux, dichotomes, rapprochés au centre en manière de boule ou d'égagropile; *ceramium rupestre*, qui est verdâtre, à filamens réunis en touffes, plusieurs fois dichotomes, et à articulations cylindriques; *ceramium penicillatum*, qui est d'une couleur pourpre, grêle, rameux, à ramuscules terminaux ou latéraux; *ceramium fucoides*, qui est d'un brun pourpre, cartilagineux, rameux, à articles presque aussi larges que longs, à ramuscules capillaires, et à conceptacles sessiles et latéraux; *ceramium polymorphum*, qui est d'un brun noirâtre, cartilagineux, très rameux, à rameaux divergens et à conceptacles sessiles, tuberculeux; *ceramium nodulosum*, qui est d'une couleur pourpre, grêle, rameux, à rameaux bifurqués, aigus, divergens, et à conceptacles globuleux, axillaires; *ceramium forcipatum*, qui est d'une couleur pourpre, plusieurs fois dichotome, et dont les derniers rameaux sont placés de manière à imiter les deux branches d'un forceps; *ceramium axillare, gracile, nodulosum, elongatum, incurvum, Mertensii, sericeum, catenatum*, etc.

*c. Filamens simples.*

Cette dernière division est peu nombreuse; les espèces qui en font partie ont de longs filamens capillaires ou filiformes toujours dépourvus de rameaux; tels sont:

*Ceramium filum*, qui est olivâtre, cartilagineux, très long, à articulations peu distinctes; *ceramium linum*, qui est vert, à filamens géniculés, un peu roides, et à articulations cylindriques; *ceramium capillare*, qui est vert, à filamens très grêles, géniculés, et un peu dressés, et à articulations oblongues; *ceramium glomeratum*, qui est vert, à filamens très grêles, allongés, entrelacés, et à articulations oblongues.

### Genre VAREC (*Fucus*, Linn. DC.).

Plantes coriaces, membraneuses ou filamenteuses; capsules ou séminules réunies en tubercules, tantôt latéraux, tantôt terminaux; et s'ouvrant au sommet par un pore.

Les varecs sont très nombreux; ils croissent au fond de la mer; leur consistance est ordinairement assez coriace. Ce genre, ainsi que le précédent, a été partagé en un assez grand nombre de sections.

a. *Tubercules fructifères réunis dans un renflement de la feuille, ou au moins cachés sous l'épiderme.*

Cette division renferme beaucoup d'espèces, dont la plus grande partie habite dans l'Océan, et quelques unes dans la Méditerranée exclusivement; les plus communes sont:

*Fucus vesiculosus*, qui est d'un vert brun, à fronde munie d'une nervure dichotome très entière, et parsemée de vésicules remplies d'air; *fucus spiralis*, qui a la fronde munie d'une nervure médiane, dichotome, entière, dépourvue de vésicule; *fucus serratus*, qui a la fronde nervée, plane, dichotome, dentée en scie, avec les extrémités planes, et munies de tubercules obtus; *fucus volubilis*, qui a la fronde sans veines, rameuse, dentée, contournée en spirale; *fucus siliquosus*, qui a la fronde rameuse, comprimée, à rameaux alternes, distiques, oblongs, munis de vésicules pédonculées, comprimées, et marquées de cloisons transversales; *fucus nodosus*, qui a la fronde comprimée, un peu dichotome, à rameaux distiques très entiers, munis de vésicules solitaires plus larges que les feuilles; *fucus loreus*, qui a la fronde comprimée, dichotome, très entière, lisse, pointue et tuberculée des deux côtés à son sommet; *fucus ericoides*, qui a la fronde filiforme, très rameuse, à rameaux grêles, subulés, rapprochés et munis de tubercules à leur base; *fucus natans*, qui a la tige cylindrique, très rameuse, les feuilles lancéolées, dentées, portant des tubercules globuleux, pédonculés; *fucus uvarius*, *discors*, *abrotanifolius*, *sedoides*, *barbatus*, *fibrosus*, *pygmæus*, *bifurcatus*, *cæspitosus*, etc.

Plusieurs de ces espèces sont tellement communes sur nos côtes de la Manche, qu'on les brûle pour en obtenir de la soude.

b. *Tubercules fructifères placés latéralement le long des tiges ou des rameaux.*

Cette section, extrêmement nombreuse, constitue maintenant à elle seule plusieurs genres renfermant chacun une assez grande quantité d'espèces qui habitent dans la Méditerranée, mais surtout dans l'Océan. Nous ne citerons que les suivantes :

*Fucus hypoglossum*, qui est rose, à tige ailée, rameuse, munie de feuilles linéaires-lancéolées, planes, très entières; *fucus sanguineus*, qui a la tige cylindrique, rameuse, les feuilles simples, obtuses, ovales-oblongues, très entières, ondulées; *fucus laceratus*, qui a les feuilles très grêles, rameuses, entières ou ciliées sur les bords, et les tubercules séminifères marginaux; *fucus alatus*, qui est d'un rose vif, à fronde plane, membraneuse, très entière, rameuse, un peu dichotome et dépourvue de nervures; *fucus pinna-*

*tifidus*, qui est d'un vert olivâtre, à fronde rameuse, comprimée, cartilagineuse, à rameaux ouverts, doublement pinnatifides, portant des tubercules dans leurs bifurcations; *fucus plocamium*, qui est rouge, à fronde comprimée, cartilagineuse, très rameuse, à ramuscules subulés, unilatéraux, et à tubercules globuleux, presque sessiles; *fucus plumosus*, qui est purpurin, à fronde comprimée, un peu cartilagineuse, très rameuse, à rameaux décomposés, pinnés, et à tubercules globuleux; *fucus gigartinus*, qui a la fronde comprimée, cartilagineuse, rameuse, dichotome, à rameaux aigus, épineux, dentés et à tubercules latéraux; *fucus ligulatus*, qui a la fronde plane, pinnée, à rameaux, et à ramuscules distiques; *fucus arbuscula*, qui a le port d'un petit sapin en miniature, à fronde blanchâtre, garnie de rameaux nombreux herbacés et cylindriques; *fucus purpurascens*, qui a la fronde filiforme, très rameuse, à ramuscules sétacés, épars, et à tubercules arrondis; *fucus verrucosus*, qui a la fronde charnue, filiforme, rameuse, à rameaux épars, aigus, et les tubercules hémisphériques, latéraux; *fucus plicatus*, qui a la fronde filiforme, dichotome, très rameuse, entrelacée, les ramuscules unilatéraux, et les tubercules épars, sessiles, latéraux; *fucus prolifer, hybridus, osmunda, obtusus, hypnoides, coronopifolius, fimbriatus, aculeatus, implexus, amphibius, viridis, asparagoides, Wigghii, fastigiatus, dasyphyllus, tuberosus, tenuissimus, confervoides, helminthochorton*. Cette dernière espèce croît abondamment sur les rivages de la Corse: elle est employée, comme vermifuge, sous le nom de *mousse de Corse*. Celle du commerce est presque toujours un mélange de plusieurs plantes marines et de quelques polypiers.

### Genre ULVE (*Ulva*, Lin. Woodw. DC.).

Frondes membraneuses, à séminules ou à capsules éparses sous l'épiderme, ne sortant jamais par un pore, comme dans les *fucus*.

Les ulves sont extrêmement hétérogènes par leur forme et par leur consistance; aussi les algologistes modernes y ont-ils créé plusieurs genres. Quelques espèces croissent dans les eaux douces.

a. *Ulves gélatineuses.*

Cette petite division ne contient que peu d'espèces, dont les plus remarquables sont : *ulva diaphana*, qui est jaunâtre, gélatineuse, transparente, irrégulièrement rameuse, tantôt cylindrique, tantôt comprimée ; *ulva tomentosa*, qui a la fronde cylindrique, fongueuse à l'intérieur, plusieurs fois dichotome ; *ulva articulata*, qui a la fronde articulée, gélatineuse à l'intérieur, à articulations ovales, et à rameaux opposés ou verticillés ; *ulva nostoch*, *bullata*, *fistulosa*.

b. *Ulves tubuleuses.*

Les ulves de cette division sont peu nombreuses ; elles croissent dans les eaux de la mer ; telles sont : *ulva compressa*, qui est verte, foliacée, en tube comprimé, simple ou rameux, et qui est très commune dans l'Océan ; *ulva intestinalis*, qui est en tube long, cylindrique, simple, et un peu sinué ; *ulva fistulosa*, qui est cylindrique, tubuleuse, olivâtre, atténuée à la base ; *ulva rugosa*, qui est cylindrique, atténuée à la base et munie de protubérances mamillaires.

c. *Ulves membraneuses.*

Cette division est extrêmement nombreuse, et elle forme à elle seule plusieurs genres établis par Lamouroux et Agardh. Parmi les espèces qui en font partie, les unes sont munies d'une nervure longitudinale, et les autres sont pourvues d'un pédoncule ou de zones transversales, mais le plus grand nombre n'a ni pédoncule ni nervure ; les espèces les plus communes sont :

*Ulva pavonia*, qui a les feuilles planes, flabellées, en forme d'éventail, et marquées de zones concentriques ; *ulva squammaria*, qui est brune, coriace, à feuilles horizontales, munies de lobes arrondis et striés transversalement ; *ulva saccharina*, qui est très grande, à tige cylindrique, à feuilles coriaces, oblongues, lancéolées, entières et d'un vert foncé; *ulva digitata*, qui est très grande, à feuilles palmées-digitées, à segmens ensiformes; *ulva polypodioides*, qui a la feuille dichotome, à segmens obtus, entiers sur les bords, et à fructifications éparses; *ulva crispa*, qui est très variable, coriace, cartilagineuse, brunâtre, rougeâtre, violâtre ou verdâtre, à fronde dichotome au sommet; *ulva edulis*, qui est rouge, épaisse, cartilagineuse, à frondes planes, dilatées, un peu palmées, à segmens oblongs, entiers sur les bords (on mange cette espèce ainsi que la *palmata*, sur les côtes de l'Irlande et de l'Angleterre); *ulva ocellata*, qui est d'un rose vif, à frondes planes, dichotomes, à segmens obtus, entiers, et à tubercules d'un rouge pourpre; *ulva contorta*, qui est molle, brunâtre, foliacée, linéaire, comprimée, à rameaux pointus, marqués de bosselures; *ulva linza*, qui est coriace, rubannée, à frondes solitaires, marquées de bosselures; *ulva lactuca*, qui a la fronde ondulée, crépue, oblongue, plane, atténuée à la base et dilatée au sommet; *ulva terrestris*, qui croît sur la terre humide, dans les lieux couverts, en plaques arrondies, d'un vert tendre, de consistance membraneuse; *ulva æthersa*, qui croît sur la terre humide, sous forme d'expansions membraneuses, papyracées, d'un vert foncé, lobées, plissées, et non adhérentes au sol; *ulva minima*, qui est très petite, verte, membraneuse, d'abord globuleuse, et qui croît sur les pierres au fond des petits ruisseaux; *ulva umbilicalis*, *purpurea*, *lanceolata*, *serrata*, *dichotoma*, *ligulata*, *phyllitis*, *lingulata*, etc.

Genre RIVULAIRE (*Rivularia*, ROTH. DC. *Ulva*, VAUCH. *Tetrapora* et *Hydrurus*, AGARDH.).

Membranes demi-cartilagineuses, lobées ou rameuses, et enduites d'une mucosité.

Les rivulaires sont des plantes très peu connues sous le rapport de leur organisation, elles se rapprochent beaucoup des nostochs, mais elles en diffèrent en ce qu'elles sont dépourvues de matière gélatineuse dans l'intérieur de leur membrane ; on les trouve ordinairement flottantes dans les petits ruisseaux ; telles sont :

*Rivularia Halleri*, qui offre une membrane repliée en tube cylindrique, assez long; d'un vert pâle, et rameuse au sommet; *rivularia fœtida*, qui est d'un noir verdâtre, très mince, et d'une odeur très fétide; *rivularia lubrica*, qui est en petites touffes d'un vert gai, à expansions très minces, oblongues, crépues, et très visqueuses; *rivularia tubulosa*, qui est d'un vert pâle, sous forme de tubes cylindriques, renflés et crispés à l'une de leurs extrémités.

Genre NOSTOCH (*Nostoch*, Vauch., DC. Agardh. *Tremella*, Lin.).

Enveloppe très mince, membraneuse, verdâtre, renfermant une masse gélatineuse, au milieu de laquelle on distingue des filamens moniliformes.

Les nostochs croissent sur la terre humide, au printemps et à l'automne; ils sont sous forme de masse gélatineuse, tremblante, et ils jouissent au plus haut degré de la faculté de reverdir, après avoir été desséchés. Les espèces qui composent ce genre avaient été réunies par Linné sous le nom de *tremella nostoch*; leur nature est loin d'être connue, et plusieurs naturalistes les regardent comme des polypiers; on en distingue sept espèces, qui sont : *nostoch commune*, *coriaceum*, *lichenoides*, *vesicarium*, *laciniatum*, *sphæricum* et *verrucosum*, que l'on trouve par toute la France. Nous eussions pu donner à cette famille beaucoup plus d'extension, en faisant connaître les genres établis depuis quelques années par Lamouroux, Bory Saint-Vincent, Agardh, Weber et Mohr, etc.; mais comme notre intention n'est que d'offrir, pour le moment, un léger aperçu sur la cryptogamie de la France, nous nous sommes presque toujours contenté de faire connaître les genres adoptés par M. De Candolle, dans sa *Flore française*.

# APPENDICE.

## *Plante d'un siége incertain.*

Genre CORROYÈRE (*Coriaria*, LIN., JUSS.).

Fleurs monoïques, quelquefois dioïques par avortement, ou même hermaphrodites; périgone simple, à 5 divisions profondes; 10 étamines hypogynes; anthères presque sessiles, oblongues, dressées, à loges distinctes à la base; 5 ovaires placés au centre de la fleur entre lesquels il y a cinq glandes; pour fruit, cinq capsules monospermes indéhiscentes.

*Espèce.* CORROYÈRE A FEUILLES DE MYRTE (*Coriaria myrtifolia*, L. sp. 1467).

Arbrisseau de taille médiocre, à rameaux lâches, flexibles; feuilles simples, opposées, entières, ovales, pointues, glabres, à pétioles très courts; fleurs en petites grappes terminales, munies de bractées. ♄. Ce petit arbrisseau croît dans les provinces les plus méridionales. Il est quelquefois employé pour la teinture.

*Nota.* Le genre *monotropa*, que M. De Candolle place avec la *coriaria* dans les *incertæ sedis*, a été mis provisoirement par nous à la suite des orobanches.

FIN.

# TABLE ALPHABÉTIQUE

DES FAMILLES ET DES GENRES

CONTENUS DANS CET OUVRAGE.

*Nota.* Le signe * indique les noms vulgaires.

## A

B

## D

F

G

## H

## I



## J

## K



## L

## M

N



O

## P

Q



R

## S

## T

U



V

W



X



Z



FIN DE LA TABLE.

www.ingramcontent.com/pod-product-compliance
Lightning Source LLC
LaVergne TN
LVHW010129230826
846091LV00001BA/197